自然语言处理迁移学习实战

Transfer Learning for Natural Language Processing

[加纳] 保罗·阿祖雷（Paul Azunre）著
李想 朱仲书 张世武 译

人民邮电出版社
北京

图书在版编目（CIP）数据

自然语言处理迁移学习实战 / (加纳) 保罗·阿祖雷 (Paul Azunre) 著 ; 李想, 朱仲书, 张世武译. -- 北京: 人民邮电出版社, 2023.7
ISBN 978-7-115-61571-8

Ⅰ. ①自… Ⅱ. ①保… ②李… ③朱… ④张… Ⅲ. ①自然语言处理－研究 Ⅳ. ①TP391

中国国家版本馆CIP数据核字(2023)第060414号

◆ 著　　　[加纳] 保罗·阿祖雷（Paul Azunre）
译　　　李　想　朱仲书　张世武
责任编辑　秦　健
责任印制　王　郁　焦志炜

◆ 人民邮电出版社出版发行　　北京市丰台区成寿寺路 11 号
邮编　100164　　电子邮件　315@ptpress.com.cn
网址　https://www.ptpress.com.cn
固安县铭成印刷有限公司印刷

◆ 开本：800×1000　1/16
印张：14.5　　　2023 年 7 月第 1 版
字数：276 千字　　　2023 年 7 月河北第 1 次印刷

著作权合同登记号　图字：01-2021-4983 号

定价：79.80 元

读者服务热线：(010) 81055410　印装质量热线：(010) 81055316
反盗版热线：(010) 81055315
广告经营许可证：京东市监广登字 20170147 号

内容提要

迁移学习作为机器学习和人工智能领域的重要方法，在计算机视觉、自然语言处理（NLP）、语音识别等领域都得到广泛应用。本书是迁移学习技术的实用入门图书，能够带领读者深入实践自然语言处理模型。首先，本书回顾了机器学习中的关键概念，并介绍了机器学习的发展历史，以及 NLP 迁移学习的进展；其次，深入探讨了一些重要的 NLP 迁移学习方法——NLP 浅层迁移学习和 NLP 深度迁移学习；最后，涵盖 NLP 迁移学习领域中最重要的子领域——以 Transformer 作为关键功能的深度迁移学习技术。读者可以动手将现有的先进模型应用于现实世界的应用程序，包括垃圾电子邮件分类器、IMDb 电影评论情感分类器、自动事实检查器、问答系统和翻译系统等。

本书文字简洁、论述精辟、层次清晰，既适合拥有 NLP 基础的机器学习和数据科学相关的开发人员阅读，也适合作为高等院校计算机及相关专业的学生参考用书。

推荐语

这本书对 NLP 背景下的迁移学习做了精彩阐述。内容深入浅出，案例丰富，值得深入阅读。迁移学习本质上是知识、算力的复用。在目标检测、模式识别、NLP 等领域，迁移学习大有可为。

——许国强，三一重工 SaaS 首席信息官

迁移学习是近几年 NLP 领域最重要的研究方向之一。这本书以实例和代码的形式对 NLP 迁移学习的基本概念、业务应用以及发展方向做了详细介绍。这本书介绍的多个先进模型和算法在业务实践中都得到广泛应用。对想了解 NLP 迁移学习并在实际工作中落地的研究人员来说，这是一本很好的参考书。

——梁磊，蚂蚁集团资深技术专家

迁移学习技术在感知类机器学习场景取得了长足的进步，尤其是 BERT 系列的预训练模型将 NLP 领域的基线提升到新的高度。这本书系统、全面且贴合实际地介绍了这个高速发展的主题，值得 NLP 领域的工程师深入阅读和探究。

——朱亮，Meta（原 Facebook）资深算法工程师

迁移学习是机器学习领域一次革命性的技术突破，特别是在 NLP 领域取得了令人振奋的成就。同时，我们相信迁移学习深刻的思想也会应用到其他领域，并且取得不错的成绩。推荐机器学习相关领域的工程师阅读这本书，保持对迁移学习的持续关注。

——刘冰洋，Google 资深算法工程师

这本书对迁移学习的理论给出了全面且翔实的介绍，可以帮助读者建立清晰的认知。更为难得的是，这本书以实际的业务问题作为驱动，引领读者阅读和学习。推荐给 NLP 领域的相关工程师。

——赵海，美团技术专家

推荐序

迁移学习，顾名思义，就是将某个领域获得的知识调整或迁移到另一个领域，也就是我们常说的“举一反三，触类旁通”。人类对迁移学习的理论性研究要追溯到 1901 年。当时心理学家桑代克和伍德沃思提出了学习迁移（transfer of learning）的概念，并研究了人们学习某个新的概念时怎样对学习其他概念产生迁移。这对后来教育学的发展产生了重要影响。

随着人工智能浪潮的兴起，人们开始思索把学习迁移的思想应用到机器学习中。传统的机器学习，尤其是有监督学习，对数据的样本数量、数据分布的统一性、标签的完整性等都有着严苛的要求，而迁移学习解决的正是在机器学习任务中面对样本不足、标签不全等情况时，如何借助外部服从其他分布的数据来有效地学习这一问题。20 世纪 90 年代以来，大量研究都涉及迁移学习的概念，如自主学习、终生学习、多任务学习、知识迁移等，但是这些研究都没有形成完整的体系。直到 2010 年，迁移学习的首个形式化定义正式提出，由此，迁移学习成为机器学习中一个重要的分支领域。近些年来，深度迁移学习，尤其是其在 NLP 领域的建树让我们看到了迁移学习非凡的潜力。

学术界将要进行迁移学习的原因总结为 3 个方面。其一是大数据与少标注之间的矛盾。我们所处的“大数据时代”每时每刻产生着海量的数据，但是这些数据缺乏完善的数据标注，而机器学习模型的训练和更新都依赖于数据的标注，但目前只有很少的数据被标注和利用，这给机器学习和深度学习的模型训练与更新带来了挑战。其二是大数据与弱计算之间的矛盾。海量的数据需要具有强计算能力的设备进行存储和计算，而具有强计算能力的设备通常是非常昂贵的，此外使用海量数据来训练模型是非常耗时的，这就导致了大数据与弱计算之间的矛盾。其三是普适化模型与个性化需求之间的矛盾。机器学习的目的是构建尽可能通用的模型来满足不同用户、不同设备、不同环境的不同需求，这就要求模型有较高的泛化能力，但是普适化的通用模型无法满足个性化、差异化的需求。

传统机器学习的方法不能解决上述矛盾，迁移学习则为这些矛盾的解决提供了思路。迁移学习通常具有 3 方面优点：首先是更高的起点，在微调之前，源模型的初始性能比不使用迁移学习的高；其次是更快的收敛速度，在训练的过程中源模型提升的速率比不使用迁移学习的快；最后是更好的渐进性，迁移学习得到的模型的收敛性能比不使用迁移学习的好。

迁移学习在 NLP 领域成绩斐然，尤其是预训练语言模型取得了惊人的成功。给定足够的数据、大量参数和足够的算力，模型就可以有不错的学习成果。根据过往的实验，语言建模比机器翻译或自动编码等其他预训练工作更有效。

本书介绍了 NLP 领域的历史、发展过程和研究现状。从最基础的词袋模型出发，讲述 NLP 迁移学习技术的起源、发展和近期的大放异彩，对当前热门的预训练语言模型（如 BERT、ELMo、GPT）进行了深入论述。本书的讲解深入浅出，既有完备的数学论证，又通过生动的语言帮助读者建立感性的认知，让人不禁为作者的匠心喝彩！同时本书以若干 NLP 领域的常见问题作为主线，通过示例代码引领读者亲自实践，领略 NLP 迁移学习带来的实实在在的业务效果提升，这也是我个人非常推崇的著书行文的方式。

我在这里向 NLP、机器学习领域的工程师，或者有志于在这些领域有所建树的学子，隆重推荐本书！NLP 迁移学习领域已经取得了辉煌的成绩，并且仍然处于蓬勃发展中。我们需要构建清晰的理论框架，同时，对于该领域的进展也需要时刻保持关注。

余利华

网易有数总经理

译者序

我最早接触自然语言处理（Natural Language Processing，NLP）领域，还是十多年前在北京航空航天大学计算机学院读研究生的时候。彼时主流的解决方案还是词袋模型和统计学习配合的方法。直到 2012 年前后，深度学习横空出世，在图像领域取得了令人瞩目的成就。此后，诸多基于深度神经网络的 NLP 技术问世，我也一直跟随着业界的步伐，接触了 CNN、RNN、LSTM 等技术。但是，那个时候我还固执地认为，所谓机器学习，不过是用数据对模型参数进行拟合。因此，在工作中，我更喜欢用“拟合”而非“学习”，就连写代码时我使用的方法名也是 fit 而不是 learn。

直到以词嵌入为代表的预训练技术出现，我的观念开始动摇。时间来到 2018 年，随着 BERT 系列方法出现，我彻底被迁移学习技术所折服。我开始认识到，一个模型的训练和人的学习成长过程可以如此相似。先用大而全的基础数据进行预训练，再用少而精的目标领域数据进行微调，这与人类教学体系中先进行通识教育，然后再划分专业培养的路径何其相似。

迁移学习是运用已有的知识来学习新的知识，其核心是找到已有知识和新知识之间的相似性。由于直接对目标域从零开始学习成本太高，故而转向运用已有的相关知识来辅助尽快地学习新知识。比如，已经会下中国象棋，就可以类比着来学习国际象棋；已经学会骑自行车，就可以类比着来学习骑电动自行车；已经学会英语，就可以类比着来学习法语……原来机器的学习和人类的学习相似，也是可以“举一反三，触类旁通”的。

本书对 NLP 迁移学习领域提供了详尽的介绍。本书回顾了 NLP 领域的发展历史，结合业务应用的实例，讲述这个领域如何一步步“从原始走向现代”。而针对当前各种流行的方法，本书给出了深入浅出的分析，力求向读者呈现出各方法详尽且易懂的面貌。更难能可贵的是，本书不完全专注于理论，而是强调通过有代表性的示例代码来帮助读者形成直观的认知。本书提供的代码经过简单修改即可适用于新的应用场景，可以帮助读者解决遇到的实际问题。本书是 NLP 迁移学习领域的一本佳作。能够参与本书的翻译，我备感幸运。

NLP 迁移学习的方法体系自问世以来，取得了令世人瞩目的成就，大大提升了 NLP 领域处理各类问题的整体基线水平。更有甚者，在多项测试中，模型的水平已经超越了人类的水平。作为科技领域的工作者，我也期待有朝一日 NLP 领域的自动翻译技术能够代我工作，自动给出信、达、雅的翻译结果。

我负责全书统稿，并具体负责第 4 章、第 7 章～第 10 章、前言和附录 A、附录 B 等内容的翻译工作。我目前就职于网易杭州研究院。本书的翻译工作得到网易杭州研究院多位同人的关心和支持，通过与这些资深人士进行探讨，书中许多概念得以厘清，很多表述得到恰当的中文表达。在此向汪源、胡光龙、刘东、毛世杰、樊峰峰、汪勇武、胡登军等领导和同事致谢！

朱仲书负责第 3 章、第 5 章、第 6 章、第 11 章的翻译。朱仲书目前就职于蚂蚁集团。在本书翻译过程中，我们得到朱仲书所在知识图谱团队各位领导、同事的大力支持。在此感谢梁磊、刘志臻、王义、桂正科、林昊、李建强等同人！

张世武负责第 1 章和第 2 章的翻译。张世武目前就职于三一重工。在本书翻译过程中，我们得到湖南三一智能控制设备有限公司总经理谭凌群、三一智能研究院院长姚洪涛以及索春明、谭永波等领导的支持与关怀。感谢三一智能化研究所黄建深、谢辉、刘美博、谭林朋、杨毅、宋跃文、鄢徐旸等同人的大力支持，尤其是宋跃文，他在机器学习落地方面做了很多深入的探索，特此致谢！

本书的翻译工作也得到家人们的理解和支持，在此向他们表示感谢！

李想

序言

在过去的数年中，自然语言处理（NLP）技术得到了飞速发展。在这段时间里，关于 NLP 模型发展趋势的新闻文章令人目不暇接，其中包括 ELMo、BERT 以及 GPT-3[①]。人们之所以对 NLP 技术感到兴奋，正是因为这些模型的出现，让那些我们在 3 年前还无法想象的应用成为现实，比如仅仅基于需求描述就自动生成生产级代码，或者自动生成足以以假乱真的诗歌和博文等。

这种进步的一大驱动正是 NLP 模型中日益复杂的迁移学习技术。NLP 中的迁移学习是一种日渐流行且令人兴奋的模式，因为它使得用户可以将从某个场景中获得的知识调整或者迁移到其他不同语言或任务的场景中。这是 NLP 的一大进步，更广泛地说，也是人工智能（Artificial Intelligence，AI）的一大进步，即允许知识在新的环境中复用，并且消耗更少的资源。

作为西非国家加纳的公民，对于这个话题我更是体会深刻。在加纳，许多草根企业家和创业者无力承担高昂的算力成本，同时对基础的 NLP 问题也有心无力。迁移学习可以为工程师赋能，帮助他们在起步阶段有所作为，构建甚至能拯救生命的 NLP 技术。如果没有迁移学习，这很难想象。

2017 年，我第一次有了这样的想法，彼时我正在美国国防部高级研究计划局（Defense Advanced Research Projects Agency，DARPA）研究开源自动机器学习技术。我们使用迁移学习来降低对标注数据的需求，具体而言就是首先在模拟数据集上训练 NLP 模型，然后将模型迁移到真实标注的小数据集上。之后不久，突破性的 ELMo 模型出现，它激励我进一步去了解迁移学习，并探索如何在自己的软件项目中进一步实践。

很自然地，我发现由于这些想法的新颖性和技术的飞速发展，NLP 领域缺少一本全面、系统

① OpenAI 公司于 2023 年 3 月 15 日发布了 GPT-4。——编辑注

且实用的书。在 2019 年，当有机会撰写这样一本书时，我没有丝毫犹豫。现在，读者手里拿到的便是近两年来我为了这一目标而努力的成果。本书将带领读者快速了解 NLP 领域中近几年的关键 NLP 模型，同时提供可执行的代码，并且读者能够在自己的项目中直接修改和复用这些代码。本书涵盖的网络结构和用例可以帮助读者掌握 NLP 领域的基本技能，以便在该领域进行更深入的探索。

进一步了解迁移学习是一个很好的决定。新理论、算法和突破性应用创造的机会比比皆是。我满怀期待，这些创新性的事物将对我们周围的社会产生积极的影响。

前言

本书试图对 NLP 迁移学习这一重要领域进行全面介绍。本书并不完全专注于理论，而是强调通过有代表性的代码和示例来帮助读者建立对 NLP 迁移学习的直观认识。本书的代码旨在能够快速修改和重新调整其用途，以帮助读者解决遇到的实际问题。

本书的目标读者

为了充分学习本书，读者需要掌握一些 Python 的相关知识，以及具备中等程度的机器学习技能，如需要理解基本的分类和回归等概念。此外，掌握一些基本的数据操作和预处理技能，如 pandas 和 NumPy 库的运用，对学习本书也是大有裨益的。

也就是说，本书的写作方式可以帮助读者通过一些额外的学习来掌握这些技能。本书的前 3 章将帮助读者快速了解所需的知识，以充分掌握 NLP 迁移学习的概念，并将其应用于自身的项目。然后，如果读者认为还需要一些其他的背景知识，那么可以自主学习精选的引用内容，这将起到巩固的作用。

阅读路径

本书分为 3 部分。建议读者按照顺序阅读，这么做可以获得最大的收益。

第一部分回顾了机器学习中的关键概念，介绍了机器学习的发展历史，以及 NLP 迁移学习的最新进展是机器学习领域发展水到渠成的结果，同时该部分也揭示了人们研究该主题的动因。该部分还介绍了两个示例，这些示例既可以帮助读者回顾更传统的 NLP 方法，也可以帮助读者动手掌握一些 NLP 迁移学习的关键的现代方法。该部分涵盖的各章介绍如下。

- 第 1 章介绍迁移学习在人工智能和 NLP 中的具体含义。同时，该章着眼于介绍技术进步的历史进程，正是这些进步使迁移学习得以实现。
- 第 2 章介绍两个典型的 NLP 问题，并说明如何获取这些问题的数据以及进行预处理。这一章还介绍如何使用逻辑斯谛回归和支持向量机等传统线性机器学习方法来建立基线。
- 针对第 2 章介绍的两个问题，第 3 章继续使用传统的、基于树的机器学习方法——随机森林和梯度提升机来建立效果基线。这一章还会使用重要的现代迁移学习方法——ELMo 和 BERT 来对这两个问题建立效果基线。

第二部分深入探讨了一些重要的 NLP 迁移学习方法，它们主要基于浅层神经网络，即层数相对较少的神经网络。这一部分开始详细地探讨深度迁移学习，诸如 ELMo 这类具有代表性的技术。ELMo 采用了循环神经网络（Recurrent Neural Network，RNN）来实现关键功能。该部分涵盖的各章介绍如下。

- 第 4 章应用浅层迁移学习的单词、句子嵌入技术，例如 Word2Vec 和 Sent2Vec，以进一步探索本书第一部分中的某些示例。这一章还介绍了多任务学习和领域适配等重要的概念。
- 第 5 章介绍一组基于 RNN 的 NLP 深度迁移学习方法，并新引入两个示例数据集，用于对这些方法的研究。
- 第 6 章更详细地探讨了第 5 章中介绍的方法，并将这些方法应用于新引入的数据集。

第三部分涵盖 NLP 迁移学习领域中最重要的子领域：以 Transformer 作为关键功能的深度迁移学习技术，例如 BERT 和 GPT。实践表明这类模型对近几年的应用拥有极大的影响力。其中部分原因是，与先前同等规模的模型相比，新模型的并行计算的结构具有更好的可扩展性。这一部分还深入探讨了提高迁移学习效率的各种适配策略。该部分涵盖的各章介绍如下。

- 第 7 章描述基本的 Transformer 神经网络结构，并使用它的一个重要变体 GPT 来完成一些文本生成任务和打造一个基础的聊天机器人。
- 第 8 章介绍一个重要的基于 Transformer 的神经网络结构 BERT,并将它应用于多个任务，包括自动问答任务、填空任务和针对低资源语言实现跨语言转换任务。
- 第 9 章介绍一些适配策略，旨在提高迁移学习的效率，包括差别式微调、ULMFiT 方法的逐级解冻策略以及知识蒸馏。
- 第 10 章介绍其他的适配策略，包括 ALBERT 方法引入的嵌入因子分解策略与跨层参数共享策略。本章还介绍了适配器和多任务适配策略。
- 第 11 章对本书进行总结，回顾重要主题，简要讨论新兴研究方向，例如考量 NLP 迁移学习技术潜在的负面影响及其应对策略。这些负面影响包括对不同的族群带有偏见的预测，以及训练大型模型对环境的影响等。

软件需求

我们推荐使用 Kaggle 的 Notebook 来执行 NLP 迁移学习涉及的代码，因为这样可以让读者立即行动起来，而无须花时间进行各种设置操作。此外，在撰写本书时，Kaggle 还提供了免费的 GPU 资源，可以帮助很多缺少强大 GPU 资源的研究人员使用此类方法。附录 A 提供了 Kaggle 入门指南，以及作者的一些个人提示，以帮助读者最大限度地发挥平台效用。我们在 Kaggle 上公开托管了所有的 Notebook，并附带了所有必需的数据，使读者能够通过几次单击就开始执行代码。不过，请记住使用“复制和编辑”（fork）Notebook，而不要复制代码并粘贴到新的 Notebook 中，这样能确保环境中生成的库与我们编写的代码相匹配。

致谢

我要感谢 Ghana NLP 开源社区的成员，在这个社区中我有幸了解到关于这个重要领域的很多信息。来自小组成员和我们开发的工具的用户反馈可以帮助我强化了对 NLP 迁移学习技术的真正变革的理解。这激发了我的灵感，促使我将本书写作完成。

我要感谢 Manning 出版社的文稿编辑 Susan Ethridge，她花费了大量的时间阅读我的手稿，并提供反馈意见，还指导我克服许多困难。我还要感谢技术编辑 Al Krinker 为帮助我提高写作能力所付出的时间和努力。

我要感谢编辑部门、营销部门和制作部门的所有成员，没有他们，这本书不可能成功出版。他们是 Rebecca Rinehart、Bert Bates、Nicole Butterfield、Rejhana Markanovic、Aleksandar Dragosavljević、Melissa Ice、Branko Latincic、Christopher Kaufmann、Candace Gillhoolley、Becky Whitney、Pamela Hunt 和 Radmila Ercegovac（排名不分先后）。

在本书的写作过程中，技术同行审稿人在若干关键时刻提供了宝贵的反馈意见，如果没有这些宝贵的反馈意见，本书一定会有缺憾。我非常感谢他们。他们是 Andres Sacco、Angelo Simone Scotto、Ariel Gamiño、Austin Poor、Clifford Thurber、Jaume López、Marc-Anthony Taylor、Mathijs Affourtit、Matthew Sarmiento、Michael Wall、Nikos Kanakaris、Ninoslav Cerkez、Or Golan、Rani Sharim、Sayak Paul、Sebastián Palma、Sergio Govoni、Todd Cook 和 Vamsi Sistla。我要感谢技术校对员 Ariel Gamiño，感谢他在校对过程中发现了许多语言文字错误和其他技术性错误。

我非常感谢我的妻子 Diana，感谢她在这项工作上对我的支持和鼓励。我还要感谢我的母亲和我的兄弟姐妹们——Richard、Gideon 和 Gifty，感谢他们一直以来对我的鼓励。

作者简介

Paul Azunre 拥有麻省理工学院计算机科学博士学位，曾担任美国国防部高级研究计划局（DARPA）的多个研究项目的主任研究员。由他创建的 Algorine 公司致力于推进 AI/ML 技术并让这些技术产生重大社会影响。Paul 还参与创建了 Ghana NLP 开源社区。该社区专注于 NLP 技术的应用，尤其是对加纳语和其他低资源语言进行迁移学习。

资源与支持

本书由异步社区出品，社区（https://www.epubit.com）为您提供相关资源和后续服务。

配套资源

本书提供示例代码。

要获得以上配套资源，请在异步社区本书页面中单击 配套资源，跳转到下载界面，按提示进行操作即可。注意：为保证购书读者的权益，该操作会给出相关提示，要求输入提取码进行验证。

如果您是教师，希望获得教学配套资源，请在异步社区本书页面中直接联系本书的责任编辑。

提交勘误

作者、译者和编辑尽最大努力来确保书中内容的准确性，但难免会存在疏漏。欢迎您将发现的问题反馈给我们，帮助我们提升图书的质量。

当您发现错误时，请登录异步社区，按书名搜索，进入本书页面，单击“发表勘误”，输入错误信息，单击“提交勘误”按钮即可，如右图所示。本书的作者和编辑会对您提交的错误信息进行审核，确认并接受后，您将获赠异步社区的 100 积分。积分可用于在异步社区兑换优惠券、样书或奖品。

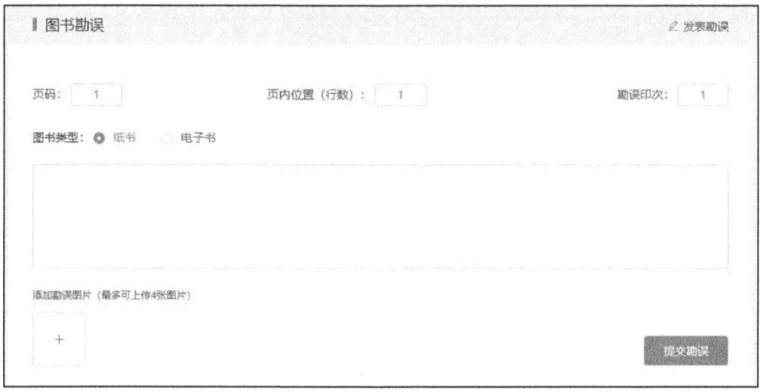

扫码关注本书

扫描下方二维码，您将会在异步社区微信服务号中看到本书信息及相关的服务提示。

与我们联系

我们的联系邮箱是 contact@epubit.com.cn。

如果您对本书有任何疑问或建议，请您发邮件给我们，并请在邮件标题中注明本书书名，以便我们更高效地做出反馈。

如果您有兴趣出版图书、录制教学视频，或者参与图书翻译、技术审校等工作，可以发邮件给我们；有意出版图书的作者也可以到异步社区投稿（直接访问 www.epubit.com/contribute 即可）。

如果您所在的学校、培训机构或企业想批量购买本书或异步社区出版的其他图书，也可以发邮件给我们。

如果您在网上发现有针对异步社区出品图书的各种形式的盗版行为，包括对图书全部或部分内容的非授权传播，请您将怀疑有侵权行为的链接通过邮件发送给我们。您的这一举动是对作者权益的保护，也是我们持续为您提供有价值的内容的动力之源。

关于异步社区和异步图书

“异步社区”是人民邮电出版社旗下 IT 专业图书社区，致力于出版精品 IT 图书和相关学习产品，为作译者提供优质出版服务。异步社区创办于 2015 年 8 月，提供大量精品 IT 图书和电子书，以及高品质技术文章和视频课程。更多详情请访问异步社区官网 https://www.epubit.com。

“异步图书”是由异步社区编辑团队策划出版的精品 IT 图书的品牌，依托于人民邮电出版社几十年的计算机图书出版积累和专业编辑团队，相关图书在封面上印有异步图书的 LOGO。异步图书的出版领域包括软件开发、大数据、人工智能、测试、前端、网络技术等。

异步社区

微信服务号

目录

第一部分 导论

第一部分

导论

第1章～第3章将介绍机器学习中的关键概念、机器学习的发展历史，以及NLP迁移学习的最新进展，同时揭示研究该主题的重要意义。本部分还将介绍两个示例。这两个示例既可以帮助读者回顾更传统的NLP方法，也可以帮助读者动手掌握一些NLP迁移学习的关键的现代方法。

第 1 章　迁移学习简介

本章涵盖以下内容。

- 在人工智能（Artificial Intelligence，AI）和自然语言处理（Natural Language Processing，NLP）领域中，迁移学习到底是什么？
- 典型的 NLP 任务和相关的 NLP 迁移学习的发展进程。
- 计算机视觉领域的迁移学习综述。
- 近年来 NLP 迁移学习技术流行的原因。

人工智能以一种戏剧性的方式改变了现代社会。机器现在可以执行很多过去由人类完成的任务，而且速度更快、成本更低，在某些情况下，效率更高。典型的例子包括计算机视觉应用，它教会计算机理解图像和视频，例如检测闭路电视摄像中的犯罪嫌疑人。其他计算机视觉应用还包括根据患者器官影像检测疾病和根据植物叶片确定植物物种。NLP 是人工智能的另一个重要分支，专门用于人类自然语言数据的分析和处理。NLP 应用的例子包括语音到文本的转录和不同语言之间的翻译。

人工智能机器人和自动化技术“革命”（有人称之为“第四次工业革命”①）是由大型神经网络的训练算法的进步、可通过互联网获取的海量数据，以及基于图形处理单元（Graphical Processing Unit，GPU）的大规模并行计算共同促成的。GPU 最初是面向个人游戏市场开发的。近期，此前依赖人类感知的任务得到自动化，特别是计算机视觉和 NLP 的快速发展，推动神经网络理论和实践取得重大进展。这一领域的发展使得从输入数据到期望的输出信号之间的映射有了更复杂的表示，从而能够处理那些曾经非常棘手的 AI 难题。

① Schwab K, The Fourth Industrial Revolution (Geneva: World Economic Forum, 2016).

与此同时，人们预言未来人工智能达到的水平将会远远超过当前实践中已经达到的水平。一些观点警告，在一个世界末日般的未来，机器将会取代大部分（甚至是所有）人类的工作岗位。更极端地，可能对人类的生存产生威胁。NLP 也没有被该推测排除在外，因为它是当今人工智能中最活跃的研究领域之一。通过阅读本书读者将可以更好地理解：在不久的将来人工智能、机器学习和 NLP 技术有哪些切实可行的应用。然而，本书更希望帮助读者掌握一整套迁移学习的实操技能，这在 NLP 领域中是非常重要的。

迁移学习旨在利用来自不同环境（不同的任务、语言或领域）的先验知识来帮助用户解决手头的问题。它受到人类学习方式的启发，因为我们通常不会从零开始学习任何给定问题的知识，而是建立在可能相关的先验知识基础之上。例如，当一个人已经知道如何演奏一种乐器时，一般认为这个人学习演奏另一种乐器会更加容易。显然，乐器越相似——例如风琴和钢琴，先验知识的作用就越大，学习演奏新乐器就越容易。然而，即使乐器有很大的不同，比如鼓和钢琴，一些先验知识仍然能起到作用（即使作用不是那么大），比如坚持节奏练习。

劳伦斯·利弗莫尔国家实验室（Lawrence Livermore National Laboratory）或桑迪亚国家实验室（Sandia National Laboratories）等大型研究实验室，以及谷歌（Google）和脸书（Facebook，现名 Meta）等大型互联网公司，都能够通过对数十亿个单词和数百万幅图像进行深度神经网络学习来训练大型复杂模型。例如，第 2 章介绍的谷歌的 NLP 模型 BERT（Bidirectional Encoder Representations from Transformer，基于 Transformer 的双向编码器表示）基于英文版 Wikipedia（包含 25 亿个单词）和 BookCorpus（包含 8 亿个单词）进行了预训练①。类似地，深度卷积神经网络（Convolutional Neural Network，CNN）已经基于超过 1 400 万张图片的 ImageNet 数据集进行训练，学习得到的参数已被许多组织广泛使用。从零开始训练此类模型所需的资源量庞大，通常不适用于普通的神经网络实践者，例如在小型企业工作的 NLP 工程师或小型高校的学生。这是否意味着相对“弱小”的从业者无法在他们的问题上取得最先进的结果呢？答案显然是否定的。值得庆幸的是，在正确的场景下应用迁移学习有望缓解这一担忧。

为什么迁移学习很重要？

迁移学习能够将从一组任务或领域获得的知识调整或迁移到另一组任务或领域。这意味着，一个使用大量资源（包括数据、算力、时间和成本）训练的模型可以在新的环境下被业界更多的人员加以微调和复用，但其资源需求只是原所需资源的一小部分。如图 1.1 所示，以学习如何演奏乐器为例。从图中可以看出，不同任务/领域训练系统的信息共享可以减少后期或下游任务 B 实现相同性能所需的数据。

① Devlin J et al, “BERT: Pre-Training of Deep Bidirectional Transformers for Language Understanding,” arXiv (2018).

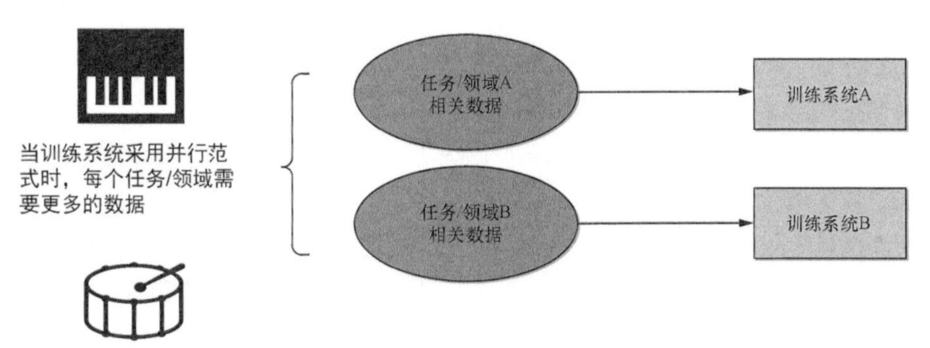

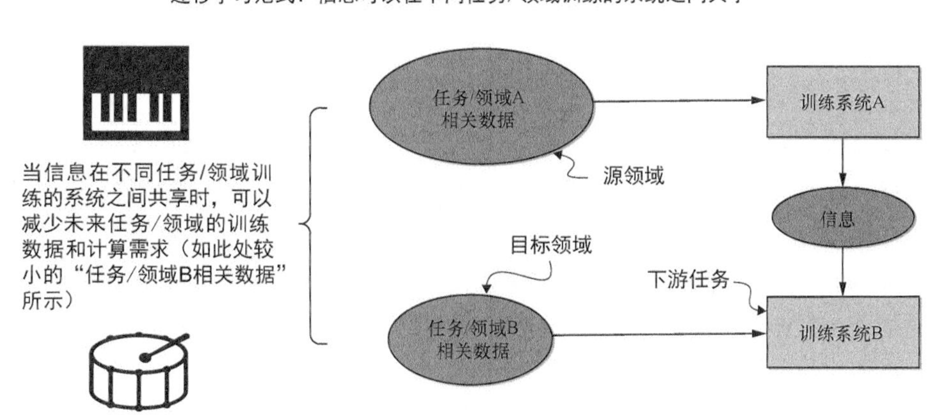

图 1.1 在迁移学习范式中，信息可以在不同任务/领域训练的系统之间共享

1.1 NLP 领域典型任务概述

NLP 的目标是使计算机能够理解自然的人类语言。读者可以将这视为一个将自然语言文本系统地编码为数字表示的过程。尽管存在多种典型的 NLP 任务分类方法，但下面这种粗粒度的划分方式提供了一种用于界定 NLP 任务的类型的思维框架，同时给出了本书将要解决的各种问题的示例。请注意，其中一些任务可能是（也可能不是，取决于选择的特定算法）列表中其他更困难的任务所需要的。

- 词性标注（Part-of-Speech，POS）：对文本中单词的词性进行标注，潜在的标签包括动词、形容词和名词等。
- 命名实体识别（Named Entity Recognition，NER）：检测非结构化文本中蕴含的实体，如人名、组织名、地名等。请注意，词性标注可能是命名实体识别中的一个步骤。

- 句子/文档分类：给句子或文档打上预定义的类别标签，如情绪{积极的,消极的}、主题{娱乐,科学,历史}，或其他预定义的类别集。
- 情感分析（sentiment analysis）：赋予一个句子或文档所表达的情感，如{积极的,消极的}。实际上，读者可以将情感分析视为句子/文档分类的特殊情况。
- 自动摘要（automatic summarization）：概括一组句子或文档的关键内容，通常是用几个句子或关键词描述。
- 机器翻译（machine translation）：将句子或文档从源语言翻译成一种或多种目标语言。
- 问答系统（question answering）：对人类提出的问题给出适当的答案。例如，问：加纳的首都是哪里？答：阿克拉。
- 聊天机器人（chatterbot/chatbot）：与人类有效地对话，潜在目的是实现某些目标，如最大化对话时长或从人类用户那里获取某些特定信息。请注意，聊天机器人可以被表述为问答系统。
- 语音识别（speech recognition）：将人类语音的音频转换为文本表示。尽管人们已经投入并将继续投入大量精力使语音识别系统更加可靠，但在本书中，我们假设所需的语言文本是现成的。
- 语言模型（language modeling）：确定人类语言中一系列单词的概率分布，其中，知道序列中最有可能出现的下一个单词对语言生成尤为重要，可以用于预测下一个出现的单词或句子。
- 依存分析（dependency parsing）：将一个句子分解成一个表示语法结构和单词之间关系的依存树。注意，词性标注在这里很重要。

1.2 理解人工智能背景下的 NLP 技术

在继续阅读本书的后续部分之前，正确理解术语“自然语言处理”并厘清它与其他常见术语（如人工智能、机器学习和深度学习）之间的区别十分重要。大众媒体赋予这些术语的含义通常与机器学习科学家和工程师的理解有所出入。因此，当我们使用这些术语时，给出准确的定义很重要，其关系韦恩图如图 1.2 所示。

在图 1.2 中，深度学习是机器学习的一个子集，而机器学习又是人工智能的一个子集。NLP 也是人工智能的一个子集，它与深度学习和机器学习有着非空的交集。该图是对 François Chollet 提供的图的扩充[①]。

---

① Chollet F, Deep Learning with Python (New York: Manning Publications, 2018).

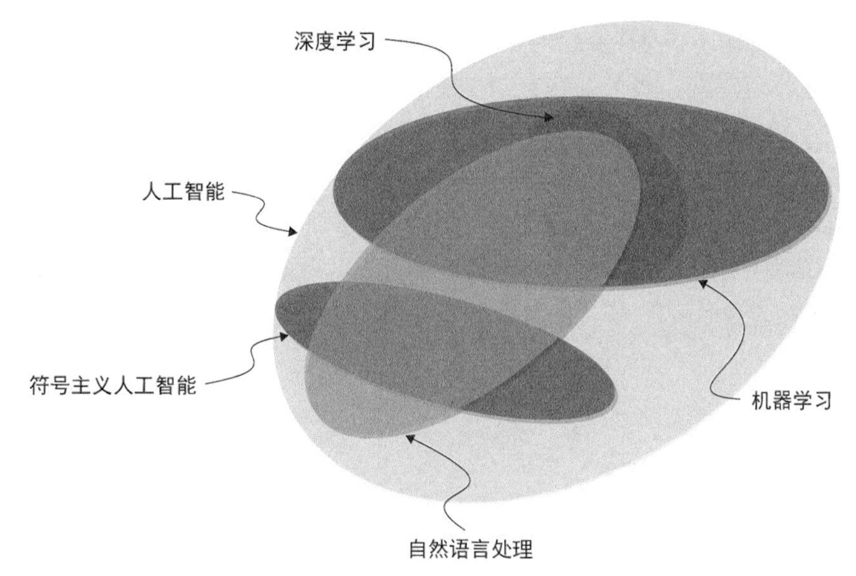

图 1.2 自然语言处理、人工智能、机器学习和深度学习等术语的关系韦恩图

请参阅他的著作《Python 深度学习》的第 6 章和 8.1 节，了解神经网络在文本中的应用。符号主义人工智能（Symbolic AI）也在图 1.2 中，1.2.1 节将对其加以说明。

1.2.1 人工智能

人工智能作为一个研究领域出现在 20 世纪中叶，致力于使计算机模拟和执行通常由人类执行的任务。最初的方法专注于手动推导和硬编码显式规则，用于在各种感兴趣的环境中操作输入数据。这种范式通常称为符号主义人工智能。它适用于定义明确的问题，如国际象棋，但当遇到来自感知类问题时，如视觉和语音识别，它会明显地出错。我们需要一种新的范式，即计算机可以从数据中学习新的规则，而不是由人类明确地指定规则。这促使了机器学习的兴起。

1.2.2 机器学习

20 世纪 90 年代，机器学习范式成为人工智能的主导。现在，计算机不再为每种可能的情况显式编码，而是通过相应的输入输出样例数据来训练模型，自动提取输入与输出之间的映射关系。虽然机器学习涉及大量的数学和统计学知识，但由于它倾向于处理大型和复杂数据集，因此它更加依赖实验、经验观察和工程手段，而非数学理论。

机器学习算法从输入数据中学习到一种表示，并将其转换为恰当的输出。为此，机器学习模型需要一组数据（如句子分类任务中的一组句子输入）和一组相应的输出（如用于句子分类的{“正”,“负”}标签）。还需要一个损失函数，它用于度量机器学习模型的当前输出与数据集的预期输出之间的偏差。为了帮助读者理解，不妨考虑二分类任务，其中机器学习的目标可能是找到一个所谓的决策边界的函数，其职责是完美分割不同类型的数据点，如图 1.3 所示。这个决策边界应该在训练集之外的新数据实例上也有很好的表现。为了加速找到决策边界，读者可能需要首先对数据进行预处理，或者将其转换为更易于分割的形式。我们在称为假设集（hypothesis set）的可能函数集合中搜索目标函数。这种搜索是自动进行的，它使得机器学习的最终目标更容易实现，这就是所谓的学习。

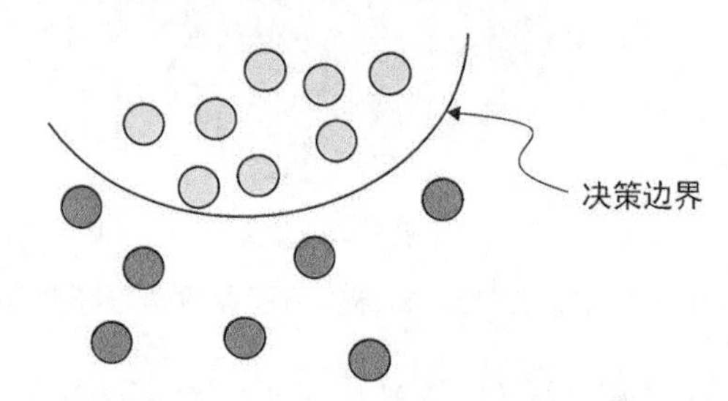

图 1.3 机器学习中一个主要的激励任务的示例（在本图所示的情况中，假设集可以是弧线）

机器学习利用损失函数所包含的反馈信号的指导，在某个预定义的假设集中自动搜索输入与输出之间的最佳映射关系。假设集的性质决定了所考虑的算法类别，这些将在后面内容中简要介绍。

经典机器学习（classical machine learning）是从概率建模方法（如朴素贝叶斯）开始的。这里，我们不妨乐观地假设输入数据特征都是独立的。逻辑斯谛回归（logistic regression）是一种概率建模方法，它通常是数据科学家在数据集上首先尝试的方法。它和朴素贝叶斯的假设集都是线性函数集。

神经网络（neural network）虽然起源于 20 世纪 50 年代，但直到 20 世纪 80 年代人们才发现一种有效的训练大型网络的方法——反向传播（back propagation）与随机梯度下降（stochastic gradient descent）算法相结合。反向传播提供了一种计算网络梯度的方法，而随机梯度下降则使用这些梯度来训练网络。本书附录 B 简要介绍了这些概念。1989 年神经网络第一次成功应用。当时贝尔实验室的 Yann LeCun 建立了一个识别手写数字的系统，这个系统后来被美国邮政局广泛使用。

核方法（kernel method）从 20 世纪 90 年代开始流行。这种方法试图通过在点集之间找到良好的决策边界来解决分类问题，如图 1.3 所示。最流行的核方法是支持向量机（Support Vector Machine，SVM），它试图通过将数据映射到新的高维表示（其中超平面是有效边界）来找到好的决策边界，然后，令超平面和每个类目中最近的数据点之间的距离最大化。利用核方法，高维空间中的高计算成本得到降低。核函数用于计算点之间的距离，而不是显式地对高维数据表示进行计算，其计算成本远小于高维空间中的计算成本。这个方法有坚实的理论支撑，并且易于进行数学分析，当核函数是线性函数时，则该方法也是线性的，这使得该方法非常流行。然而，该方法在感知类机器学习问题上还存在很多可改进的地方，因为这种方法首先需要一个手动的特征工程步骤，而这一步又很容易出差错。

决策树（decision tree）及其相关方法是另一类仍被广泛使用的方法。决策树是一种决策支持辅助工具，它将决策及其结果建模为树形结构。它本质上是一个图（graph），图中任意两个连通节点之间只存在一条路径。或者可以将树定义为将输入值转换为输出类别的流程图。决策树在 21 世纪 10 年代兴起，彼时基于决策树的方法开始比核方法更流行。这种流行得益于决策树更易于可视化、理解和解释。为了帮助读者理解，图 1.4 展示了一个决策树结构示例，该结构将输入{A,B}分类为类别 1（如果 A<10）、类别 2（如果 A≥10，而 B≤25）和类别 3（其他情况）。

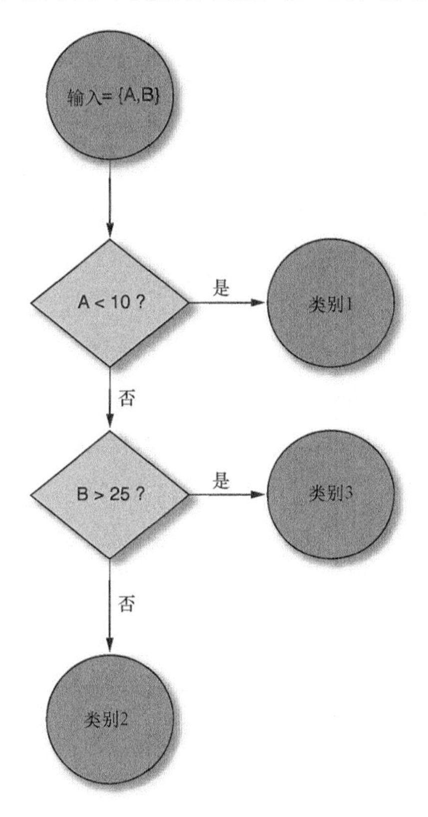

图 1.4　决策树结构示例

随机森林（random forest）为应用决策树提供了一种实用的机器学习方法。此方法涉及生成大量特化（specialized）决策树并组合它们的输出。随机森林非常灵活并具有普适性，这使得它经常成为继逻辑斯谛回归之后的第二种基线算法。2010 年，当 Kaggle 开放式竞赛平台启动时，随机森林很快成为该平台上使用最广泛的算法。2014 年，梯度提升机（Gradient Boosting Machine，GBM）取代了它。它们的原理都是迭代地学习新的基于决策树的模型，这些模型消除了以前迭代中模型的弱点。在撰写本书时，它们被广泛认为是解决非感知类机器学习问题的最佳方法。它们在 Kaggle 上依然备受青睐。

2012 年，基于 GPU 训练的卷积神经网络（Conrolutional Neural Network，CNN）开始赢得年度 ImageNet 竞赛，这标志着当前深度学习"黄金时代"的来临。CNN 开始主导所有主要的图像处理任务，如目标识别（object recognition）和目标检测（object detection）。同样，我们也可以在人类自然语言的处理中找到它的应用，即 NLP。神经网络通过一系列越来越有意义的、分层的输入数据表示进行学习。这些层（layer）的数量确定了模型的深度（depth）。这也是术语"深度学习"（deep learning）的由来，即训练深度神经网络的过程。为了区别于深度学习，之前所述的所有机器学习方法通常称为浅层（shallow）或传统学习方法。请注意，深度较小的神经网络也可归类为浅层，但不是传统的。深度学习已经占据机器学习领域的主导地位。很明显作为解决感知类问题首选的深度学习在可处理问题的复杂性方面引发了一场"革命"。

虽然神经网络的灵感来自神经生物学，但它并不是我们神经系统工作的真实模式。神经网络的每一层都由一组数字（称其为层的权重）参数化，用于精确地指导该层如何对输入数据进行转换。在深度神经网络中，参数的总数很容易达到百万级。前面提到的反向传播算法是一种算法引擎，用于找到正确的参数集，即对网络进行学习。图 1.5（a）展示了具有两个全连接隐藏层的简单前馈神经网络的可视化表示。图 1.5（b）展示了一个等价的简化表示，我们将经常使用这种表示来简化图表。一个深度神经网络会有很多这样的层。一种著名的神经网络结构不具备这种前馈性质，它就是长短期记忆（Long Short-Term Memory，LSTM）循环神经网络（Recurrent Neural Network，RNN）。与图 1.5 中接收长度为 2 的固定长度输入的前馈结构不同，LSTM 可以处理任意长度的输入序列。

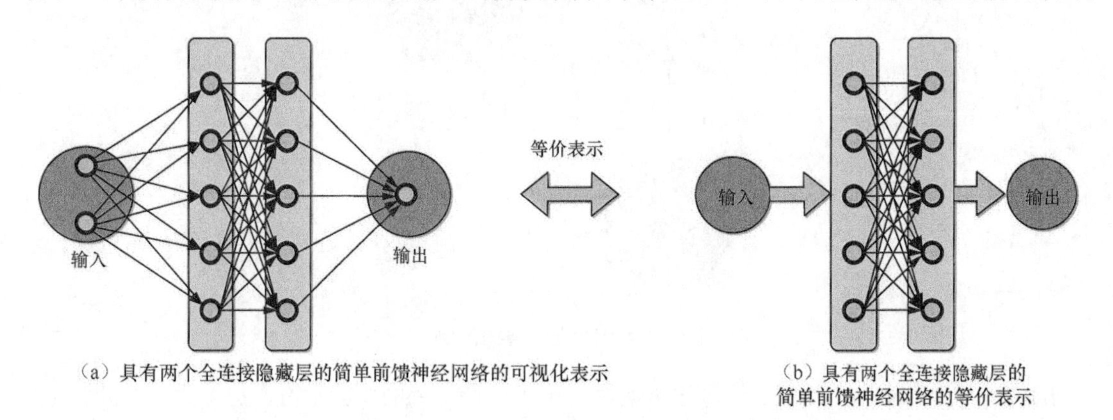

（a）具有两个全连接隐藏层的简单前馈神经网络的可视化表示

（b）具有两个全连接隐藏层的简单前馈神经网络的等价表示

图 1.5　具有两个全连接隐藏层的简单前馈神经网络

如前所述，引爆“深度学习革命”的是硬件、海量可用数据和算法的进步。专门为视频游戏市场开发的 GPU，以及业已成熟的互联网，开始为深度学习领域提供前所未有的海量优质数据。数据源如 Wikipedia、YouTube 和 ImageNet 等的可用性推动了计算机视觉和 NLP 的进步。神经网络能够消除对昂贵的手动特征工程的需求，这是成功将浅层学习方法应用于感知数据的必要条件，可以说是影响深度学习易用性的因素。由于 NLP 是一个感知类问题，因此神经网络也是本书重点介绍的机器学习算法类型，尽管不是唯一的类型。

接下来，我们的目标是了解 NLP 的历史和进展。

1.2.3 自然语言处理

语言是人类认知最重要的方面之一。毫无疑问，为了创造真正的人工智能，需要让机器掌握如何解释、理解、处理和操作人类语言的方法。这让 NLP 在人工智能和机器学习领域日渐重要。

与人工智能的其他子领域一样，处理 NLP 问题的初始方法（如句子分类和情感分析）都基于显式规则或符号主义人工智能。采用这些初始方法的系统通常无法推广到新任务，并且很容易崩溃。自 20 世纪 90 年代核方法出现以来，人们一直致力于研究特征工程——手动将输入数据转换为浅层学习方法可以用来正确预测的形式。特征工程非常耗时，且与特定任务相关，非领域专家难以掌握。2012 年，深度学习的出现引发了 NLP 的真正革命。神经网络在其某些层中自动设计适当特征的能力降低了特征工程处理新任务和问题的门槛。随后，人们的工作重点转向为任何给定的任务设计适当的神经网络结构，以及在训练期间调整各种超参数。

训练 NLP 系统的标准方法是首先收集大量数据点，然后在句子或文档的情感分析任务中对每个数据点进行标注（如“正向”或“负向”）。最后将这些数据点提供给机器学习算法，以学习输入信号到输出信号映射关系的最佳表示，学习得到的模型在新数据点上也有很好的表现。在 NLP 和机器学习的其他子领域中，该过程通常称为有监督学习（supervised learning）范式。手动完成的标注过程为学习代表性映射关系提供了“监督信号”。另外，从未标注数据点的学习范式称为无监督学习（unsupervised learning）范式。

尽管今天的机器学习算法和系统不是生物学习系统的直接复制品，也不应该被视为此类系统的模型，但它们的某些方面受到进化生物学的启发，而且带来了重大的进步。对于每个新任务、语言或应用领域，有监督学习过程传统上是从头开始重复的，这似乎是有缺陷的。这个过程在某种程度上与自然系统基于先前获得的知识并加以复用的学习方式相反。饶是如此，从零开始的感知任务学习已经取得了重大进展，特别是在机器翻译、问答系统和聊天机器人方面，尽管它仍然存在一些缺点。特别是，今天的系统在输入信号相关样本的分布发生急剧变化时鲁棒性欠佳。换句话说，系统学习在某种类型的输入上表现良好。如果更改输入类型，可能会导致性能显著下降，有时甚至会出现严重故障。此外，为了使人工智能更普及，并使小型企业的普通工程师或没有大型互联网公司资源的任何人都能使用 NLP 技术，能够下载和复用他人学习到的知识将变得尤为重要。这对于以英语或其他流行语言之外的语言作为母语的地区的人们也很重要，因为英语或其他流行语言有预训练模型。此外，这对于执行所在地区独有的任务或前所未有的新任务的人来说也很重要。迁移学习提供了解决其中一些问题的方法。

迁移学习使人们能够将知识从一个环境中迁移到另一个环境中，这里将环境定义为特定任务、领域和语言的组合。最初的环境称为源环境，最终的环境称为目标环境。知识迁移的难易程度和是否成功取决于源环境和目标环境的相似性。很自然，在某种意义上与源环境“相似”的目标环境（我们将在本书后面定义）会更容易迁移和成功。

迁移学习在 NLP 中的应用比大多数实践者意识到的要早得多，因为使用预训练的嵌入（如 Word2Vec 或 Sent2Vec）对单词进行向量化是一种很常见的做法（1.3 节将对此进行详细介绍）。浅层学习方法通常将这些向量用作特征。我们将在 1.3 节和第 4 章更详细地介绍这两种技术，并在本书中以多种方式应用它们。这种流行的方法依赖于无监督的预处理步骤，该步骤用于在没有任何标签的情况下首先训练这些嵌入。随后，来自该步骤的知识被迁移到有监督学习上下文中的特定应用程序中，在该环境中，预训练学习的知识得到进一步处理，并针对与当前浅层学习问题相关的较小带标签样本集进行特化。传统上，这种结合无监督学习和有监督学习步骤的范式称为半监督学习（semisupervised learning）。

接下来，我们将介绍 NLP 的发展简史，特别关注迁移学习最近在 NLP 这个人工智能子领域和机器学习中所起的作用。

1.3 NLP 发展简史

要了解迁移学习在 NLP 领域中的现状和重要性，首先应更好地了解该领域具有重要历史意义的学习任务和相关技术。本节将介绍这些任务和技术，并简要概述 NLP 迁移学习的进展。下面将帮助读者了解迁移学习对 NLP 的影响，并解释为什么它变得日渐重要。

1.3.1 NLP 简介

NLP 诞生于 20 世纪中叶，伴随着人工智能出现。NLP 的一个重要历史里程碑是 1954 年的乔治敦（Georgetown）实验。在该实验中，约 60 个俄语句子被翻译成英语。20 世纪 60 年代，麻省理工学院的 NLP 系统 ELIZA 比较成功地模拟了一位心理治疗师。同样是在 20 世纪 60 年代，信息表示的向量空间模型（vector space model）被开发出来，其中单词用实数向量表示，这非常易于计算。20 世纪 70 年代，基于处理输入信息的复杂手工规则集，诞生了许多聊天机器人概念。

20 世纪 80 年代和 90 年代，机器学习方法在 NLP 领域中得到系统性应用。在 NLP 中，规则是由计算机发现的，而不是由人类精心编制的。正如我们在本章前面讨论过的那样，这一阶段的进展恰好与机器学习在那段时间的爆炸式普及相吻合。20 世纪 80 年代末，奇异值分解（Singular Value Decomposition，SVD）被应用于向量空间模型，得到了隐式语义分析（latent semantic analysis）—— 一种确定语言中单词之间关系的无监督学习技术。

21 世纪前 10 年，神经网络的兴起和该领域的深度学习技术极大地改变了 NLP。实践证明这些技术可以在最困难的 NLP 任务（如机器翻译和文本分类）中获得最先进的结果。20 世纪 10 年代中期 Word2Vec 模型[①]及其变体 Sent2Vec[②]、Doc2Vec[③]等模型得到快速发展。这些基于神经网络的模型可以将单词、句子和文档向量化，以确保生成的向量空间中向量之间的距离代表相应实体（即单词、句子和文档）之间的意义差异。事实上，通过类比这种嵌入可以观察到一些有意思的性质，例如，在诱导向量空间中，单词 Man 和 King 之间的距离近似等于单词 Woman 和 Queen 之间的距离。用于训练这些基于神经网络的模型的度量来自语言学领域，更具体地说是分布语义（distributional semantics）表示，它不需要标注数据。一个单词的意思被认为与它的上下文有关，也就是说，与它周围的单词相关。

词汇、句子、段落、文档等各种文本单位的嵌入方法成为现代 NLP 的重要基石。一旦文本样本被嵌入适当的向量空间中，分析通常可以简化为应用浅层统计/机器学习方法在实向量上的操作，包括聚类和分类。这可以看作一种隐式的迁移学习，是一种半监督机器学习处理管道：嵌入步骤是无监督的，学习步骤通常是有监督的。无监督的预训练步骤本质上减少了对数据标注的需求，从而减少了实现要求的性能目标所需的计算资源。在本书中，我们将学习如何利用迁移学习为更广泛的场景提供帮助。

2014 年前后开始出现序列到序列（sequence-to-sequence）模型[④]，并在机器翻译和自动摘要等困难任务中取得了重大进展。特别地，尽管“神经网络时代”之前 NLP 处理管道由几个明确的步骤组成，如词性标注、依存分析和语言模型等，但研究表明机器翻译可以“序列到序列”。在序列到序列模型中，深度神经网络的各个层将所有中间步骤自动化。序列到序列模型学习将输入序列（例如一种语言中的源语句）与输出序列相关联（即将源语句翻译为另一种语言），例如，

---

① Mikolov T et al, “Efficient Estimation of Word Representations in Vector Space,” arXiv (2013).

② Pagliardini M et al, “Unsupervised Learning of Sentence Embeddings Using Compositional n-Gram Features,” Proc. of NAACL-HLT (2018).

③ Le QV et al, “Distributed Representations of Sentences and Documents,” arXiv (2014).

④ Sutskever I et al, “Sequence to Sequence Learning with Neural Networks,” NeurIPS Proceedings (2014).

通过编码器（encoder）将输入序列转换为上下文向量，利用解码器（decoder）将上下文向量转换为目标序列。编码器和解码器都是典型的 RNN。它们能够对输入序列中的顺序信息进行编码，而早期的模型（如词袋模型）无法做到这一点，从而显著提高了性能。

然而，人们发现，长输入序列更难处理，这促进了注意力（attention）技术的发展。该技术通过允许模型关注输入序列中与输出最相关的部分，显著提高了机器翻译序列到序列模型的性能。一个名为 Transformer①的模型更进一步，为编码器和解码器定义了一个自注意力（self-attention）层，允许两者为文本段构建相对于输入序列中的其他文本段更好的上下文。该结构在机器翻译任务中取得了显著提升，并且与之前的模型相比，它更适合在大规模并行硬件上进行训练，将训练速度提高了一个数量级。

直到 2015 年左右，NLP 的大多数实用方法都集中在单词层面，这意味着整个单词被视为一个不可分割的原子实体，并为它分配了一个特征向量。这种方法存在不足，尤其是在处理之前未出现过的或词汇表之外的单词时。例如，当模型遇到这样的单词，又或者单词出现拼写错误时，该方法都将失效，因为它无法将其向量化。此外，社交媒体的兴起改变了自然语言的定义。现在，数十亿人通过表情符号、新发明的俚语和故意拼错的单词在网上表达自我。没过多久，人们自然而然地意识到应该从字符级入手寻找解决方案。其中，每个字符都将被向量化，只要人类用允许的字符来表达自我，就可以成功地生成特征向量，并应用相关算法。Zhang 等②在用于文本分类的字符级 CNN 案例中展示了这一点，并证明了字符级方法处理拼写错误的显著鲁棒性。

1.3.2 迁移学习的进展

传统上，对于任何给定的问题（任务、领域和语言的特定组合），学习一开始就是以完全有监督或完全无监督的方式进行的。如前面所述，早在 1999 年，在支持向量机技术背景下，半监督学习就被认为能够解决可用的带标签数据有限的问题。对大量未标注数据进行的初始无监督预训练步骤使得下游的有监督学习更容易。相关学者研究了这一方法的各种变体，以解决可能存在噪声且存在错误标注数据的问题，该方法有时称为弱监督学习（weakly supervised learning）。基于该方法，人们通常假设标注数据集和未标注数据集具有相同的抽样分布。

迁移学习放宽了这些假设。1995 年，在最大的机器学习会议之一的神经信息处理系统（Neural Information Processing Systems，NeurIPS）会议上，迁移学习是公认的“元学习”（learning to learn）。本质上，它规定智能机器需要具备终身学习能力，可将学到的知识重新用于新任务。从那以后，不同学者用多个名称来表述该研究方向，如元学习、知识迁移（knowledge transfer）、

① Vaswani A et al, “Attention Is All You Need,” NeurIPS Proceedings (2017).

② Zhang X et al, “Character-Level Convolutional Networks for Text Classification,” NeurIPS Proceedings (2015).

归纳偏好（inductive bias）和多任务学习（multitask learning）。在多任务学习中，一个算法被训练到同时在多个任务上表现良好，从而发现可能更普遍、有用的特征。然而，直到 2018 年左右，针对最难的感知类问题，人们才开发出实用且可扩展的 NLP 方法。

2018 年发生了 NLP 领域的一场革命。在如何最好地将文本集合表示为向量这一领域，人们的理解发生了深刻的变化。此外，开源模型可以被微调或迁移到不同的任务、语言和领域，这一点已得到广泛认可。与此同时，几家大型互联网公司发布了很多大型 NLP 模型来计算文本的向量表示，并提供了定义良好的程序对这些模型进行微调。突然间，普通从业者，甚至是独立从业者，都能根据 NLP 获得最先进的结果。一些人称之为 NLP 的“ImageNet 时刻”，指的是 2012 年后计算机视觉应用的爆炸式增长，当时一个由 GPU 训练的神经网络赢得了 ImageNet 计算机视觉竞赛。正如最初的“ImageNet 时刻”一样，第一次有了用海量 NLP 数据集进行预训练的模型库，以及配套模型微调工具，基于这两者，用户可以根据手头的特定任务对预训练模型进行微调，此时所需标注的数据集的大小远远小于从零构建模型所需标注的数据集的大小。本书的目的是描述、阐明、评价、示范应用、比较属于 NLP 范畴的各种技术。接下来我们将概述这些技术。

迁移学习在计算机视觉领域早已成功应用了 10 多年，早期关于 NLP 迁移学习的探索侧重于与计算机视觉领域进行类比。其中一个模型——本体建模中的语义推理（Semantic Inference for the Modeling of Ontology，SIMOn）[①]，采用字符级 CNN 结合双向 LSTM 处理结构语义文本分类问题。SIMOn 证明了 NLP 迁移学习方法与计算机视觉中使用的方法非常类似。计算机视觉应用迁移学习的丰富知识积累推动了迁移学习在 NLP 中的应用。通过该模型学习的特征对于无监督的学习任务非常有用，并且其在社交媒体语言数据上也能很好地发挥作用。社交媒体语言数据有些特殊，与 Wikipedia 及其他基于图书的大型数据集上的语言风格迥异。

最初版本的 Word2Vec 在消歧（disambiguation）方面存在明显的缺点。它没有办法区分一个词的各种用法，这些用法根据上下文的不同可能有不同的含义，例如同形词 duck（姿势）与 duck（鸟），或 fair（聚会）与 fair（公正）。在某种意义上，早期的 Word2Vec 公式通过表示同形词的每个不同含义的向量的平均向量来表示每个这样的词。语言模型嵌入[②]（Embeddings from Language Models，ELMo）是最早尝试使用双向长短期记忆（bi-LSTM）网络开发引入上下文信息的单词嵌入表示的模型之一。ELMo 通过训练预测单词序列中的下一个单词来做到这一点，这与本章开头介绍的语言模型概念密切相关。大型数据集，如 Wikipedia 和各种图书数据集，可随时用于训练这种模型。

---

① Azunre P et al, “Semantic Classification of Tabular Datasets via Character-Level Convolutional Neural Networks,” arXiv (2019).

② Peters ME et al, “Deep Contextualized Word Representations,” Proc. of NAACL-HLT (2018).

通用语言模型微调[1]（Universal Language Model Fine-Tuning，ULMFiT）方法用于任何特定任务对任何基于神经网络的语言模型进行微调，并在文本分类中得到初步验证。这种方法的一个关键概念是区分性微调，即神经网络的不同层以不同的速率进行训练。OpenAI 提出的生成式预训练 Transformer（Generative Pretrained Transformer，GPT）对 Transformer 的编码器、解码器结构进行了改进，实现了用于 NLP 的可调优语言模型。它丢弃了编码器，保留了解码器及其自注意力子层。而 BERT[2]修改 Transformer 的方式正好相反，它保留了编码器并丢弃了解码器，同时依赖于遮盖（mask）的单词，这些单词需要在训练度量（training metric）上被准确预测。这些概念将在后续章节中详细探讨。

所有基于语言模型的方法（如 ELMo、ULMFiT、GPT 和 BERT 等）表明，生成的嵌入可以对标注数据相对较少的特定下游 NLP 任务进行微调。对语言模型的关注是有意为之的：假设由语言模型产生的假设集通常是有用的，而已知用于大规模训练的数据是现成的。

接下来，我们将重点介绍计算机视觉中迁移学习的关键方面，以更好地构建 NLP 中的迁移学习框架，并看看是否有什么可供我们学习和借鉴。这些知识提供了丰富的类比素材，它们将在本书的剩余部分中用于推动我们对 NLP 迁移学习的探索。

1.4 计算机视觉中的迁移学习

虽然本书的研究目标是 NLP，但是了解计算机视觉背景下的迁移学习有助于构建 NLP 迁移学习。因为来自人工智能的这两个子领域的神经网络可能具有一些相似的特征，所以可以借用计算机视觉技术，或者至少可以借此了解 NLP 需要哪些技术。事实上，这些技术在计算机视觉中的成功应用可以说是最近 NLP 迁移学习研究的最大驱动力。研究人员可以使用一个定义良好的计算机视觉方法库，在 NLP 这个相对未开发的领域进行实验。然而，这些技术在多大程度上可以直接迁移到 NLP 领域，还是一个悬而未决的问题。必须谨记一些重要的区别，其中一个区别是 NLP 神经网络往往比计算机视觉中使用的神经网络浅。

1.4.1 概述

计算机视觉或机器视觉的目标是使计算机能够理解数字图像或视频，包括获取、处理和分析图像数据，以及基于其派生表示（derived representation）进行决策。视频分析通常可以通过

① Howard J et al, "Universal Language Model Fine-Tuning for Text Classification," Proc. of the 56th Annual Meeting of the Association for Computational Linguistics (2018).

② Devlin J et al, "BERT: Pre-Training of Deep Bidirectional Transformers for Language Understanding," Proc. of NAACL-HLT (2019).

将视频分割成帧，然后进行图像分析来实现。因此，在理论上，计算机视觉问题本质上是图像分析问题。

计算机视觉在20世纪中叶与人工智能一起诞生。显然，视觉是认知的一个重要组成部分，因此寻求制造智能机器人的研究人员很早就认识到它的重要性。20世纪60年代，最初的视觉方法试图模仿人类的视觉系统，而在20世纪70年代，人们开始关注提取边缘和对场景中的形状建模。20世纪80年代，针对计算机视觉的各个方面，尤其是面部识别和图像分割，研究人员开发了更具数学鲁棒性的方法，到20世纪90年代，出现了数学上严格的处理方法。这恰逢机器学习普及的那段时间，正如我们已经提到的那样。在接下来的几十年中，在应用浅层机器学习技术之前，人们在如何开发更好的图像特征提取方法上投入了更多精力。2012年的"ImageNet时刻"标志着该领域的一场革命，当时有GPU加持的神经网络首次以巨大的优势赢得了ImageNet竞赛。

ImageNet[①]最初发表于2009年，并迅速成为目标识别算法竞赛的"试金石"。2012年Wikipedia在关于神经网络的条目中指出，深度学习是计算机视觉和机器学习中感知类问题的发展方向。对我们来说重要的是，许多研究人员很快意识到，来自ImageNet预训练模型的神经网络权重可以用于初始化其他（有时看似无关）任务的神经网络模型，并实现性能的显著改善。

1.4.2 ImageNet 预训练模型

赢得ImageNet年度竞赛的各个团队都非常慷慨地分享了他们的预训练模型。CNN模型的典型范例如下。

VGG架构最初于2014年被提出，其变体包括VGG16（深度为16层）和VGG19（深度为19层）。为了使更深层次的网络在训练过程中收敛，需要先训练较浅层次的网络直到收敛，并使用其参数初始化更深层次的网络。已发现该架构的训练速度稍慢，并且其总体参数数量相对较大——有1.3亿到1.5亿个参数。

一些问题在2015年由ResNet架构解决。尽管它的深度很大，但参数数量显著减少。它最小的变体ResNet50有50层，约5 000万个参数。实现这种参数数量减少的一个关键是通过一种称为最大池化（max pooling）的技术和子构建块的模块化设计进行正则化处理。

其他值得注意的例子包括Inception及其扩展Xception。它们分别在2015年和2016年提出，其目标是通过在同一个网络模块中叠加多个卷积来创建多个层级的提取特征。这两种模型结构都进一步显著缩小了模型体积。

---

① Deng J et al, "ImageNet: A Large-Scale Hierarchical Image Database," Proc. of NAACL-HLT (2019).

1.4.3 ImageNet 预训练模型的微调

由于预训练卷积神经网络 ImageNet 模型的存在，从业者从零开始训练计算机视觉模型并不常见。到目前为止，更常见的方法是下载这些开源模型中的一个，对有些标注数据进行学习之前使用它们初始化类似的模型架构，例如微调神经网络诸层的某个子集，或者将其用作固定的特征提取器。

图 1.6 可视化显示了在前馈神经网络中如何选择要微调的层。随着目标领域中可用的数据越来越多，阈值将从输出移到输入，阈值和输出之间的层将被重新训练。发生这种变化的原因是，增加的数据可用于更有效地训练更多的参数。此外，阈值的移动必须从右向左进行，即远离输出而转向输入。这个移动方向允许我们保留对通用特征的编码并靠近输入的层，同时重新训练靠近输出的层，这些层针对源领域特征编码。此外，当源和目标非常不相似时，可以丢弃阈值右侧的一些更具体的参数或层。

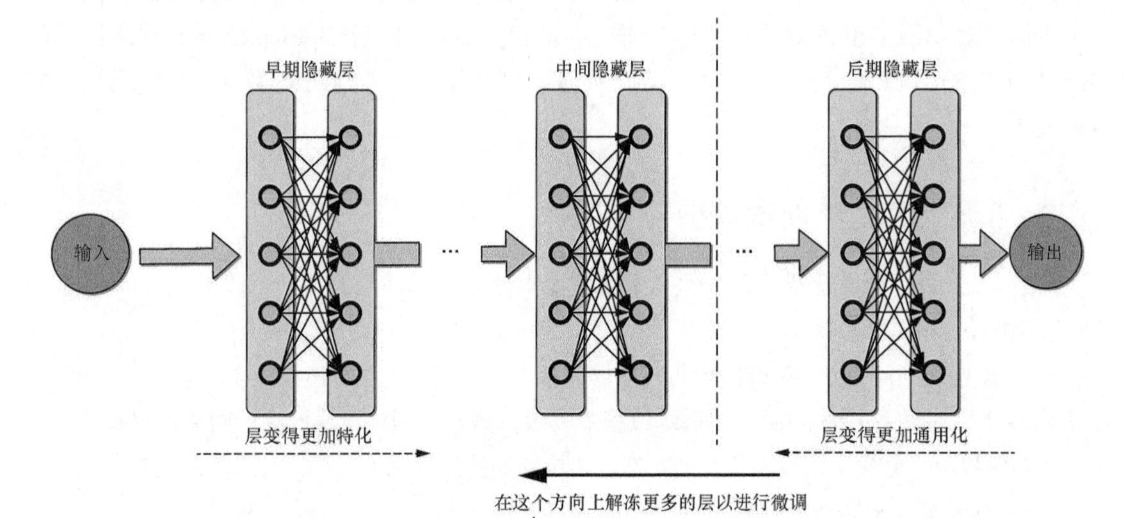

图 1.6 适用于前馈神经网络结构的计算机视觉中迁移学习的启发式可视化描述

另外，特征提取只涉及移除网络的最后一层，而不是生成数据标签，然后生成一组数值向量，基于这些向量可以像以前一样训练浅层机器学习方法，如支持向量机。

在重训练或微调方法时，先前的预训练权重并非都保持不变，可以允许其中的一个子集根据新标注的数据进行更改。然而，重要的是要确保被训练参数的数量不会导致对有限的新标注数据的过拟合，这促使我们冻结（freeze）一些数据以减少被训练参数的数量。选择要冻结的数据的数量通常是根据经验进行的，图 1.6 中的启发式方法可以指导该过程。

在 CNN 中，更接近输入层的早期层所实现的功能对图像处理任务更为通用，例如检测图像中的任何边缘。而那些靠近输出层的层实现更专注于当前任务的功能，例如将最终的数字输出映射到特定的标签。这种安排导致我们首先解冻（unfreeze）和微调靠近输出层的层，然后，如果发现性能不令人满意，则逐渐解冻和微调靠近输入层的层。只要目标任务的可用标注数据集能够支持训练更多参数，该过程就可以持续进行。

该过程的一个推论是，如果目标任务的标注数据集非常大，则可能需要对整个网络进行微调。另外，如果目标数据集很小，则需要仔细考虑目标数据集与源数据集的相似程度。如果它们非常相似，则可以在微调时直接用预训练模型中的权重进行初始化。如果它们非常不相似，则在初始化时丢弃网络的某些后续层中的预训练权重可能是有益的，因为它们可能与目标任务没有任何相关性。此外，由于数据集不大，因此在微调时，只须解冻一小部分剩余的后续层。

我们将在后续章节中进行计算实验，以进一步探索这些启发式方法。

1.5　NLP 迁移学习成为一个令人兴奋的研究课题的原因

前面内容已经在一般人工智能和机器学习的背景下阐述了 NLP 的现状，接下来我们总结一下为什么 NLP 迁移学习很重要，以及为什么读者应该关注它。

近几年 NLP 领域的发展速度显著加快，这是毫无疑问的。人们提出了许多预训练语言模型以及定义良好的程序，对它们进行微调可以适应更具体的任务或领域。研究发现，十多年来，迁移学习在计算机视觉中的实施方式可以被其他应用领域借鉴，这使得许多研究团队能够迅速利用现有的计算机视觉技术来推进人们对 NLP 迁移学习的理解。这项工作取得了极大的突破，降低了计算和训练时间的要求，让解决这些问题的普通从业者无须拥有大量计算资源。

目前该领域存在着许多令人兴奋的现象，研究人员正在研究该领域的相关问题。许多悬而未决的问题为机器学习研究人员提供了一个机会，即通过推动知识的迁移，使自己扬名立万。同时，社交媒体已经成为人类互动中越来越重要的因素，它带来了 NLP 中前所未有的新挑战。这些挑战包括俚语、行话和表情符号的使用，但它们通常不会出现在训练常规语言模型的语料集中。一个明显的例子是社交媒体自然语言生态系统的严重脆弱性，特别是某些国家对外国政府的选举干预。此外，对“假新闻”的普遍反感增加了人们对该领域的兴趣，并促使人们讨论在建立这些系统时应该考虑的伦理问题。所有这些，再加上日渐复杂的聊天机器人在各个应用领域的出现，以及相关的网络安全威胁日趋严重，意味着 NLP 中的迁移学习问题将继续变得越来越重要。

小结

人工智能有望从根本上改变我们的社会。为了使这一转型的好处惠及大众，我们必须确保所有人都能获得最先进的技术，而不管他们使用何种语言、拥有多少计算资源以及来自哪个国家。

机器学习是人工智能中占主导地位的现代处理范式，它不是针对每一种可能的场景进行显式编程，而是通过分析许多输入输出实例来拟合输入输出之间的映射关系。

NLP 是我们在本书中讨论的人工智能的子领域，用于人类自然语言数据的分析和处理，是当今人工智能研究中最活跃的领域之一。

最近在 NLP 中流行的一种范式——迁移学习，能够将从一组任务或领域获得的知识调整或迁移到另一组任务或领域。这是 NLP 普及的一大进步，从更大的视角来看，这是 AI 发展的一大进步——允许知识在新的环境中被重用，而只需要以前所需资源的一小部分，这在之前对人们来说无异于天方夜谭。

NLP 中迁移学习的关键建模框架有 ELMo 和 BERT 等。

最近社交媒体显著改变了自然语言的定义。现在，数十亿人通过表情符号、新发明的俚语和故意拼错的单词在网上表达自我。所有这些都对 NLP 迁移学习提出了新的挑战，我们在为 NLP 开发新的迁移学习技术时必须考虑这些挑战。

迁移学习在计算机视觉中得到了比较好的应用，只要有可能，我们就应该在 NLP 中开始迁移学习新尝试时利用这些经验和知识。

第 2 章　从头开始：数据预处理

本章涵盖以下内容。

- 介绍两个自然语言处理（NLP）问题。
- 获取对应 NLP 问题的数据并进行预处理。
- 使用关键的广义线性方法为 NLP 问题建立基线（baseline）。

在本章中，我们直奔主题，着手解决 NLP 问题。对应的练习包含两个部分，贯穿本章和第 3 章。我们的目标是为两个具体的 NLP 问题建立基线。具体来说，是为两个特定的 NLP 问题建立一组基线，我们稍后将使用这些基线来衡量从日益复杂的迁移学习方法中获取的逐步改进。此过程的目标是强化读者在 NLP 方面的直觉，并帮助读者理解建立此类问题的解决方案所涉及的典型步骤。我们将介绍从分词（tokenization）到数据结构以及模型选择相关的各类技术。最后将在第 3 章中完成练习，届时我们会将最简单的迁移学习模型应用到一个实际案例中。本章将介绍两个 NLP 问题，然后为这些 NLP 问题获取相关数据并对其进行预处理，之后使用关键的广义线性方法再结合最近非常流行的两个深度预训练语言模型为这些问题建立基线。这只涉及对目标数据集上每个网络的最后几层进行微调。该过程采用实操的方式来介绍本书的主题——NLP 中的迁移学习。

我们将重点讨论两个典型的 NLP 问题——垃圾电子邮件分类和电影评论情感分类。该练习将帮助读者掌握许多重要的技能，包括一些获取、可视化和预处理数据的技能。练习将涵盖 3 类主要的模型——广义线性模型（如逻辑斯谛回归）、基于决策树的模型（如随机森林）以及基于神经网络的模型（如 ELMo）。这些模型还可分别由带有线性核的 SVM、GBM 和 BERT 替代。我们将要探索的模型如图 2.1 所示，值得注意的是，我们并没有使用基于规则的方法。一个被广泛使用的例子是简单的关键字匹配方法，它将基于是否包含某些预先确定的短语来对电子邮件或电影评论进行分类，例如，将包含“免费的彩票”的电子邮件分类为垃圾电子邮件，将包含“精彩的电影”的评论分类为正面评论。在许多工业应用中，这些方法通常作为解决 NLP 问题的第一个尝试来实现，但人们很快就发现它们是脆弱的、难以扩展的。因此，我们不会进一步讨论基于规则的方法。在本章中，我们将讨论与 NLP 问题相关的数据及其预处理，并将介绍广义线性方法在数据上的应用。第 3 章作为整个练习的第二部分，将对数据分别应用基于决策树和神经网络的方法。

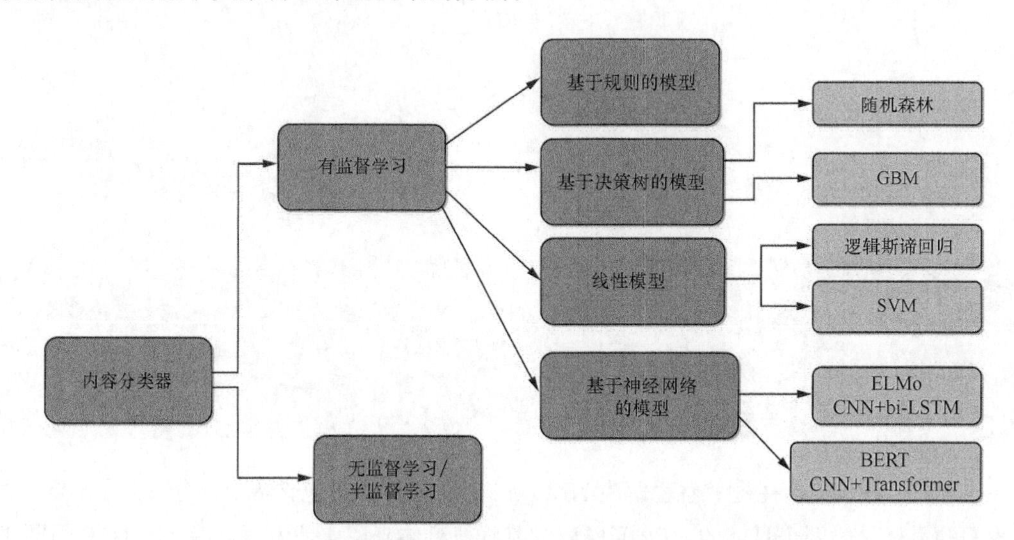

图 2.1 在本章及第 3 章内容分类案例中将要探索的模型

本书为每个示例和模型类都提供了示例代码，以帮助读者快速掌握这些技术的本质以及编码技能，甚至可以直接将其用于解决手头问题。所有代码片段都在本书的配套 GitHub 代码仓库中以 Jupyter Notebook[①]以及 Kaggle Notebook 或 Kernel 的形式提供，读者可以在几分钟内开始运行代码，无须处理任何安装或依赖问题。渲染后的 Jupyter Notebook 可正确执行，同时提供可预期的代表性输出。Kaggle 提供一个基于浏览器的 Jupyter 执行环境，该环境还提供有限的免费 GPU 算力。谷歌 Colab 是一个类似的替代方案，不过本书并没有选择使用它。读者也可以通过 Anaconda 轻松地在本地安装 Jupyter，若是愿意，将 Notebook 转换为.py 脚本也是一个不错的选择，以便在本地执行。然而，我们还是更推荐使用 Kaggle Notebook，因为它允许读者立即开始操作，而无须浪费时间进行设置。此外，在撰写本书时，Kaggle 提供的免费 GPU 资源供无法在本地访问强大 GPU 的人员使用。附录 A 提供了 Kaggle 入门指南和作者关于如何最大限度地发挥这一平台效用的一些个人提示。虽然上手 Kaggle 毫不费劲，但是应该注意以下重要技术事项。

① 可以在 GitHub 网站搜索“azunre transfer-learning-for-nlp”以查找本书的配套代码仓库。——编辑注

注意： Kaggle 经常更新依赖项，即 Docker 映像上已安装库的版本。为了确保读者使用的依赖项与我们编写代码时使用的依赖项相同，以确保代码在“开箱即用”的情况下运行，请确保为每个感兴趣的 Notebook 选择“Copy and Edit Kernel”，该 Notebook 的相关链接列在本书的配套代码仓库中。如果读者将代码复制并粘贴到新 Notebook 中，但未遵循该流程，则可能需要稍微调整一下代码，以适应创建该 Notebook 时为其安装的特定库版本。如果选择安装本地环境，此建议也同样适用。对于本地安装，请注意我们在配套代码仓库中共享的冻结依赖项需求列表，它将指明读者需要哪些版本的库。请注意，此需求列表旨在记录和准确复制 Kaggle 上实现本书范例的环境，在不同的基础设施上，它只能用作指南。由于存在许多潜在的与架构相关的依赖性冲突，读者不应该期望代码总是能“开箱即用”。此外，本地安装不需要满足大多数要求。最后，请注意，因为在撰写本书时 ELMo 还没有被移植到 TensorFlow 2.x，所以我们不得不使用 TensorFlow 1.x 来与 BERT 进行比较。然而，在附带的代码仓库中，我们确实提供了一个演示如何将 BERT 与 TensorFlow 2.x 结合起来实现垃圾电子邮件分类的示例。在后面的章节中，我们将从 TensorFlow 和 Keras 过渡到使用基于 TensorFlow 2.x 的 Hugging Face transformers 库。读者可以将第 2 章和第 3 章中的练习视为 NLP 迁移学习早期软件包的历史和实操经验。该练习也能帮助读者同时了解 TensorFlow 1.x 与 2.x。

2.1　垃圾电子邮件分类任务中示例数据的预处理

本节将介绍本章的第一个示例数据集。我们的目标是开发一种算法，用于检测任何给定的电子邮件是否为垃圾电子邮件。为此，我们根据两个不同的数据源来构建数据集：非常流行的 Enron 电子邮件语料库作为非垃圾电子邮件样本，以及作为垃圾电子邮件样本的“419”欺诈电子邮件数据集。

可以将垃圾电子邮件分类任务看作一项有监督的分类任务，首先我们基于样本电子邮件训练分类器。尽管线上有很多已标注数据集可以用于训练和测试，与这里的问题也非常匹配，但我们采用基于知名电子邮件数据源创建自己的数据集的方法。之所以这样做，是为了更真实地展示数据收集和预处理的实操细节，即首先必须构建和管理数据集，而不是直接使用研究文献中提及的那些简化方法。

特别是，我们将对 Enron 语料库——最大的公开电子邮件数据集进行抽样，将其作为非垃圾电子邮件样本，同时也对著名的垃圾电子邮件数据集“419”进行抽样，将其作为垃圾电子邮件样本。这两种类型的电子邮件都可以在 Kaggle 上公开获得。

Enron 电子邮件语料库包含大约 50 万封由安然公司员工撰写的电子邮件，这些电子邮件由联邦能源委员会收集，用于调查该公司倒闭的原因。该语料库被广泛用于研究与电子邮件处理相关的机器学习方法，并且通常是电子邮件处理研究者寻找算法原型时进行初始实验的第一个数据源。在 Kaggle 上，它是一个单列.csv 文件，每行代表一封电子邮件。请注意，这些数据仍然比大多数可以得到的数据集更干净。

图 2.2 显示了在本任务中对每封电子邮件按顺序执行的处理步骤。首先将电子邮件的正文与标题分离，提取一些关于数据集的统计数据将以帮助我们理解数据，将停用词从电子邮件中移除，然后将电子邮件归类为垃圾电子邮件或非垃圾电子邮件。

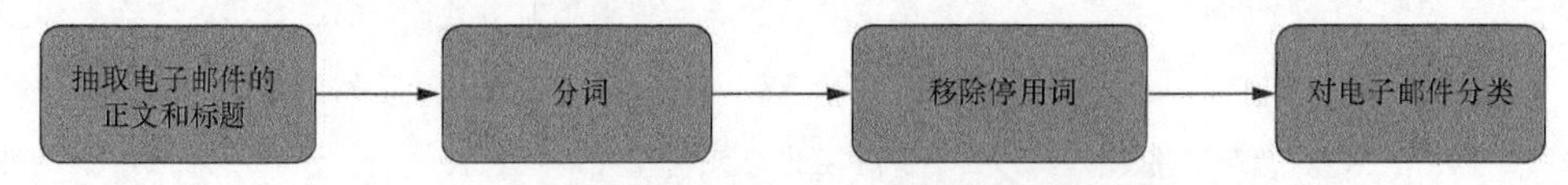

图 2.2 在输入的电子邮件数据上按顺序执行的处理步骤

2.1.1 加载并检视 Enron 电子邮件语料库

需要做的第一件事是使用 pandas 库（一个非常流行的 Python 数据处理库）加载数据，并查看某个数据片段，以确保我们对数据集有良好的理解。代码段 2.1 显示了加载 Enron 电子邮件语料库并将其放置在变量 filepath 指定的位置（在本例中，filepath 指向数据文件在 Kaggle Notebook 中的位置）相关的代码。在通过以下命令导入数据之前，请确保所有库都已用 pip 安装好：

```
pip install <package name>
```

代码段 2.1 加载 Enron 电子邮件语料库

```
import numpy as np                                    # 计算工具
import pandas as pd                                   # 数据处理工具，包括.csv 文件 I/O 操作（如 pd.read_csv）

filepath = "../input/enron-email-dataset/emails.csv"

emails = pd.read_csv(filepath)                        # 将数据加载到一个叫 emails 的 pandas 数据框（DataFrame）

print("Successfully loaded {} rows and {} columns!".format(emails.shape[0],
     emails.shape[1]))
print(emails.head(n=5))                               # 显示统计信息及部分已加载数据
```

代码成功执行后将输出已加载数据集的列数和行数，并通过如下输出显示加载数据框的前 5 行：

```
Successfully loaded 517401 rows and 2 columns!

                      file                                            message
0     allen-p/_sent_mail/1. Message-ID: <18782981.1075855378110.JavaMail.e...
1    allen-p/_sent_mail/10. Message-ID: <15464986.1075855378456.JavaMail.e...
2   allen-p/_sent_mail/100. Message-ID: <24216240.1075855687451.JavaMail.e...
3  allen-p/_sent_mail/1000. Message-ID: <13505866.1075863688222.JavaMail.e...
4 allen-p/_sent_mail/1001. Message-ID:<30922949.1075863688243.JavaMail.e...
```

虽然经过这一练习我们能够对生成的数据框有比较直观的感觉,并能精准获取其维度(行数、列数),但我们对每封电子邮件的内容还是一无所知。为了了解电子邮件的内容,我们通过下面一行代码查看第一封电子邮件。

```
print(emails.loc[0]["message"])
```

执行上面的代码产生的输出如下:

```
Message-ID: <18782981.1075855378110.JavaMail.evans@thyme>
Date: Mon, 14 May 2001 16:39:00 -0700 (PDT)
From: phillip.allen@enron.com
To: tim.belden@enron.com
Subject:
Mime-Version: 1.0
Content-Type: text/plain; charset=us-ascii
Content-Transfer-Encoding: 7bit
X-From: Phillip K Allen
X-To: Tim Belden <Tim Belden/Enron@EnronXGate>
X-cc:
X-bcc:
X-Folder: \Phillip_Allen_Jan2002_1\Allen, Phillip K.\'Sent Mail
X-Origin: Allen-P
X-FileName: pallen (Non-Privileged).pst

Here is our forecast
```

可以看到消息包含在结果数据框的 message 列中,每个消息开头的额外字段(包括 Message-ID、To、From 等)称为消息头信息,或者简称为消息头(header)。

传统的垃圾电子邮件分类方法从电子邮件的消息头信息中提取特征来区分电子邮件是否为垃圾电子邮件。在这里,我们希望仅根据消息的内容执行相同的任务。采用这种方法的一个可能的动机是,在实践中,由于隐私问题和法规,电子邮件训练数据可能经常被执行反识别(de-identified)处理,从而使得消息头信息不可用。因此,我们需要将数据集中的消息内容与消息头分离。我们通过代码段 2.2 所示的函数来实现该功能。它使用电子邮件包来处理电子邮件消息,该包已随 Python 预安装(也就是说,它不需要通过 pip 安装)。

代码段 2.2 抽取电子邮件正文

```
import email

def extract_messages(df):
    messages = []
    for item in df["message"]:
        e = email.message_from_string(item)      # 返回一个基于字符串构造的消息对象结构
        message_body = e.get_payload()           # 获取消息体
        messages.append(message_body)
    print("Successfully retrieved message body from emails!")
    return messages
```

现在，执行电子邮件正文抽取代码，如下所示：

```
bodies = extract_messages(emails)
```

如果输出以下结果，说明大功告成：

```
Successfully retrieved message body from emails!
```

然后可以输出一些已处理好的电子邮件：

```
bodies_df = pd.DataFrame(bodies)
print(bodies_df.head(n=5))
```

如果观察到以下输出，说明代码执行成功：

```
0                  Here is our forecast\n\n
1                 Traveling to have a business meeting takes the...
2                  test successful. Way to go!!!
3                 Randy,\n\n Can you send me a schedule of the s...
4                 Let's shoot for Tuesday at 11:45.
```

2.1.2 加载并检视欺诈电子邮件数据集

加载完 Enron 电子邮件语料库后，我们对“419”欺诈电子邮件数据集做同样的操作，这样可以在训练集中获得一些代表垃圾电子邮件的示例数据。根据前面介绍的 Kaggle 链接获取数据集，并调整相应的 filepath 变量（或者只使用已经附加了数据的 Kaggle Notebook），并反复执行代码段 2.3 中所示的步骤。

注意： 由于“419”欺诈电子邮件数据集是.txt 文件，而不是.csv 文件，因此预处理步骤略有不同。首先，必须在读取文件时指定编码为 Latin-1，否则使用默认的 UTF-8 编码选项将会失败。在实践中，通常需要对多种不同的编码（前面提到的两种是十分流行的编码）进行实验，以便正确读取一些数据集。此外请注意，由于该.txt 文件中的数据实际上是非常大的一列数据，代表电子邮件（有标题），由换行符和空格分隔，并且没有像 Enron 电子邮件语料库那样以每行一封电子邮件的方式很好地分割成行，因此我们不能像以前那样使用 pandas 整齐地加载它。在这里我们将把所有电子邮件读入一个字符串，并根据预定义的用来标识电子邮件的消息头的标记将字符串拆分为多封电子邮件，如“From r.”。请查看渲染后的 Notebook，在 GitHub 或 Kaggle 上对这些数据进行可视化处理，以验证这个独特的标记是否出现在数据集中每封电子邮件的消息头中。

代码段 2.3 加载“419”欺诈电子邮件数据集

```
filepath = "../input/fraudulent-email-corpus/fradulent_emails.txt"
with open(filepath, 'r',encoding="latin1") as file:
```

```
    data = file.read()
                                              根据每封电子邮件的消
                                              息头的标记进行分割
fraud_emails = data.split("From r")    <-

print("Successfully loaded {} spam emails!".format(len(fraud_emails)))
```

如果观察到以下输出，说明数据加载成功：

```
Successfully loaded 3978 spam emails!
```

现在，欺诈电子邮件数据已经作为列表加载，接下来我们可以将其转换为一个 pandas 数据框，以便使用已经定义好的函数来处理它，如下所示：

```
fraud_bodies = extract_messages(pd.DataFrame(fraud_emails,columns=
     ["message"],dtype=str))
fraud_bodies_df = pd.DataFrame(fraud_bodies[1:])
print(fraud_bodies_df.head())
```

成功执行此段代码将产生输出。加载前 5 封电子邮件并将其输出到屏幕，如下所示：

```
Successfully retrieved message body from e-mails!

0  FROM:MR. JAMES NGOLA.\nCONFIDENTIAL TEL: 233-27-587908.\nE-MAIL:
    (james_ngola2002@maktoob.com).\n\nURGENT BUSINESS ASSISTANCE AND
    PARTNERSHIP.\n\n\nDEAR FRIEND,\n\nI AM ( DR.) JAMES NGOLA, THE PERSONAL
    ASSISTANCE TO THE LATE CONGOLESE (PRESIDENT LAURENT KABILA) WHO WAS
    ASSASSINATED BY HIS BODY G...
1  Dear Friend,\n\nI am Mr. Ben Suleman a custom officer and work as
    Assistant controller of the Customs and Excise department Of the Federal
    Ministry of Internal Affairs stationed at the Murtala Mohammed
    International Airport, Ikeja, Lagos-Nigeria.\n\nAfter the sudden death
    of the former Head of s...
2  FROM HIS ROYAL MAJESTY (HRM) CROWN RULER OF ELEME KINGDOM \nCHIEF DANIEL
    ELEME, PHD, EZE 1 OF ELEME.E-MAIL \nADDRESS:obong_715@epatra.com
    \n\nATTENTION:PRESIDENT,CEO Sir/ Madam. \n\nThis letter might surprise
    you because we have met\nneither in person nor by correspondence. But I
    believe\nit is...
3  FROM HIS ROYAL MAJESTY (HRM) CROWN RULER OF ELEME KINGDOM \nCHIEF DANIEL
    ELEME, PHD, EZE 1 OF ELEME.E-MAIL \nADDRESS:obong_715@epatra.com
    \n\nATTENTION:PRESIDENT,CEO Sir/ Madam. \n\nThis letter might surprise
    you because we have met\nneither in person nor by correspondence. But I
    believe\nit is...
4  Dear sir, \n \nIt is with a heart full of hope that I write to seek your
    help in respect of the context below. I am Mrs. Maryam Abacha the former
    first lady of the former Military Head of State of Nigeria General Sani
    Abacha whose sudden death occurred on 8th of June 1998 as a result of
    cardiac ...
```

加载这两个数据集之后，将每个数据集中的电子邮件采样到一个数据框中，该数据框将表示涵盖两类电子邮件（垃圾电子邮件和非垃圾电子邮件）的完整数据集。在此之前，我们必须确定从每类电子邮件中抽取多少样本。理想情况下，每个类别的样本数量将代表电子邮件的真实分布，如果预计分类器在实际工作时会遇到 60%的垃圾电子邮件和 40%的非垃圾电子邮件，那么分别为 600 和 400 可能是有意义的。请注意，由于数据中通常存在严重的不平衡，例如 99%的非垃圾电子邮件和 1%的垃圾电子邮件，因此在大多数情况下算法可能会对非垃圾电子邮件过拟合，这是一个在构建数据集时必须考虑的问题。因为本章介绍的是一个理想化的实验，我们没有关于各类电子邮件的自然分布的任何信息，所以假设两类电子邮件的占比为 50∶50。另外，还需要考虑如何对电子邮件进行分词，也就是说，将电子邮件拆分为文本单词、句子等子单元。首先，我们将其拆分为单词序列，因为这是最常见的方法。我们还必须确定每封电子邮件的最大词元（token）数和每个词元的最大长度，以确保偶尔出现的超长电子邮件不会影响分类器的性能。可以通过指定以下通用超参数来实现这一切。这些超参数稍后将通过实验进行调优，以便根据需要提高分类器性能。

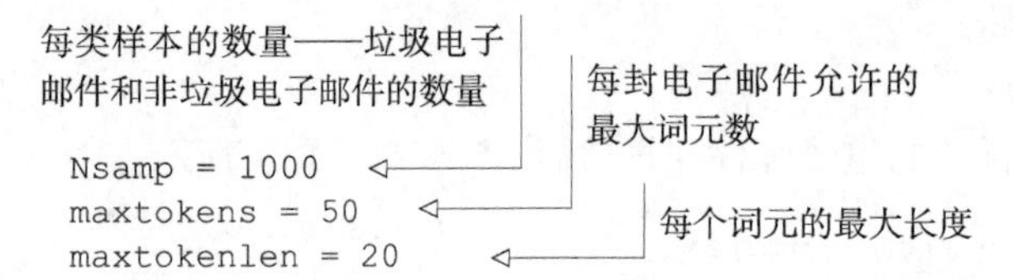


```
Nsamp = 1000
maxtokens = 50
maxtokenlen = 20
```

通过指定这些超参数，我们现在可以为总体训练集创建一个数据框。我们也顺便执行剩余的预处理任务，即分词处理、移除标点符号以及移除停用词。

接下来我们定义一个函数来对电子邮件内容进行分词——将字符串切分为单词序列，如代码段 2.4 所示。

代码段 2.4　对电子邮件内容进行分词

```
def tokenize(row):
    if row in [None,'']:
        tokens = ""
    else:
        tokens = str(row).split(" ")[:maxtokens]    <-- 将每封电子邮件对应的字符串切分为单词序列
    return tokens
```

再看看前面的电子邮件，我们发现它们包含很多标点符号，而垃圾电子邮件中的内容倾向于大写形式。为了确保仅根据语言内容进行分类，我们定义了一个函数来移除电子邮件中的标点符号和其他非文字字符。通过 Python 正则表达式可以实现这一点。我们还可以通过 Python 字符串函数.lower()将单词转换为小写形式来规范化它们。预处理函数如代码段 2.5 所示。

代码段 2.5　移除电子邮件中的标点符号及其他非文字字符

```
import re
def reg_expressions(row):
    tokens = []
    try:
```

```
        for token in row:
            token = token.lower()
            token = re.sub(r'[\W\d]', "", token)    ◁ 匹配和移除非文字字符
            token = token[:maxtokenlen]    ◁ 截断词项
            tokens.append(token)
    except:
        token = ""
        tokens.append(token)
    return tokens
```

最后，我们定义一个函数来移除语言中频繁出现的停用词——这些词不能提供对分类有用的信息，如“the”和“are”等词，流行的 NLTK 库提供了使用较为广泛的停用词表。停用词移除功能如代码段 2.6 所示。请注意，NLTK 库还有一些移除标点符号的方法，可以用于替换代码段 2.5 中的方法。

代码段 2.6 移除停用词

```
import nltk

nltk.download('stopwords')
from nltk.corpus import stopwords
stopwords = stopwords.words('english')

def stop_word_removal(row):
    token = [token for token in row if token not in stopwords]    ◁ 将停用词从词项列表中移除
    token = filter(None, token)    ◁ 移除空字符串、None 等
    return token
```

现在把这些函数整合在一起，以构建表示这两类电子邮件数据的完整数据集。代码段 2.7 说明了该过程。在该代码段中，我们将组合结果转换为 NumPy 数组，因为这是接下来将要使用的许多库所期望的输入数据格式。

代码段 2.7 综合使用预处理步骤生成电子邮件数据集

```
import random

EnronEmails = bodies_df.iloc[:,0].apply(tokenize)    ◁ 应用预定义的处理函数
EnronEmails = EnronEmails.apply(stop_word_removal)
EnronEmails = EnronEmails.apply(reg_expressions)
EnronEmails = EnronEmails.sample(Nsamp)    ◁ 从每类样本中适量抽样

SpamEmails = fraud_bodies_df.iloc[:,0].apply(tokenize)
SpamEmails = SpamEmails.apply(stop_word_removal)
SpamEmails = SpamEmails.apply(reg_expressions)
SpamEmails = SpamEmails.sample(Nsamp)

raw_data = pd.concat([SpamEmails,EnronEmails], axis=0).values    ◁ 转换为 NumPy 数组
```

现在我们来看一下结果，以确保得到预期的结果：

```
print("Shape of combined data represented as NumPy array is:")
print(raw_data.shape)
print("Data represented as NumPy array is:")
print(raw_data)
```

执行上面的代码得到如下输出：

```
Shape of combined data represented as NumPy array is:
(2000, )
Data represented as NumPy array is:
[['dear', 'sir', 'i' 'got' ... ]
 ['dear', 'friend' ' my' ...]
 ['private', 'confidential' 'friend', 'i' ... ]
 ...
```

可以看到，结果数组按照预期将连续文本切割成单词。

接下来创建这些电子邮件对应的标题，包括 Nsamp=1000 的垃圾电子邮件和 Nsamp=1000 的非垃圾电子邮件，如下所示：

```
Categories = ['spam','notspam']
header = ([1]*Nsamp)
header.extend(([0]*Nsamp))
```

现在可以将这个 NumPy 数组转换为实际提供给分类算法的数值特征了。

2.1.3 将电子邮件文本转换为数值

在本章中，我们首先采用公认的最简单的词向量方法，即使用词袋（bag-of-word）模型将电子邮件文本转换为数值。该模型只计算单词在每封电子邮件中出现的频次，从而通过词频向量来表征电子邮件的内容。代码段 2.8 展示了用于集成电子邮件词袋模型的函数。请注意，在执行此操作时，我们只保留由变量 used_tokens 捕获的出现一次以上的词条。如此处理可以显著降低向量维度。还请注意，可以使用流行的 scikit-learn 库中的各种附带向量工具类来实现此功能（Jupyter Notebook 展示了如何实现此功能）。然而，在这里，我们聚焦于代码段 2.8 中的方法，因为它比实现相同功能的黑盒函数更具有说服力。我们还注意到 scikit-learn 的向量化方法包括计算任意 *n* 个单词或 n-gram 序列的出现次数，以及 tf-idf 方法，如果读者对这些感到陌生，那么有必要从头学习一下。对于当前的问题，在词袋模型上使用向量化方法并不能直接带来什么好处。

代码段 2.8 集成电子邮件词袋模型表示

```
def assemble_bag(data):
```

```
    used_tokens = []
    all_tokens = []

    for item in data:
        for token in item:
            if token in all_tokens:          <-- 如果词条之前未出现，将其
                if token not in used_tokens:     追加到 used_tokens 列表中
                    used_tokens.append(token)
            else:
                all_tokens.append(token)

    df = pd.DataFrame(0, index = np.arange(len(data)), columns = used_tokens)

    for i, item in enumerate(data):         <-- 创建一个 pandas 数据框用于对每封电
        for token in item:                      子邮件（数据框中的每一行）的词频
            if token in used_tokens:            进行计数（数据框中的每一列）
                df.iloc[i][token] += 1
    return df
```

在定义好 assemble_bag()函数之后，使用它执行向量化，并显示处理结果：

```
EnronSpamBag = assemble_bag(raw_data)
print(EnronSpamBag)
predictors = [column for column in EnronSpamBag.columns]
```

以下是输出结果数据框的一个片段：

```
     fails report s   events   may   compliance stephanie
0        0        0        0      0           0         0
1        0        0        0      0           0         0
2        0        0        0      0           0         0
3        0        0        0      0           0         0
4        0        0        0      0           0         0
⋮        ⋮        ⋮        ⋮      ⋮           ⋮         ⋮
1995     1        2        1      1           1         0
1996     0        0        0      0           0         0
1997     0        0        0      0           0         0
1998     0        0        0      0           0         1
1999     0        0        0      0           0         0

[2000 rows x 5469 columns]
```

列标签表示词袋模型词汇表中的单词，每行中的数据项对应数据集的 2 000 封电子邮件中每个单词的词频。请注意，这是一个非常稀疏的数据框，大部分值为 0。

在对数据集进行完全向量化之后，必须记住，数据集并没有针对类进行打乱（shuffled），也就是说，它包含 Nsamp=1000 封垃圾电子邮件，然后是等量的非垃圾电子邮件。在我们的任务中，根据此数据集的分割方式，选择将前 70%的样本用于训练，剩余样本用于测试，这可能会导致完全由垃圾电子邮件构成训练集，显然这会导致失败。要在数据集中创建各类样本的随机排序，我们需要将数据及标签相关的标题或列表一起打乱。实现此功能的函数如代码段 2.9 所示。同样地，使

用 scikit-learn 附带的方法也能实现同样的功能，但我们发现代码段 2.9 展示的方法更具说服力。

代码段 2.9 将数据及标签相关的标题或列表一起打乱

```
def unison_shuffle_data(data, header):
    p = np.random.permutation(len(header))
    data = data[p]
    header = np.asarray(header)[p]
    return data, header
```

作为准备电子邮件数据集以供基线分类器进行训练的最后一步，我们将其划分为训练集和测试集/验证集。这将使我们能够评估分类器在某组数据上的性能，而这组数据不用于训练，这是机器学习实践中要确保的一件极其重要的事情。我们选择前 70%的样本用于训练，将剩余的 30%的样本用于事后测试/验证。以下代码首先调用 unison_shuffle_data()函数，然后执行训练集/测试集分割。在本章的后续内容中，生成的 NumPy 数组变量 train_x 和 train_y 将直接用于训练分类器：

```
data, header = unison_shuffle_data(EnronSpamBag.values, header)
idx = int(0.7*data.shape[0])       <-- 将前 70%的样本作为训练数据
train_x = data[:idx]
train_y = header[:idx]
test_x = data[idx:]                <-- 将剩余的 30%的样本作为测试数据
test_y = header[idx:]
```

希望这项针对机器学习任务构建和 NLP 数据集预处理的练习（现已完成）可以帮助读者掌握有用的技能，并且可以将这些技能拓展到读者自身的项目中。现在继续讨论第二个示例中涉及的预处理，我们将在本章和第 3 章中使用该示例，即互联网电影数据库（Internet Movie Database，IMDb）中的电影评论情感分类。考虑到相比我们手动构建的电子邮件数据集，IMDb 数据集处于更开箱即用的状态，训练所需时间将明显缩短。但是，由于数据按类型分别组织在各自的文件目录中，因此这是一个凸显不同类型预处理操作的差别的机会。

2.2 电影评论情感分类任务中示例数据的预处理

在本节中，我们将对本章要分析的第二个示例的数据集进行预处理和探索。第二个示例涉及将 IMDb 中的电影评论分为正面或负面情感。这是一个典型的情感分类任务，在算法研究文献中被广泛使用。在这里，我们提供了预处理数据所需的代码片段，读者在阅读过程中尝试运行该代码，可以获得事半功倍的学习效果。

为此我们将使用一个比较流行的包含 25 000 条评论的标注数据集，它是通过抓取热门电影评论网站 IMDb 中的数据聚集而成的，并将每条评论对应的星数映射为 0 或 1，这取决于评论的星数小于或大于 5 星（最高 10 星）[1]。该数据集在早前的 NLP 文献中已被广泛使用，这也是我们选择它作为基准示例的原因之一。

在分析之前，用于预处理每条 IMDb 电影评论的步骤与图 2.2 中的垃圾电子邮件分类步骤非常相似，仅存在少量区别。最主要的区别是由于这些评论没有附加的标题，因此标题抽取步骤在这里不适用。此外，由于一些停用词（如 no 和 not 等）可能会改变评论带有的情感，因此可能需要格外小心地执行停用词移除步骤，先确保从目标列表中移除此类停用词。我们做了从停用词列表中移除这类单词的实验，然而对结果并没有产生太显著的影响。这可能是因为评论中的非停用词作为特征来说非常具有区分度，使得这一步变得无关紧要。因此，尽管我们在 Jupyter Notebook 中向读者展示了如何做到这一点，但这里不再进一步讨论。

现在开始准备 IMDb 数据集，与 2.1 节中处理电子邮件数据集的方式类似。IMDb 数据集可以通过 Jupyter Notebook 中的以下 Shell 命令下载和抽取[2]：

```
!wget -q "http://ai.****.***/~amaas/data/sentiment/aclImdb_v1.tar.gz"
!tar xzf aclImdb_v1.tar.gz
```

请注意感叹号（！）。命令的开头告诉解释器这些是 Shell 命令，而不是 Python 命令。还请注意，这是一个 Linux 命令。如果读者在本地的 Windows 操作系统上运行此代码，则可能需要根据提供的链接手动下载并提取该文件。这将产生两个子文件夹——aclImdb/pos/和 aclImdb/neg/，在分词、移除停用词和标点符号并打乱顺序之后，我们使用代码段 2.10 中的函数及其调用脚本将文件的内容加载到 NumPy 数组中。

代码段 2.10　将 IMDb 数据加载到 NumPy 数组

```
def load_data(path):
    data, sentiments = [], []
    for folder, sentiment in (('neg', 0), ('pos', 1)):
        folder = os.path.join(path, folder)
        for name in os.listdir(folder):
            with open(os.path.join(folder, name), 'r') as reader:
                  text = reader.read()
            text = tokenize(text)
            text = stop_word_removal(text)
            text = reg_expressions(text)
            data.append(text)
            sentiments.append(sentiment)
    data_np = np.array(data)
    data, sentiments = unison_shuffle_data(data_np, sentiments)
```

遍历当前目录下的所有文件

应用分词和停用词移除函数

追踪相应的情感标签

转换为 NumPy 数组

① Maas AL et al, “Learning Word Vectors for Sentiment Analysis,” Proc. of NAACL-HLT (2018).
② 这里对下载网址进行了处理，仅作演示。请读者自行查找下载地址。——编辑注

```
    return data, sentiments

train_path = os.path.join('aclImdb', 'train')    ← 调用上面的函数来处理数据
raw_data, raw_header = load_data(train_path)
```

请注意，在 Windows 操作系统中，可能必须为代码段 2.10 中的 open() 函数调用指定参数 encoding=utf-8。检查被加载数据的维度是否正确，以确保一切按预期进行，如下所示：

```
print(raw_data.shape)
print(len(raw_header))
```

得到以下输出：

```
(25000,)
25000
```

将随机加载的 Nsamp*2 条数据用于训练，如下所示：

```
random_indices = np.random.choice(range(len(raw_header)),size=(Nsamp*2,),
    replace=False)
data_train = raw_data[random_indices]
header = raw_header[random_indices]
```

在进一步处理之前，我们需要检查结果数据中类目的均衡性。一般来说，我们不希望某个标签对应的数据占绝大多数，除非这是实际中所期望的分布。使用以下代码检查类标签分布：

```
unique_elements, counts_elements = np.unique(header, return_counts=True)
print("Sentiments and their frequencies:")
print(unique_elements)
print(counts_elements)
```

输出结果如下：

```
Sentiments and their frequencies:
[0 1]
[1019 981]
```

如此可以确信数据在两个类之间大致平衡，每个类代表大约一半的数据集。然后用以下代码生成并可视化词袋表示：

```
MixedBagOfReviews = assemble_bag(data_train)
print(MixedBagOfReviews)
```

以下是通过这段代码生成的结果数据框的片段：

```
      ages  i  series         the   dream  the  movie  film  plays  ...  \
0        2  2       0     0     0       0    0      1     0      0  ...
1        0  0       0     0     0       0    0      0     0      1  ...
2        0  0       2     2     2       2    2      0     1      0  ...
3        0  2       0     1     0       0    0      1     1      1  ...
4        0  2       0     0     0       0    1      0     0      0  ...
...    ... ..     ...   ...   ...     ...  ...    ...   ...    ...  ...
1995     0  0       0     0     0       0    0      2     1      0  ...
```

```
1996    0  0    0    0    0    0    0    1    0    0  ...
1997    0  0    0    0    0    0    0    0    0    0  ...
1998    0  3    0    0    0    0    1    1    1    0  ...
1999    0  1    0    0    0    0    0    1    0    0  ...
```

请注意，在进行此类处理之后，仍然需要将此数据分割为训练集和验证集，类似于我们之前在垃圾电子邮件分类任务中所做的操作。简洁起见，这里不再赘述。可以在 Kaggle Notebook 中找到这段代码。

有了这种量化表示，后面的章节将开始为两个示例数据集构建基线分类器。在 2.3 节中，我们将从广义线性模型开始。

2.3 广义线性模型

传统上，应用数学领域内的任意模型进行开发都是从线性模型开始的。线性模型在输入和输出空间之间进行加法和乘法的映射。换句话说，一组输入的响应将是对每个单独输入的响应之和。这个属性可以显著减少涉及的统计学和数学理论。

在本节中，我们使用统计学中线性的宽松定义，即广义线性模型（generalized linear model）。设 $\boldsymbol{Y}$ 为输出变量或响应变量的向量，$\boldsymbol{X}$ 为自变量的向量，$\boldsymbol{\beta}$ 为未知参数向量，其取值可以通过训练分类器进行估计。广义线性模型如图 2.3 所示。

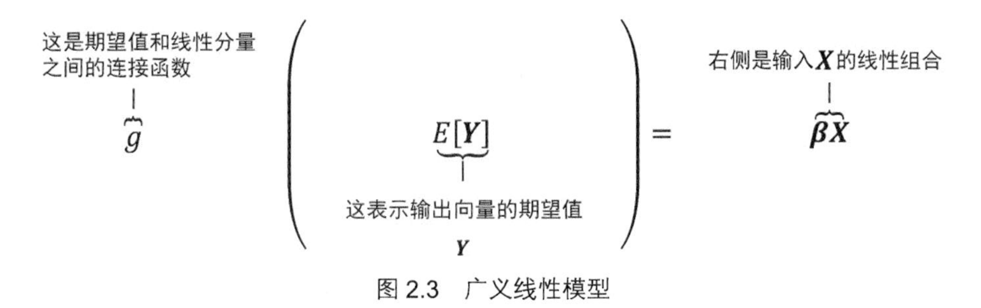

图 2.3 广义线性模型

这里，$E[]$表示所被包含量的期望值（expected value），右侧是 $\boldsymbol{X}$ 的线性表示，而 g 则是将这个线性表示与 $\boldsymbol{Y}$ 的期望值联系起来的函数。

在本节中，我们将应用一组最广为使用的广义线性机器学习模型来解决 2.2 节中介绍的示例问题，即逻辑斯谛回归和带有线性核的 SVM。其他较为流行的广义线性机器学习模型，如使用线性激活函数的简单感知机、隐性狄利克雷分布（Latent Dirichlet Allocation，LDA）和朴素贝叶斯这里不涉及。

2.3.1 逻辑斯谛回归

逻辑斯谛回归通过使用逻辑斯谛函数估计概率来对一组输入变量与分类输出变量之间的关系进行建模。假设存在单个输入变量 x 和单个二元输出变量 y，相关概率为 $P(y=1)=p$，逻辑斯谛线性函数如图 2.4 所示。

$$g\Big(\overbrace{E[y]}^{\text{等于}p}\Big) = \underbrace{\ln\left(\frac{p}{1-p}\right)}_{\text{逻辑斯谛回归连接函数}} = \overbrace{\beta_0+\beta_1 x}^{\text{线性分量}\beta X}$$

图 2.4 逻辑斯谛线性函数

重新组织以上线性函数后将产生如图 2.5 所示的经典逻辑斯谛方程。

$$\overbrace{p}^{\text{等于}E[y]\text{，紧随其后的是右边的逻辑斯谛曲线}} = \frac{1}{1+e^{\underbrace{-(\beta_0+\beta_1 x)}_{\text{线性分量}\beta X}}}$$

图 2.5 重新组织后的经典逻辑斯谛方程

根据这个方程绘制的曲线如图 2.6 所示。从历史上看，这条曲线是从细菌种群增长的研究中得出的，最初增长缓慢，中间增长迅速，最后增长逐渐变缓，这是因为维持种群增长的资源耗尽了。

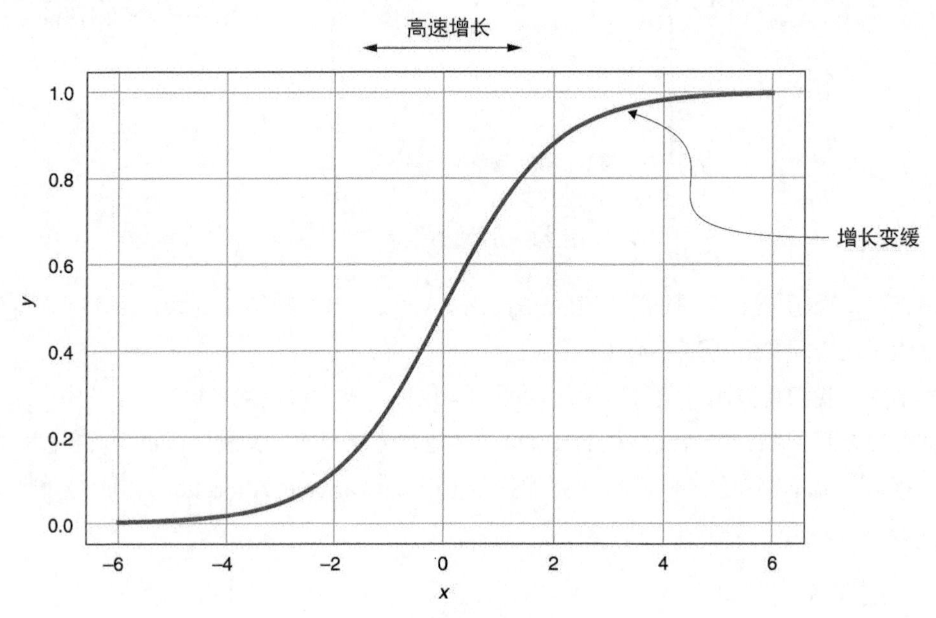

图 2.6 经典的逻辑斯谛曲线

现在我们继续使用流行的 scikit-learn 库。代码段 2.11 中的函数可以帮助构建分类器。

代码段 2.11 构建逻辑斯谛回归分类器

```
from sklearn.linear_model import LogisticRegression

def fit(train_x,train_y):
    model = LogisticRegression()      <-- 初始化模型

    try:
        model.fit(train_x, train_y)   <-- 拟合数据（标注数据）
    except:
        pass
    return model
```

为了使这个分类器适合垃圾电子邮件分类任务或 IMDb 电影评论情感分类任务的数据，我们只需要执行以下代码：

```
model = fit(train_x,train_y)
```

在任何现代 PC 上，只需要几秒就能完成构建。为了评估该分类器的性能，我们必须对每个任务的测试集/验证集进行测试。可使用以下代码执行此操作：

```
predicted_labels = model.predict(test_x)
from sklearn.metrics import accuracy_score
acc_score = accuracy_score(test_y, predicted_labels)
print("The logistic regression accuracy score is::")
print(acc_score)
```

对于垃圾电子邮件分类任务，输出结果如下：

```
The logistic regression accuracy score is::
0.9766666666666667
```

对于 IMDb 电影评论情感分类任务，输出结果如下：

```
The logistic regression accuracy score is::
0.715
```

这似乎表明，垃圾电子邮件分类问题比 IMDb 电影评论情感分类问题更简单。在第 3 章的结尾部分中，我们将讨论可能提高 IMDb 电影评论情感分类器性能的候选方法。

在学习 2.3.2 节之前，需要指出的是，使用准确率（accuracy）作为性能评估指标非常重要。准确率定义为正确识别样本的比例，即真阳性样本和真阴性样本在总样本中的占比。这里可以使用的其他潜在指标包括精确度（precision，即真阳性样本与所有预测为阳性的样本的比例）和召回率（recall，即真阳性样本与所有实际为阳性的样本的比例）。如果预测出现假阳性和假阴性的代价都很大，那么这两个指标可能非常有用。而 F1 值——精确度和召回率的调和平均值，在两者之间取得平衡，该指标也非常重要，对于不均衡的数据集尤其有用。由于实践中不均衡的样本集十分常见，因此这一指标非常重要。但是，请记住，我们迄今为止构建的数据集是大致均衡的。因此，在现有的例子中，准确率是一个足够合理的评估指标。

2.3.2 支持向量机

正如第 1 章中提到的，支持向量机曾经是非常流行的核方法。该方法试图通过将数据映射到高维空间、使用超平面作为决策边界以及降低计算成本的核函数来找到很好的决策边界。当核函数是线性函数时，SVM 不仅是广义线性模型，而且实际上也是线性模型。

现在我们继续为手头的示例构建和评估 SVM 分类器，如代码段 2.12 所示。请注意，由于该分类器的训练时间比逻辑斯谛回归分类器的训练时间稍长，因此我们使用 Python 附带的 time 库来确定训练时间。

代码段 2.12 训练和测试 SVM 分类器

```
import time
from sklearn.svm import SVC # Support Vector Classification model

clf = SVC(C=1, gamma="auto", kernel='linear',probability=False)    <-- 创建一个线性核 SVM 分类器

start_time = time.time()    <-- 拟合训练数据来构建模型
clf.fit(train_x, train_y)
end_time = time.time()
print("Training the SVC Classifier took %3d seconds"%(end_time-start_time))

predicted_labels = clf.predict(test_x)    <-- 测试与评估
acc_score = accuracy_score(test_y, predicted_labels)
print("The SVC Classifier testing accuracy score is::")
print(acc_score)
```

在垃圾电子邮件示例数据集上训练 SVM 分类器耗费了 64s，得到的准确率为 0.670。在 IMDb 电影评论情感示例数据集上训练分类器需要 36s，得到的准确率为 0.697。我们发现，SVM 分类器在垃圾电子邮件分类问题上的性能明显低于逻辑斯谛回归分类器，而在 IMDb 电影评论情感分类问题上的性能稍低，但几乎相当。

在第 3 章中，我们将针对这两个分类问题应用一些更复杂的方法，并进一步将它们树立为参照物，用于比较各种方法的性能。特别是，我们将探讨基于决策树的方法，以及流行的基于神经网络的 ELMo 和 BERT 方法。

小结

典型的解决思路是在任何给定的感兴趣的问题上尝试各种算法，以找到适合使用者应用场景

的模型复杂度与性能之间的最佳平衡。

基线通常从最简单的算法（如逻辑斯谛回归）开始，并变得越来越复杂，直到达到理想的性能/复杂度平衡。

机器学习实践中很大一部分精力用于数据集成和预处理，而今天，这可以说是建模过程中最重要的部分之一。

重要的模型设计选型包括评估性能的指标、用于指导训练算法的损失函数和最佳验证实践，以及其他许多指标，这些指标可能因模型和问题类型而不同。

第3章 从头开始：基准测试和优化

本章涵盖下列内容。

- 分析两个自然语言处理（NLP）领域的问题。
- 使用重要的传统方法为上述问题构建效果基线。
- 基于ELMo和BERT这两个有代表性的深度预训练语言模型构建效果基线。

在第2章中，我们开始解决NLP问题的工作，在本章中，我们将继续进行相关的探索工作。首先，我们将为两个具体的NLP问题构建效果基线，以便在后续引入更加复杂的迁移学习方法时，可以衡量效果指标的改进。我们首先在第2章中引入了两个实际问题，然后对相关数据集进行了预处理，并且基于广义线性模型构建了效果基线。具体而言，我们介绍了垃圾电子邮件分类和IMDb电影评论情感分类的例子，并且用逻辑斯谛回归分类器和SVM分类器分别得到上述两个问题的效果基线。

在本章中，我们将探索两类新方法——决策树和神经网络。其中，决策树方法将着眼于随机森林和GBM，而神经网络方法则会涉及两个当前十分流行的深度预训练语言模型——ELMo和BERT。关于神经网络方法，本章只会基于目标数据集在预训练语言模型上做最后几层网络参数的微调。这部分内容同时也可作为本书主题——NLP迁移学习的实践性介绍。此外，我们还将尝试通过超参数调整来改善模型性能。

在3.1节中，我们将首先探讨基于决策树的模型。

3.1 基于决策树的模型

决策树是一类用树（tree）结构来建模决策以及后续影响的决策支持辅助模型。树是一类特殊的图，其中任意两点之间有且仅有一条路径。树的另一个定义是一种流程图，可以将输入的数值转换为类别信息输出。关于这类模型的详细信息，可以参见第1章。

3.1.1 随机森林

随机森林是一种基于决策树的实用机器学习算法，通过构造大量的决策树，并汇总各个决策树的结果来得到最终输出。由于随机森林具有灵活性和普适性，因此其通常成为初学者继逻辑斯谛回归之后第二个用于建立效果基线的算法。关于随机森林更详细的讨论以及相关历史背景，可以参见第1章。

如代码段3.1所示，我们可以使用流行的scikit-learn库来构造随机森林分类器。

代码段 3.1 训练和测试随机森林分类器

```
from sklearn.ensemble import RandomForestClassifier       ← 加载 scikit-learn 的随机森林分类器算法库

clf = RandomForestClassifier(n_jobs=1, random_state=0)    ← 构造随机森林分类器

start_time = time.time()     ← 训练分类器学习输入特征与结果之间的关联
clf.fit(train_x, train_y)
end_time = time.time()
print("Training the Random Forest Classifier took %3d seconds"%(end_timestart_
     time))

predicted_labels = clf.predict(test_x)

acc_score = accuracy_score(test_y, predicted_labels)

print("The RF testing accuracy score is::")
print(acc_score)
```

实验结果显示，在垃圾电子邮件示例数据集上，利用上述代码训练随机森林分类器的总耗时不到1s，模型准确率可以达到0.945。而在IMDb电影评论情感数据集上，训练耗时同样不足1s，模型准确率只有0.665。该实验也验证了第2章中的推测，即IMDb电影评论情感分类比垃圾电子邮件分类更困难。

3.1.2 梯度提升机

梯度提升机（Gradient-Boosting Machine，GBM）通过迭代地加入新的决策树来弥补旧模型的缺点。在编写本书的时候，GBM被普遍认为是解决非感知类机器学习问题的最佳手段。当然，它也有若干缺点，如更大的模型体积、更容易过拟合，以及相比其他决策树模型更差的可解释性。

代码段3.2给出了训练一个GBM分类器的示例。这里我们仍然使用scikit-learn附带的实现。

需要注意的是，一般认为 Python 库 XGBoost 提供的实现更加节约内存空间，且更易于水平扩展与并行化。

代码段 3.2 训练并测试 GBM 分类器

```
from sklearn.ensemble import GradientBoostingClassifier      ◁— GBM 算法
from sklearn import metrics                                  ◁— 额外的 sklearn()
from sklearn.model_selection import cross_val_score              函数

def modelfit(alg, train_x, train_y, predictors, test_x, performCV=True,
     cv_folds=5):
    alg.fit(train_x, train_y)      ◁— 利用训练集拟合模型
    predictions = alg.predict(train_x)      # 训练集上执行预测
    predprob = alg.predict_proba(train_x)[:,1]
    if performCV:      # 执行 k 折交叉验证
        cv_score = cross_val_score(alg, train_x, train_y, cv=cv_folds,
     scoring='roc_auc')

    print("\nModel Report")      ◁— 输出模型效果报告
    print("Accuracy : %.4g" % metrics.accuracy_score(train_y,predictions))
    print("AUC Score (Train): %f" % metrics.roc_auc_score(train_y, predprob))
    if performCV:
        print("CV Score : Mean - %.7g | Std - %.7g | Min - %.7g | Max - %.7g" %
 (np.mean(cv_score),np.std(cv_score),np.min(cv_score),np.max(cv_score)))

    return alg.predict(test_x),alg.predict_proba(test_x)      ◁— 在测试集上执行预测
```

在代码段 3.2 中，除了训练准确率指标以外，我们还使用了 k 折交叉验证结合受试者操作特征（Receiver Operating Characteristic，ROC）曲线下面积（Area Under the Curve，AUC）指标来评估模型。由于 GBM 模型很容易过拟合，因此上述验证很有必要。另外该示例可以让我们再次回顾这些概念。

具体地说，k 折交叉验证首先将训练集随机均分为 k 份，然后选择（k−1）份数据用于训练模型，用剩下的 1 份作为验证集计算模型效果指标。重复上述过程 k 次，使得每份数据都作为一次验证集，一共可得 k 个效果指标。模型的最终指标由这 k 个指标的统计平均获得。该过程可以降低模型在部分数据上过拟合而在另一部分数据上效果欠佳的风险。

注意：简单来说，过拟合是指使用很少的数据拟合大量的参数，通常表现为模型在训练集上指标持续提升，但是在验证集上并未提升。我们可以通过收集更多的训练数据或者减少模型参数来缓解过拟合现象。此外，后续章节还会重点强调一些其他手段。

我们可以用以下代码来调用刚才编写的 modelfit()函数，以便在垃圾电子邮件示例数据集或 IMDb 电影评论情感示例数据集上拟合 GBM 模型。

```
gbm0 = GradientBoostingClassifier(random_state=10)
start_time = time.time()
test_predictions, test_probs = modelfit(gbm0, train_x, train_y, predictors,
     test_x)
end_time = time.time()
print("Training the Gradient Boosting Classifier took %3d seconds"%(end_timestart_
     time))

predicted_labels = test_predictions
acc_score = accuracy_score(test_y, predicted_labels)
print("The Gradient Boosting testing accuracy score is::")
print(acc_score)
```

在垃圾电子邮件示例数据集上，结果如下：

```
Model Report
Accuracy : 0.9814
AUC Score (Train): 0.997601
CV Score : Mean - 0.9854882 | Std - 0.006275645 | Min - 0.9770558 | Max -
     0.9922158
Training the Gradient Boosting Classifier took 159 seconds
The Gradient Boosting testing accuracy score is::
0.9483333333333334
```

在 IMDb 电影评论情感示例数据集上，结果如下：

```
Model Report
Accuracy : 0.8943
AUC Score (Train): 0.961556
CV Score : Mean - 0.707521 | Std - 0.03483452 | Min - 0.6635249 | Max -
     0.7681968
Training the Gradient Boosting Classifier took 596 seconds
The Gradient Boosting testing accuracy score is::
0.665
```

乍看之下，我们可能会认为 GBM 模型数值实验要比之前的方法耗时多很多——在 IMDb 电影评论情感示例数据集上花了将近 10min，但是不要忘记上述耗时包含 k 折交叉验证过程的耗时，在 k 取默认值 5 的情况下，模型被重复训练了 5 次以获取更为可信的结果。因此，每次训练实际耗时大概为 2min，并没有想象中那么高。

我们还能在结果中发现一些过拟合的现象——在第一个示例中，测试集准确率要低于 k 折交叉验证的训练集准确率；在第二个示例中，k 折交叉验证的指标要显著低于在全量数据集上的训练指标。这些现象都说明了 k 折交叉验证在 GBM 模型中追踪过拟合现象的重要性。我们将在 3.3 节讨论一些提升分类器准确率的手段。

那么，ROC 曲线到底是什么呢？它其实是假阳率（False Positive Rate，FPR）关于真阳率（True

Positive Rate，TPR）的曲线，是评价与调试分类器效果的重要指标。ROC 曲线表示了决策阈值（分类概率超过该值，则将其划分为对应类别）在 0 到 1 之间变动时，分类器一些重要指标的取舍。我们可以用下面的代码绘制 ROC 曲线：

```
test_probs_max = []                                          ◁─ 我们首先计算每个示例的
for i in range(test_probs.shape[0]):                            最大概率取值
    test_probs_max.append(test_probs[i,test_y[i]])

计算 ROC 线值 ─▷ fpr, tpr, thresholds = metrics.roc_curve(test_y, np.array(test_probs_max))

import matplotlib.pyplot as plt              ◁─ 使用 Matplotlib 画出
fig,ax = plt.subplots()                         ROC 曲线及图例
plt.plot(fpr,tpr,label='ROC curve')
plt.plot([0, 1], [0, 1], color='navy', linestyle='--')
plt.xlabel('False Positive Rate')
plt.ylabel('True Positive Rate')
plt.title('Receiver Operating Characteristic for Email Example')
plt.legend(loc="lower right")
plt.show()
```

图 3.1 给出了垃圾电子邮件示例数据集的 ROC 曲线。图中，斜率为 1 的直线表示随机情况下 FPR 与 TPR 的取舍关系（增大 TPR，则 FPR 也会随之增大）。ROC 曲线相对该直线越往左上方偏，则分类器效果越好（即相同 FPR 下，TPR 可以更大），对应的 AUC 也会越大。因此我们可以使用 ROC 曲线的 AUC 作为分类器效果的衡量指标。

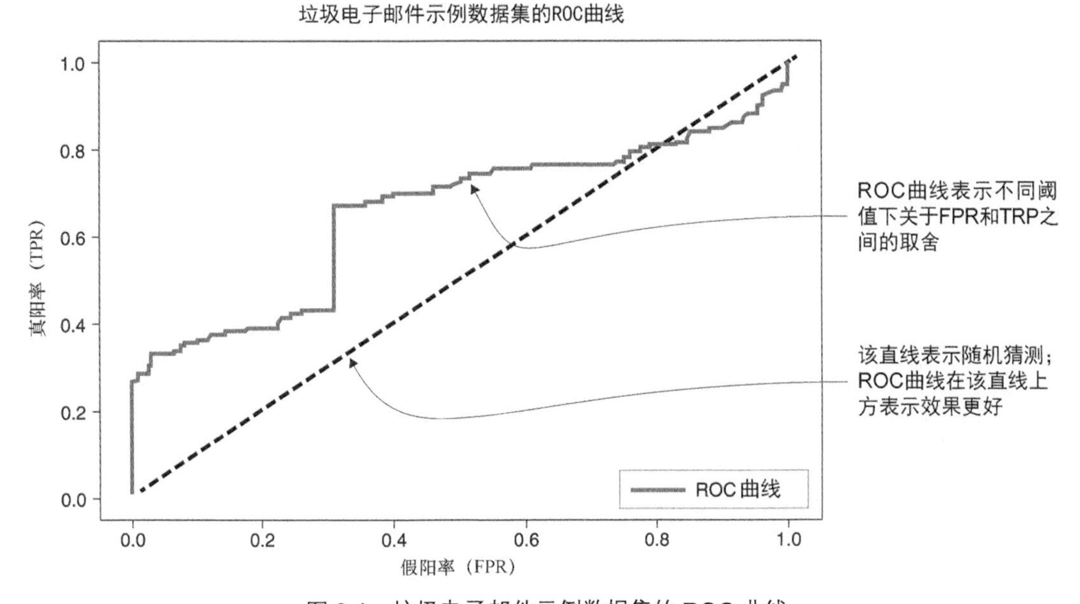

图 3.1 垃圾电子邮件示例数据集的 ROC 曲线

此类基于决策树的模型有一个关键特性，其能为每个特征计算一个重要性分值，并据此寻找数据集里最重要的一些特征。我们在代码段 3.2 的 return 语句前加入几行代码来展示该特性，完整代码见代码段 3.3。

代码段 3.3 带特征重要性分值的 GBM 分类器

```
from sklearn.ensemble import GradientBoostingClassifier    <-- GBM 算法
from sklearn import metrics                                 <-- 额外的 sklearn() 函数
from sklearn.model_selection import cross_val_score

def modelfit(alg, train_x, train_y, predictors, test_x, performCV=True,
     cv_folds=5):
    alg.fit(train_x, train_y)                 <-- 利用训练集拟合模型
    predictions = alg.predict(train_x)        <-- 在训练集上执行预测
    predprob = alg.predict_proba(train_x)[:,1]
    if performCV:                             <-- 执行 k 折交叉验证
        cv_score = cross_val_score(alg, train_x, train_y, cv=cv_folds,
     scoring='roc_auc')

    print("\nModel Report")                   <-- 输出模型效果报告
    print("Accuracy : %.4g" % metrics.accuracy_score(train_y,predictions))
    print("AUC Score (Train): %f" % metrics.roc_auc_score(train_y, predprob))
    if performCV:
        print("CV Score : Mean - %.7g | Std - %.7g | Min - %.7g | Max - %.7g" %
(np.mean(cv_score),np.std(cv_score),np.min(cv_score),np.max(cv_score)))

    feat_imp = pd.Series(alg.feature_importances_,
     predictors).sort_values(ascending=False)
    feat_imp[:10].plot(kind='bar',title='Feature Importances')   <-- 增加计算特征重要性分值的代码

    return alg.predict(test_x),alg.predict_proba(test_x)   <-- 在测试集上执行预测
```

在 IMDb 电影评论情感示例数据集上，上述代码执行的结果如图 3.2 所示。我们可以发现，诸如“Worst”“Awful”之类的词元在分类决策中显得十分重要，这看起来是合乎常理的，因为差评中经常出现这类词元。另外，像“Loved”这类词元则经常出现在好评中。

注意：在该示例中，虽然重要性分值显得颇为有效，但是我们仍然不能盲目地信任该分值。例如，一般认为连续型变量或者类别较多的分类变量会得到更高的重要性分值。

接下来我们将把一些神经网络模型应用到这两个示例中。这类模型可以说是当今 NLP 领域最重要的模型了。

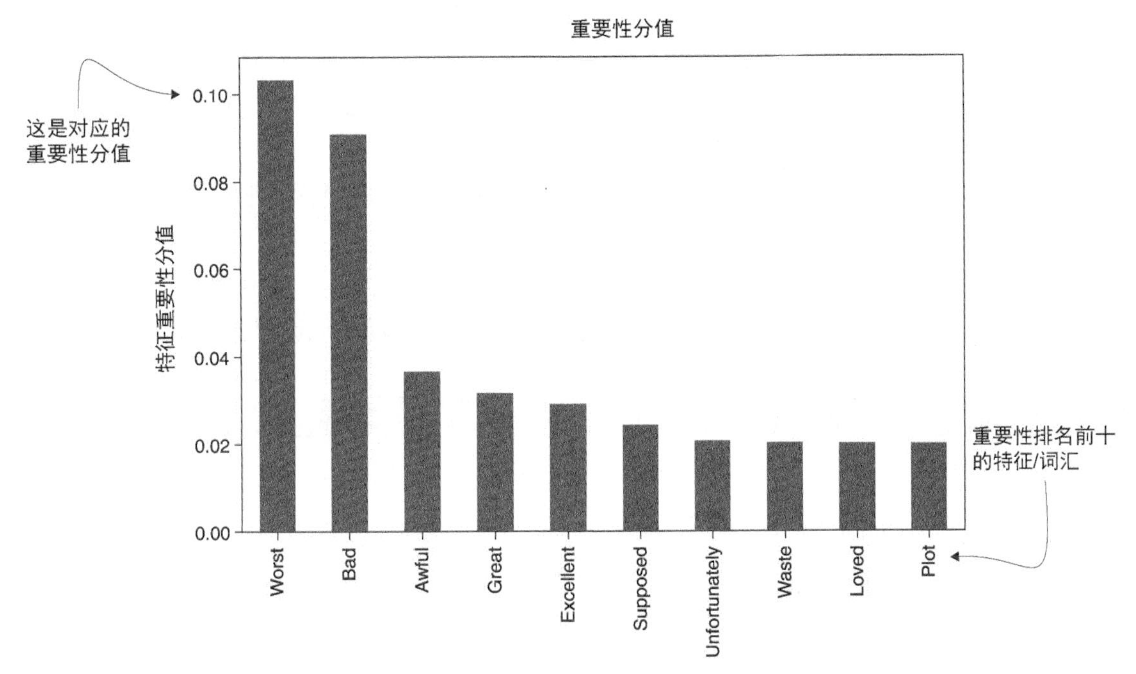

图 3.2 在 IMDb 电影评论情感数据集中 GBM 模型计算得到的词元的重要性分值

3.2 神经网络模型

正如我们在第 1 章中提到的，神经网络可谓是当前解决诸如计算机视觉或 NLP 等感知类问题的最重要的一类算法。

在本节中，我们将在之前已建立基线指标的两个示例上训练两个神经网络预训练语言模型，分别是 ELMo 和 BERT。

ELMo 模型基于卷积单元和循环单元（特别是 LSTM）来构建网络，而 BERT 则是基于 Transformer 结构的。这些组件在第 1 章有过介绍，并且后续章节会继续探讨相关细节。接下来我们将构造一个简单的迁移学习微调模型，即在预训练得到的嵌入层之上增加一层全连接网络，用于执行分类任务。

3.2.1 语言模型嵌入

语言模型嵌入（ELMo）首次揭示了将预训练模型学习到的知识迁移到通用 NLP 任务上的有效性。ELMo 的预训练任务是从一段词语序列中预测下一个单词是什么，该任务可以在大规模语料集上以无监督的形式执行。实验结果证明，预训练任务得到的权重可以泛化到很多其他 NLP 问题上。有关 ELMo 模型结构的具体细节将在后续章节中进行介绍，此时我们只需要了解 ELMo 模型使用词级别的卷积层构造词汇的初始嵌入表示，然后使用双向 LSTM 网络来在单词的最终嵌入表示中引入相邻词语的上下文关系。

在简单了解 ELMo 之后，我们开始在之前的两个示例数据集上进行训练。经过预训练的 ELMo 模型可以从 TensorFlow Hub（一个易用的 TensorFlow 模型分享平台）上获取，我们将使用 Keras 结合 TensorFlow 后端来构造分类模型。为了让 TensorFlow Hub 上的模型可以用于 Keras，我们需要用代码段 3.4 中的代码构造一个自定义 Keras 层并用正确的格式进行实例化。

代码段 3.4 实例化一个 TensorFlow Hub 上的 ELMo 模型，并作为自定义 Keras 层

```
import tensorflow as tf                          # 导入依赖
import tensorflow_hub as hub
from keras import backend as K
import keras.layers as layers
from keras.models import Model, load_model
from keras.engine import Layer
import numpy as np

sess = tf.Session()                              # 初始化 session
K.set_session(sess)

class ElmoEmbeddingLayer(Layer):                 # 创建一个允许我们更新权重的自定义层
    def __init__(self, **kwargs):
        self.dimensions = 1024
        self.trainable=True
        super(ElmoEmbeddingLayer, self).__init__(**kwargs)
    def build(self, input_shape):
        self.elmo =hub.Module('https:/ /tfhub.dev/google/elmo/2',
     trainable=self.trainable,
                               name="{}_module".format(self.name))   # 从 TensorFlow Hub 上下载预训练好的 ELMo 模型

        self.trainable_weights +=
    K.tf.trainable_variables(scope="^{}_module/.*".format(self.name))   # 抽取出可训练参数——ELMo 模型层加权平均操作中的4个权重，详情请参考 TensorFlow Hub 链接
        super(ElmoEmbeddingLayer, self).build(input_shape)

    def call(self, x, mask=None):
        result = self.elmo(K.squeeze(K.cast(x, tf.string), axis=1),
                   as_dict=True,
                   signature='default',
                   )['default']
        return result

    def compute_output_shape(self, input_shape):   # 指定输出维度
        return (input_shape[0], self.dimensions)
```

在使用上述函数执行模型训练之前，还需要对数据集做一下微调以适配模型结构。具体而言，

之前在使用传统模型训练时，我们使用代码段 2.7 中的代码将原始数据 raw_data 加工为词袋表示，即一个由电子邮件中所含单词编码组成的 NumPy 数组。而在这里，我们将使用代码段 3.5 中的代码，将上述每个词袋表示都拼接到一个文本字符串里，该格式是 ELMo TensorFlow Hub 要求的输入格式。

注意：在本示例中我们删除了组合后的字符串中的停用词。事实上在深度学习任务中通常无需该步骤，因为人工神经网络具有神奇的能力，能够自动判断各个词汇的重要性——通过特征工程实现。在这个示例中，由于这里的目的是对比不同算法模型的优缺点，因此对所有算法都采用相同的预处理过程无疑是正确的。需要注意的是，ELMo 和 BERT 一样，都使用了包含停用词的语料库进行预训练。

代码段 3.5　将数据转换成 ELMo TensorFlow Hub 支持的格式

```
def convert_data(raw_data,header):                    <-- 将数据转换成正确的格式
    converted_data, labels = [], []
    for i in range(raw_data.shape[0])
        out = ' '.join(raw_data[i])                   <-- 将每封电子邮件中的词元拼接到一个字符串中
        converted_data.append(out)
        labels.append(header[i])
    converted_data = np.array(converted_data, dtype=object)[:, np.newaxis]

    return converted_data, np.array(labels)

raw_data, header = unison_shuffle(raw_data, header)   <-- 首先将数据顺序打乱
idx = int(0.7*data_train.shape[0])
train_x, train_y = convert_data(raw_data[:idx],header[:idx])    <-- 将 70% 的数据用于训练
test_x, test_y = convert_data(raw_data[idx:],header[idx:])      <-- 将剩下的 30%的数据用于测试
```

完成数据格式转换后，我们使用代码段 3.6 来构造并训练 ELMo 模型。

代码段 3.6　使用代码段 3.4 中的自定义 Keras 层构建 ELMo 模型

```
def build_model():
  input_text = layers.Input(shape=(1,), dtype="string")
  embedding = ElmoEmbeddingLayer()(input_text)
  dense = layers.Dense(256, activation='relu')(embedding)    <-- 新的自定义层输出 256 维特征向量
  pred = layers.Dense(1, activation='sigmoid')(dense)        <-- 分类层

  model = Model(inputs=[input_text], outputs=pred)

  model.compile(loss='binary_crossentropy', optimizer='adam',
                              metrics=['accuracy'])          <-- 损失、模型指标以及优化选项

  model.summary()      <-- 展示用于检查的模型结构

  return model
```

```
# Build and fit
model = build_model()
model.fit(train_x,          <-- 训练过程执行 5 轮
          train_y,
          validation_data=(test_x, test_y),
          epochs=5,
          batch_size=32)
```

鉴于这是读者第一次接触深度学习方面的设计，需要格外留意以下几点内容。首先，我们在预训练 ELMo 模型上增加了一层输出 256 维特征向量的网络结构，以及输出 1 维标量的分类层。其次，sigmoid 激活函数用于将函数的自变量输入映射到区间[0,1]，其本质上是图 2.6 中的逻辑斯谛曲线。我们将激活函数的输出看作分类结果为正样本的概率，当该概率超过某个阈值（通常是 0.5）时，就认为输入数据为正样本。

模型在数据集上一共训练 5 轮（或者称作 epoch）。代码段 3.6 中的 model.summary()语句展示了模型细节，具体输出如下：

```
_________________________________________________________________________
Layer (type)                     Output Shape                 Param #
=========================================================================
input_2 (InputLayer)              (None, 1)                   0
_________________________________________________________________________
elmo_embedding_layer_2 (Elmo (None, 1024)                     4
_________________________________________________________________________
dense_3 (Dense)                   (None, 256)                 262400
_________________________________________________________________________
dense_4 (Dense)                   (None, 2)                   514
=========================================================================
Total params: 262,918
Trainable params: 262,918
Non-trainable params: 0
```

关于模型的具体细节，我们将在第 4 章中探讨，不过此时可以看出绝大多数的可训练参数（约 26 000 个）都来自在预训练 ELMo 模型上额外增加的网络结构。这也是迁移学习的第一个例子：在由 ELMo 模型创建者提供的共享预训练模型上学习额外的网络层参数。在神经网络模型试验中，一块强大的 GPU 可谓不可或缺，其中训练参数中的 batch_size 指定了每一步训练将多少条数据“喂进”GPU，这对模型收敛速度影响巨大。该参数随着 GPU 的有无或型号的不同而不同。在实践中，可以持续增大 batch_size，直到收敛速度不再随之提升，或者 GPU 内存无法容纳单个批次（batch）的数据。此外，在多 GPU 情况下，一些试验结果显示最优 batch_size 参数与 GPU 呈线性扩展关系①。

① Goyal P et al, “Accurate, Large Minibatch SGD: Training ImageNet in 1 Hour,” arXhiv (2018).

图 3.3 给出了 ELMo 模型在垃圾电子邮件示例数据集上前 5 轮的指标变化情况。训练任务在由 Kaggle Kernel 提供的免费 NVIDIA Tesla K80 GPU 上执行。可以发现，在该场景下，batch_size 设置为 32 较为合适。

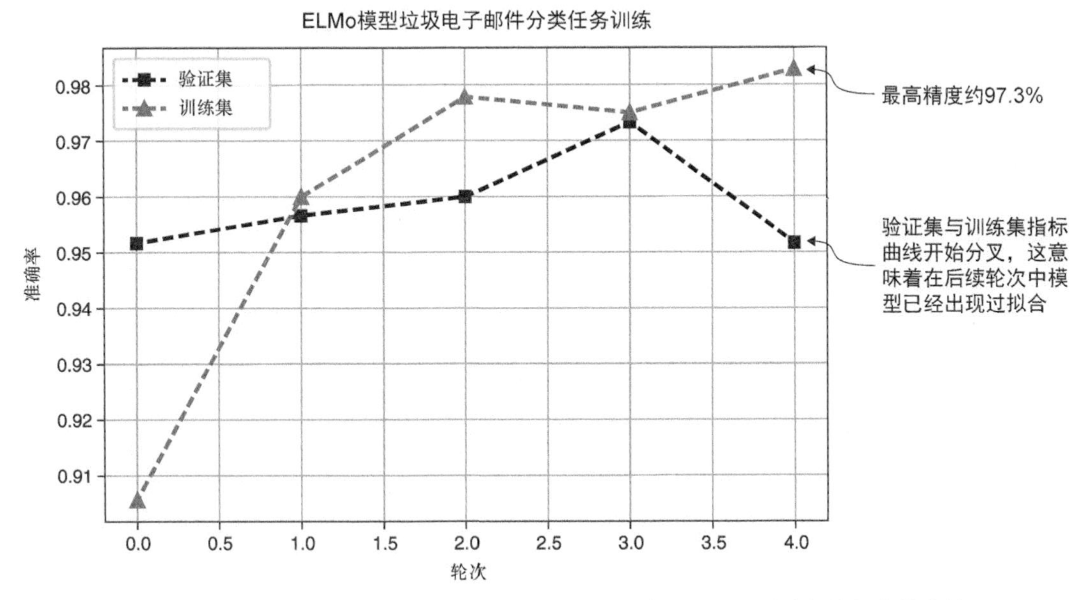

图 3.3　ELMo 模型在垃圾电子邮件示例数据集上前 5 轮的训练验证指标收敛曲线

从代码输出可知，每轮训练耗时约为 10s。ELMo 模型在验证集上的效果指标在第 4 轮到达峰值，约为 97.3%，这也意味着我们可以在 1min 内获得该结果。该指标与前面介绍的逻辑斯谛回归分类器取得的 97.7%（见表 3.1）基本持平。此外，我们注意到该算法的效果具有随机性，即每次得到的结果都有变化，所以哪怕读者自己的模型结构与我们使用的模型结构很相似，最终结果仍可能略有差异。在实际应用中，一般会执行多次训练，选择其中效果最好的一组模型参数。最后，图中训练集和验证集指标曲线出现的分叉意味着模型已经开始过拟合。这证明了假设：通过增大超参数 maxtokenlen 指定的长度以及 maxtokens 指定的每封电子邮件的词元数量来增加信号量，可能会进一步提升模型效果。自然地，增加每个类别的样本数应该也能提升模型效果。

在 IMDb 电影评论情感示例数据集上，ELMo 模型的收敛曲线如图 3.4 所示。每轮耗时同样约 10s，验证集准确率在第 2 轮达到峰值约 70%，耗时不到 1min。在本章余下的部分中，我们将学习如何进提升模型效果。此外，在最后两轮中，我们可以观察到过拟合现象：ELMo 模型在训练集上拟合得越来越好，但是验证集的准确率却很低。

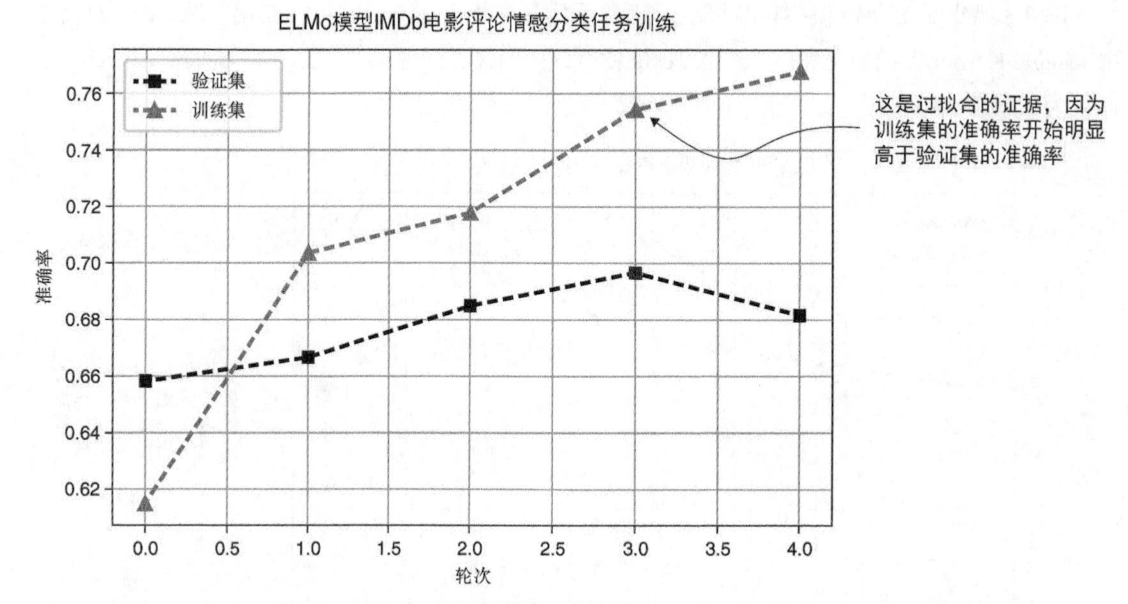

图 3.4 ELMo 模型在 IMDb 电影评论情感示例数据集上前 5 轮的训练验证指标收敛曲线

3.2.2 BERT 模型简介

在编写本书时，BERT 模型的部分变体在将预训练语言模型知识迁移到下游 NLP 任务方面取得了最佳性能。和 ELMo 模型类似，BERT 模型的训练方式同样也是预测单词序列中的单词，但是在单词遮盖的方式上有所不同，这一点将会在本书接下来的内容中详细探讨。同样地，BERT 模型也可以用无监督的方式在大规模语料上执行预训练，产出的权重能够泛化到多个不同的下游 NLP 任务中。可以说要掌握 NLP 迁移学习，就必须熟悉 BERT。

和学习 ELMo 时一样，我们此时暂时先不去深入探讨 BERT 具体的模型结构，而是将这部分内容放到后续章节中。此时，我们只需要了解 BERT 使用词级别的卷积层构造词汇的初始嵌入表示，然后使用基于 Transformer 结构的编码器以及自注意力层来建模相邻词语的上下文关系。Transformer 结构在功能上替代了 ELMo 中的双向 LSTM 层，第 1 章提到 Transformer 结构相比 LSTM 结构在训练任务的扩展性上有一定优势，由此我们也能看到 BERT 模型取得成功背后的部分原因。同样地，我们仍然使用 Keras 库以及 TensorFlow 后端来构建 BERT 模型。

在对模型结构进行简要介绍后，接下来我们分别使用垃圾电子邮件示例数据集和 IMDb 电影评论情感示例数据集来训练 BERT。预训练好的 BERT 模型也可以在 TensorFlow Hub 上获取，为了让 Hub 上的模型能够被 Keras 加载和使用，我们需要实现一个自定义 Keras 层来完成以正确的格式实例化 BERT 模型的操作，详见代码段 3.7。

代码段 3.7 实例化一个 TensorFlow Hub 上的 BERT 模型，并作为自定义 Keras 层

```
import tensorflow as tf
import tensorflow_hub as hub
from bert.tokenization import FullTokenizer
from tensorflow.keras import backend as K

# Initialize session
sess = tf.Session()


class BertLayer(tf.keras.layers.Layer):
    def __init__(
        self,
        n_fine_tune_layers=10,     <—— 用于模型微调的层数默认值
        pooling="mean",            <—— 选择正则化类型
        bert_path="https:/ /tfhub.dev/google/bert_uncased_L-12_H-768_A-12/1",  <—— 使用的预训练模型路径，该模型是大型不区分字母大小写的初始版本
        **kwargs,
    ):
        self.n_fine_tune_layers = n_fine_tune_layers
        self.trainable = True
        self.output_size = 768     <—— BERT 嵌入层维度，即模型输出语义向量的维度
        self.pooling = pooling
        self.bert_path = bert_path

        super(BertLayer, self).__init__(**kwargs)

    def build(self, input_shape):
        self.bert = hub.Module(
            self.bert_path, trainable=self.trainable,
    name=f"{self.name}_module"
        )

        trainable_vars = self.bert.variables    <—— 移除未使用的层
        if self.pooling == "first":
            trainable_vars = [var for var in trainable_vars if not "/cls/" in
    var.name]
            trainable_layers = ["pooler/dense"]

        elif self.pooling == "mean":
            trainable_vars = [
                var
                for var in trainable_vars
                if not "/cls/" in var.name and not "/pooler/" in var.name
            ]
            trainable_layers = []
        else:
            raise NameError("Undefined pooling type")

        for i in range(self.n_fine_tune_layers):    <—— 设置参数解冻的层数，用于模型微调
            trainable_layers.append(f"encoder/layer_{str(11 - i)}")
```

```
        trainable_vars = [
            var
            for var in trainable_vars
            if any([l in var.name for l in trainable_layers])
        ]

        for var in trainable_vars:                    <--- 可训练的权重
            self._trainable_weights.append(var)

        for var in self.bert.variables:
            if var not in self._trainable_weights:
                self._non_trainable_weights.append(var)

        super(BertLayer, self).build(input_shape)

    def call(self, inputs):
        inputs = [K.cast(x, dtype="int32") for x in inputs]
        input_ids, input_mask, segment_ids = inputs
        bert_inputs = dict(
            input_ids=input_ids, input_mask=input_mask,
segment_ids=segment_ids              <--- BERT 模型的输入是一个特殊的三元组格式，接下来
        )                                 的代码将展示如何生成这种格式的输入
        if self.pooling == "first":
            pooled = self.bert(inputs=bert_inputs, signature="tokens",
as_dict=True)[
                "pooled_output"
            ]
        elif self.pooling == "mean":
            result = self.bert(inputs=bert_inputs, signature="tokens",
as_dict=True)[
                "sequence_output"
            ]

            mul_mask = lambda x, m: x * tf.expand_dims(m, axis=-1)
            masked_reduce_mean = lambda x, m: tf.reduce_sum(mul_mask(x, m),
axis=1) / (
                    tf.reduce_sum(m, axis=1, keepdims=True) + 1e-10)
            input_mask = tf.cast(input_mask, tf.float32)
            pooled = masked_reduce_mean(result, input_mask)
        else:
            raise NameError("Undefined pooling type")

        return pooled

    def compute_output_shape(self, input_shape):
        return (input_shape[0], self.output_size)
```

BERT 会“遮盖”部分词语，然后把预测这些被遮盖的词语作为学习目标

与之前在训练 ELMo 模型中所做的处理类似，我们要对原始数据做一些后处理，将其转换成 BERT 模型所需的输入格式。在利用代码段 3.5 中的代码将词袋格式的编码拼接成字符串之后，我们需要将字符串转换成 3 个数组（三元组）——输入 ID、输入掩码和分段 ID，然后将其输入

BERT 模型。这部分代码以及构造和训练 Keras BERT TensorFlow Hub 模型的代码参见代码段 3.8。

代码段 3.8 将输入转换成 BERT 模型接受的格式，构造模型并训练

```
def build_model(max_seq_length):
    in_id = tf.keras.layers.Input(shape=(max_seq_length,), name="input_ids")
    in_mask = tf.keras.layers.Input(shape=(max_seq_length,),
     name="input_masks")
    in_segment = tf.keras.layers.Input(shape=(max_seq_length,),
     name="segment_ids")
    bert_inputs = [in_id, in_mask, in_segment]
    bert_output = BertLayer(n_fine_tune_layers=0)(bert_inputs)
    dense = tf.keras.layers.Dense(256, activation="relu")(bert_output)
    pred = tf.keras.layers.Dense(1, activation="sigmoid")(dense)

    model = tf.keras.models.Model(inputs=bert_inputs, outputs=pred)
    model.compile(loss="binary_crossentropy", optimizer="adam",
     metrics=["accuracy"])
    model.summary()

    return model


def initialize_vars(sess):
    sess.run(tf.local_variables_initializer())
    sess.run(tf.global_variables_initializer())
    sess.run(tf.tables_initializer())
    K.set_session(sess)


bert_path = "https:/ /tfhub.dev/google/bert_uncased_L-12_H-768_A-12/1"
tokenizer = create_tokenizer_from_hub_module(bert_path)

train_examples = convert_text_to_examples(train_x, train_y)
test_examples = convert_text_to_examples(test_x, test_y)

# Convert to features
(train_input_ids,train_input_masks,train_segment_ids,train_labels) =
     convert_examples_to_features(tokenizer, train_examples,
     max_seq_length=maxtokens)
(test_input_ids,test_input_masks,test_segment_ids,test_labels) =
     convert_examples_to_features(tokenizer, test_examples,
     max_seq_length=maxtokens)

model = build_model(maxtokens)

initialize_vars(sess)

history = model.fit([train_input_ids, train_input_masks, train_segment_ids],
 train_labels,validation_data=([test_input_ids, test_input_masks,
 test_segment_ids],test_labels), epochs=5, batch_size=32)
```

构造模型的函数

我们不会重新训练任何 BERT 模型，而是直接把预训练模型用作嵌入，并基于其重新训练一些新的网络层

普通的 TensorFlow 初始化调用

使用 BERT 源码库中的函数构造一个兼容的分词器

使用 BERT 源码库中的函数将数据转换成 InputExample 格式

使用 BERT 源码库中的函数将 InputExample 格式数据转换为最终输入 BERT 模型的三元组格式

构造模型

实例化变量

训练模型

和 3.2.1 节的 ELMo 模型相类似，我们在预训练好的模型上增加两个参数层，并且只对这两

层做训练，其参数量约为 20 万。在超参数设置与之前所有算法相似的情况下，我们在垃圾电子邮件示例数据集和 IMDb 电影评论情感数据集上分别获得了约 98.3%和 71%的模型准确率（5 轮内）。

3.3　效果优化

在看到本章前几节以及第 2 章中各种算法的性能结果后，我们可能会立即得出哪种算法最适合我们所研究的每个问题。例如，我们可能认为垃圾电子邮件分类问题最适合使用 BERT 模型和逻辑斯谛回归算法，其准确率可达 98%，ELMo 模型紧随其后，接下来是决策树，最后是 SVM。而在 IMDb 电影评论情感分类问题上，BERT 模型效果最佳，准确率可达 71%，接下来是 ELMo 模型和逻辑斯谛回归算法。

需要注意的是，上述结论只有在超参数设置为最初评测算法的一组值（Nsamp=1000，maxtokens=50，maxtokenlen=20）且每个具体算法的参数都为其默认值的情形下才成立。为了得出更准确的一般性结论，我们需要更详细地探索超参数空间，即对每个算法在多组超参数设置下评估效果，该过程也称作超参调优或优化。在超参调优过程中，算法的效果排名有可能发生变动。一般来说，这有助于我们获得更好的模型。

3.3.1　手动超参调优

超参调优通常都以手动的方式开始，主要靠直觉驱动。我们以 Nsamp、maxtokens 和 maxtokenlen 这 3 个对所有算法都通用的超参数为例来展示手动超参调优的过程。

假设我们初始的训练数据就是我们拥有的全部数据。设想如果我们增大每个文档的词汇量（maxtokens）以及每个词元的长度（maxtokenlen），那么应该能够提升数据中包含的信息量，从而有助于分类决策以及模型效果提升。

在垃圾电子邮件分类问题上，我们首先把 maxtokens 和 maxtokenlen 从各自的初始值 50 和 20 统一增加到 100，相应的逻辑斯谛回归、SVM、随机森林、GBM、ELMo 和 BERT 的准确率如表 3.1 所示。

表 3.1　在垃圾电子邮件分类示例的手动超参调优过程中不同超参数取值下算法取得的准确率

通用超参数设置	逻辑斯谛回归	SVM	随机森林	GBM	ELMo	BERT
Nsamp = 1000，maxtokens = 50，maxtokenlen = 20	97.7%	70.2%	94.5%	94.2%	97.3%	98.3%
Nsamp = 1000，maxtokens =100，maxtokenlen = 100	99.2%	72.3%	97.2%	97.3%	98.2%	98.8%
Nsamp = 1000，maxtokens =200，maxtokenlen = 100	98.7%	90.0%	97.7%	97.2%	99.7%	98.8%

从表 3.1 可以看出，SVM 依然是效果最差的算法，逻辑斯谛回归、ELMo 和 BERT 这 3 个算法均可以取得近乎完美的效果。此外还可以发现，增大数据信息量时，受益最大的算法是 ELMo，如果没有超参调优的过程，我们将无法发现这一点。但是在生产环境中，我们更可能选择的是简单且快速的逻辑斯谛回归算法。

接下来我们在 IMDb 电影评论情感示例数据集上重复上述过程。首先将 maxtokens 和 maxtokenlen 增加到 100，然后将 maxtokens 增加到 200。表 3.2 给出了原始超参数以及调整后超参数下的模型的准确率。

表 3.2 在 IMDb 电影评论情感分类示例的手动超参调优过程中不同超参数取值下算法取得的准确率

通用超参数设置	逻辑斯谛回归	SVM	随机森林	GBM	ELMo	BERT
Nsamp = 1000，maxtokens = 50，maxtokenlen = 20	69.1%	66.0%	63.9%	67.0%	69.7%	71.0%
Nsamp = 1000，maxtokens =100，maxtokenlen = 100	74.3%	72.5%	70.0%	72.0%	75.2%	79.1%
Nsamp = 1000，maxtokens =200，maxtokenlen = 100	79.0%	78.3%	67.2%	77.5%	77.7%	81.0%

由表 3.2 可知，BERT 似乎是解决该问题的最优算法，接下来是 ELMo 和逻辑斯谛回归算法。此外我们还发现，模型效果在 IMDb 电影评论情感分类问题上有更大的提升空间，这也与之前的观察一致，即该问题相比垃圾电子邮件分类问题更为困难。上述实验结果让我们有一个直观的猜想：预训练知识迁移在困难问题上效果可能更好。这一猜想也与一般建议相一致，该建议规定，当有大量的标注数据可用时，神经网络模型可能比其他方法更可取，假设要解决的问题足够复杂，首先需要额外的数据。

3.3.2 系统化超参调优

许多工具可以对超参数空间执行更系统和详尽的搜索。例如 Python 的 GridSearchCV 库可以在给定的超参数网格上执行穷举搜索，HyperOpt 库可以在给定超参数范围内执行随机搜索。接下来我们将以 GridSearchCV 为例展示如何对算法执行系统化超参调优。注意，我们只对每个算法各自的内部超参数进行调优，3.3.1 节已调整过的通用超参数保持不变。

在示例代码中，我们选择垃圾电子邮件分类问题，结合随机森林算法和初始通用超参数取值。这是因为网格搜索过程需要执行很多次拟合，在上述选择下每次拟合的耗时仅为约 1s，可以快速完成，从而给读者最大的学习价值。

我们首先导入所需的方法，并检查随机森林算法有哪些可调整的超参数：

```
from sklearn.model_selection import GridSearchCV    <-- scikit-learn 的 GridSearchCV 库导入声明
```

```
print("Available hyper-parameters for systematic tuning available with RF:")
print(clf.get_params())
```

执行上述代码，输出如下：

```
{'bootstrap': True, 'class_weight': None, 'criterion': 'gini', 'max_depth':
None, 'max_features': 'auto', 'max_leaf_nodes': None,
'min_impurity_decrease': 0.0, 'min_impurity_split': None, 'min_samples_leaf':
1, 'min_samples_split': 2, 'min_weight_fraction_leaf': 0.0, 'n_estimators':
10, 'n_jobs': 1, 'oob_score': False, 'random_state': 0, 'verbose': 0,
'warm_start': False}
```

我们选择3个超参数来优化，每个超参数有3个候选值，如下所示：

```
param_grid = {
    'min_samples_leaf': [1, 2, 3],
    'min_samples_split': [2, 6, 10],
    'n_estimators': [10, 100, 1000]
}
```

接下来执行网格搜索，确保输出最终的测试准确率以及最优超参数值：

```
grid_search = GridSearchCV(estimator = clf, param_grid = param_grid,
                        cv = 3, n_jobs = -1, verbose = 2)   <-- 以给定的超参数网格定义网格搜索对象

grid_search.fit(train_x, train_y)   <-- 用训练数据执行网格搜索

print("Best parameters found:")   <-- 输出结果
print(grid_search.best_params_)

print("Estimated accuracy is:")
acc_score = accuracy_score(test_y,
     grid_search.best_estimator_.predict(test_x))
print(acc_score)
```

该实验要求对分类器执行27（3×3×3）轮训练，因为3个超参数每个都有3个候选值。实验总耗时不到5min，模型准确率达到95.7%。相比原始准确率94.5%，我们获得了超过1%的效果提升。下面是代码的原始输出结果，其中给出了最优超参数值：

```
Best parameters found:
{'min_samples_leaf': 2, 'min_samples_split': 10, 'n_estimators': 1000}
Estimated accuracy is:
0.9566666666666667
```

事实上，当我们在每个算法上执行调优后，都能获得1%～2%的效果提升，而且没有对3.3.1节中针对每个问题得出的最佳分类器的结论造成影响。

小结

解决NLP问题的典型思路是对给定问题尝试各种算法，以确定模型复杂度和效果的最佳平衡。

通常要从一些简单的算法（如逻辑斯谛回归）开始建立基线，然后逐渐提高模型复杂度，直到达到合适的效果/复杂度平衡。

模型设计选型的要点包括效果评估指标、用于指导模型训练的损失函数以及最佳验证实践等，这些都可能因模型和问题类型而异。

超参调优是模型开发流程中的一个重要步骤，因为初始超参数设置可能会很不合适，从而导致与通过超参调优可以获得的最佳性能相差甚远。

当可用数据规模不太大或问题较为简单时，简单模型往往工作得最好，反之复杂的神经网络模型的效果会更好。因此，当可用数据更多时，额外的复杂度是值得的。

第二部分

基于循环神经网络的浅层迁移学习和深度迁移学习

第4章～第6章将深入探讨一些重要的基于浅层神经网络（即层次相对较少的神经网络）的NLP迁移学习方法。这一部分还会开始更详细地探讨基于神经网络的深度迁移学习方法，诸如ELMo这类具有代表性的技术。ELMo也采用了循环神经网络来实现关键功能。

第 4 章　NLP 浅层迁移学习

本章涵盖下列内容。

- 使用预训练词嵌入以半监督学习方式将预训练知识迁移到一个新的问题。
- 使用预训练长文本嵌入以半监督学习方式将预训练知识迁移到一个新的问题。
- 使用多任务学习技术开发性能更优的模型。
- 修改目标领域数据以复用资源丰富的领域的知识。

本章将介绍一些重要的浅层迁移学习方法和概念。这样，我们能够探索迁移学习中的一些话题，主要是浅层神经网络中相对简单的模型，这也是本章主旨所在。若干学者针对迁移学习方法提出了不同的分类体系[①②③]。粗略来说，分类的依据是基于是否在不同的语言、任务或数据领域之间进行迁移。如图 4.1 所示，划分的类型通常相应地称为跨语言学习、多任务学习和领域适配。

这里讨论的方法依然涉及某种形式的神经网络，但与第 3 章讨论的内容有所不同，这些神经网络层次较少。这就是为什么“浅层”这个标签适用于描述这些方法。如同第 3 章，本章将结合具体的实践案例介绍这些方法，为读者带来实质性的 NLP 技能提升。由于现代的神经网络机器翻译方法一般都是深度模型，因此跨语言学习将在本书的后面章节中讨论。本章将简要探讨其他两种类型的迁移学习。

首先，我们探索一种常见的半监督学习方式。它采用预训练的词嵌入（如 Word2Vec）并将其应用于本书第 2 章和第 3 章的其中一个示例数据集。回顾第 1 章，这类词嵌入方法与第 3 章中

---

① Pan SJ, Yang Q, “A Survey on Transfer Learning,” IEEE Transactions on Knowledge and Data Engineering (2009).
② Ruder S, “Neural Transfer Learning for Natural Language Processing,” National University of Ireland, Galway, Ireland (2019).
③ Wang D, Zheng TF, “Transfer Learning for Speech and Language Processing,” Proceedings of 2015 Asia-Pacific Signal and Information Processing Association Annual Summit and Conference (APSIPA).

讨论的方法的不同之处在于，它们会为每个单词生成一个与上下文无关的向量。

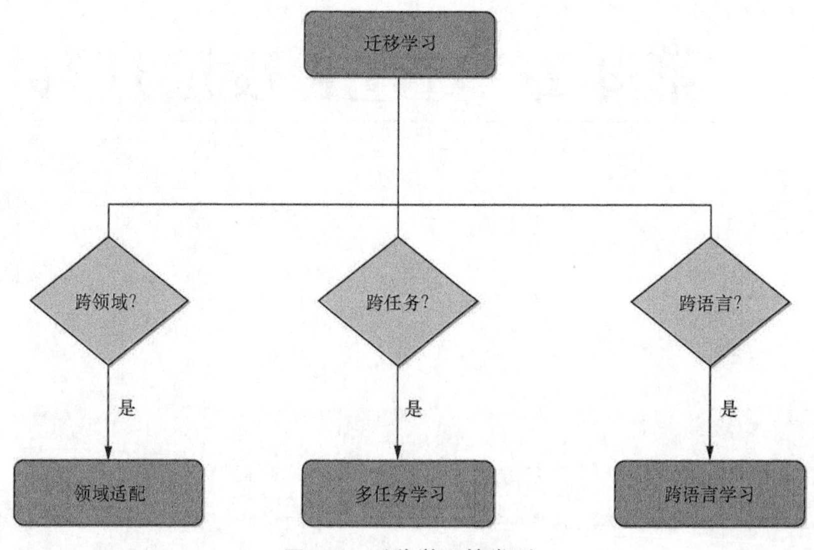

图 4.1 迁移学习的类型

我们再次回顾 IMDb 电影评论情感分类任务。回想一下，这个任务关注的是根据用户表达的情感将 IMDb 中的电影评论情感分类为正面或负面。这是一个典型的情感分析场景，在许多算法研究中得到广泛应用。我们首先将预训练的词嵌入生成的特征向量与传统的机器学习分类方法（如随机森林和逻辑斯谛回归）结合起来。然后，我们会演示使用更高级别的嵌入，将文本在更大粒度（句子级、段落级和篇章级）上进行向量化表示，以提高模型的性能。先对文本进行向量化，然后用传统的机器学习分类方法对结果向量进行分类。这类方法的典型步骤如图 4.2 所示。

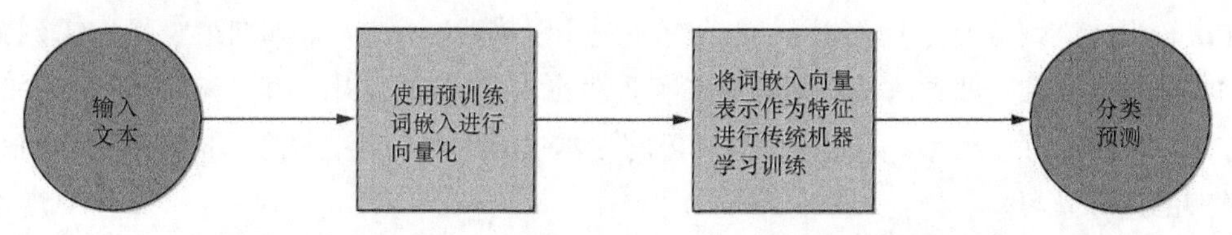

图 4.2 单词级、句子级或篇章级嵌入的半监督学习的典型步骤

其次，我们将介绍多任务学习——介绍如何训练一个系统来同时执行多个任务，如第 3 章中的两个案例，即垃圾电子邮件分类和 IMDb 电影评论情感分类。读者可以从多任务学习中获得某些潜在的收益。通过为多个任务训练一个机器学习模型，可以在组合数据池中更大规模、更为多样的数据集上学习共享表示，从而提高模型性能。此外，大家普遍观察到，这种共享表示具有更

好的泛化能力，可以将其推广到训练任务以外的任务，并且在取得这样的收益的同时无须增加模型体积。我们将在演示案例时探讨其中的一些收益。具体来说，我们将专注于浅层神经网络的多任务学习，其中针对设定的每个任务训练一个额外的全连接层和一个分类层。不同的任务之间共享一层，这种设置通常称为硬参数共享。

最后，我们将介绍一个流行的数据集，并将其用于本章后半部分的另一个演示案例。它就是多领域情感数据集（Multi-Domain Sentiment Dataset），其中包含 Amazon 网站的用户对不同产品的评价内容。我们将使用这个数据集来探索领域适配。假设我们有一个源领域（定义为给定任务的给定数据分布），以及一个经过训练的、能够在该领域数据上良好运行的分类器。领域适配的目标是通过修改或适配不同目标领域的数据，使源领域的预训练知识能助益目标领域的学习。我们采用一种简单的自动编码器将目标领域中的样本“投影”到源领域的特征空间。

这种自动编码器是这样一种系统：它通常能够通过将输入编码为有效的隐式表示，并学习对该表示进行解码，进而实现高精度地对输入进行转换。传统上，这种编码器大量应用于模型降维，因为隐式表示通常比原始编码空间的维度更低，并且还可以选择维度取值以在计算效率和准确率之间取得适当平衡。[①]在极端情况下，即使目标领域没有任何标注数据被训练，仍然能提升效果。这通常称为零样本领域适配，即在目标领域中完全没有标注数据的情况下进行学习。我们会用实验演示一个案例。

4.1 基于预训练词嵌入的半监督学习

词嵌入是 NLP 领域的核心概念。词嵌入其实是一组技术的总称，这些技术可以为需要分析的每个单词生成一组实数向量。设计词嵌入的一个主要考虑因素是生成向量的维度。更高维度的向量通常能够实现更好的单词语义表示，从而在许多任务中取得更好的性能，但同时计算成本自然也会更高。找到最佳的维度取值需要在这些相互竞争的因素之间取得平衡，这通常是依赖经验来完成的，尽管最近一些研究提出了采用更彻底的理论优化的方法。[②]

正如第 1 章所述，作为 NLP 的重要子方向，词嵌入技术有着悠久的历史，其起源于 20 世纪 60 年代信息检索的词元向量模型。该方向在基于预训练的浅层神经网络技术（如 fastText、GloVe 和 Word2Vec）上达到顶峰，这些技术在 21 世纪 10 年代中期出现了多种变体，包括连续词袋（Continuous Bag of Word，简称 CBOW）和 Skip-Gram。CBOW 和 Skip-Gram 都是脱胎于针对不同目标训练的浅层神经网络。Skip-Gram 的目标是在滑动窗口中预测任意目标词的相邻词，而 CBOW

① Wang J, Danil HH, Prokhorov V, “A Folded Neural Network Autoencoder for Dimensionality Reduction,” Procedia Computer Science 13 (2012): 120-27.

② Yin Z, Shen Y, “On the Dimensionality of Word Embedding,” 32nd Conference on Neural Information Processing Systems (NeurIPS 2018), Montreal, Canada.

的目标是预测给定相邻词的目标词。GloVe 作为全局向量的代表，尝试将全局信息合并到嵌入中来扩展 Word2Vec。它对嵌入进行了优化，使得单词之间的余弦值反映了它们的共现次数，目标是使生成的向量更易于解释。fastText 技术试图通过对字符 n-grams（相对于单词 n-grams）重复 Skip-Gram 方法来增强 Word2Vec，从而能够处理未登录词。这些预训练词嵌入方法各有优缺点，如表 4.1 所示。

表 4.1 流行的预训练词嵌入方法的优缺点

预训练词嵌入方法	优点	缺点
Skip-Gram	适用于较小的训练集和生僻词	训练速度较慢，对高频词的准确率较低
CBOW	训练速度成倍提高，高频词的准确度也成倍提高	在数据较少和含有生僻词的场景下效果较差
GloVe	生成的向量比其他方法生成的向量具有更好的可解释性	训练过程中需要更多的内存，用于存储单词共现
fastText	能处理未登录词	计算成本更高，模型体积更大，模型更为复杂

重申一下，fastText 以处理未登录词的能力而闻名，这源于它被设计为子单词字符 n-grams 或子单词（相对于整个单词，如 Word2Vec）计算嵌入。这使得它能够通过聚合组合字符的 n-gram 嵌入为未登录词计算嵌入。这是以更大的预训练嵌入和更高的计算成本为代价的。出于这些考虑，我们将在本节中使用 fastText 软件框架以 Word2Vec 输入格式加载嵌入，而不包含子单词信息。这样能够降低计算成本，使读者更容易练习，同时也将展示如何处理未登录词的问题，并提供一个鲁棒的体验平台，以便读者体验子单词嵌入。

下面开始计算实验！第一步是获取适当的预训练词嵌入文件。因为我们会使用 fastText 框架，所以可以从官方网站获取这些预训练词嵌入文件——该网站提供了多种格式的嵌入文件。请注意，这些文件非常大，因为它们的目标是学习语言中所有可能的词汇的向量信息。例如，英语的.vec 格式嵌入文件大小约为 6GB，它是在 Wikipedia 2017 上训练得到的，在考虑子单词和未登录词的情况下提供向量信息。对应的.bin 格式的嵌入文件包含著名的 fastText 子单词信息，可以处理未登录词，大小大约增加了 25%，达到 7.5GB。我们还注意到，Wikipedia 嵌入提供了多达 294 种语言，甚至包括传统上难度较大的非洲语言，如 Twi、Ewe 和 Hausa[1]。然而，实践证明，对低资源语言而言，Wikipedia 嵌入的表现不佳。

由于这些嵌入文件太大，使用我们推荐的托管在 Kaggle 云上的 Notebook（而不是在本地运行）来完成此示例要轻松很多，因为嵌入文件已经由其他用户在云环境中托管并开放。因此，我

① Alabi J et al, “Massive vs. Curated Word Embeddings for Low-Resourced Languages. The Case of Yorùbá and Twi,” The International Conference on Language Resources and Evaluation (LREC 2020), Marseille, France.

们只需要将它们附加到正在运行的 Notebook 上，而无须在本地获取和运行文件。

只要嵌入文件可用，就可以使用以下代码来加载，同时记录加载文件的耗时：

```
import time
from gensim.models import FastText, KeyedVectors

start=time.time()
FastText_embedding =
    KeyedVectors.load_word2vec_format("../input/jigsaw/wiki.en.vec")   <-- 用 Word2Vec 的格式加载预训练的 fastText 嵌入（不包含子单词信息）
end = time.time()
print("Loading the embedding took %d seconds"%(end-start))
```

在我们用来执行这段代码的 Kaggle 环境中，首次加载嵌入文件需要的时间超过了 10min。实践中，在这种情况下常见的做法是：一次性将嵌入文件加载到内存中，然后在需要时用诸如 Flask 之类的方法对其进行访问。

在获取并加载预训练嵌入之后，我们来回顾一下 IMDb 电影评论情感分类的案例，并在本节中对其再次进行分析。特别是，在代码段 2.10 之后的数据预处理阶段，我们生成了一个 NumPy 数组 raw_data，其中包含电影评论的单词级词元表示，并移除了停用词和标点符号。为了方便读者阅读，这里再次展示代码段 2.10。

代码段 2.10 （与第 2 章内容重复）将 IMDb 电影评论情感示例数据集加载到 NumPy 数组

```
def load_data(path):
    data, sentiments = [], []
    for folder, sentiment in (('neg', 0), ('pos', 1)):
        folder = os.path.join(path, folder)
        for name in os.listdir(folder):        <-- 遍历当前目录下的所有文件
            with open(os.path.join(folder, name), 'r') as reader:
                  text = reader.read()
            text = tokenize(text)        <-- 应用分词和停用词移除函数
            text = stop_word_removal(text)
            text = reg_expressions(text)
            data.append(text)
            sentiments.append(sentiment)        <-- 追踪相应的情感标签
转换为NumPy数组 --> data_np = np.array(data)
    data, sentiments = unison_shuffle_data(data_np, sentiments)

    return data, sentiments

train_path = os.path.join('aclImdb', 'train')        <-- 调用上面的函数来处理数据
raw_data, raw_header = load_data(train_path)
```

阅读完第 2 章之后，读者应该记得，在代码段 2.10 之后，我们开始为输出 NumPy 数组生成一个简单的词袋表示，它只计算 IMDb 电影评论中单词的出现频率。然后使用生成的向量作为下一步机器学习任务的数字特征。在这里，我们改为用预训练嵌入获取相应的向量，而不是词袋表示。

因为我们选择的嵌入方法并不能自动处理未登录词，所以接下来我们需要一种方法来处

理这个问题。自然地，最简单的方法就是跳过这类词。由于遇到此类词时 fastText 框架会报错，因此我们使用 try-except 代码块在不中断执行的情况下捕获这些异常。假设得到一个预训练输入嵌入作为字典，其中以词汇作为 key，以相应的向量作为 value，以及一条评论中的一串词输入。代码段 4.1 展示了一个返回一个二维 NumPy 数组的函数，其中一行表示评论中每个词的嵌入向量。

代码段 4.1 生成包含 IMDb 电影评论词嵌入向量的二维 NumPy 数组

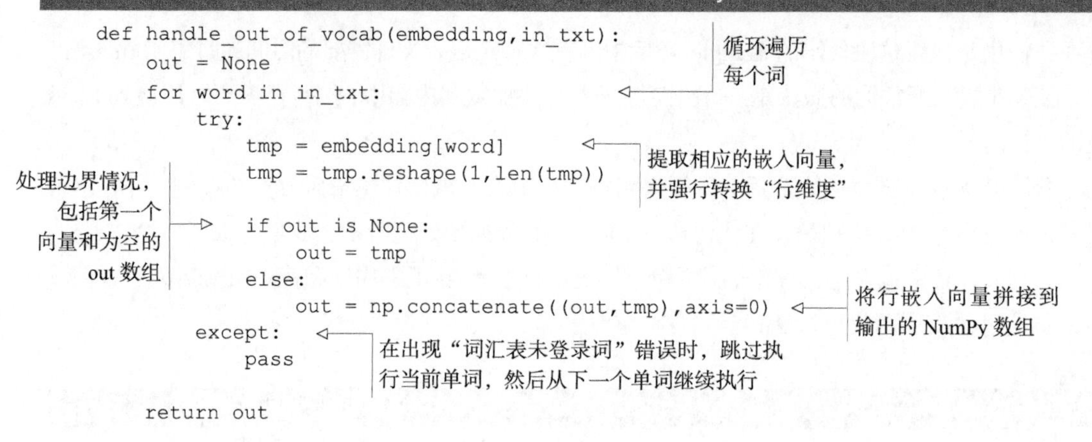

```
def handle_out_of_vocab(embedding,in_txt):
    out = None
    for word in in_txt:
        try:
            tmp = embedding[word]
            tmp = tmp.reshape(1,len(tmp))

            if out is None:
                out = tmp
            else:
                out = np.concatenate((out,tmp),axis=0)
        except:
            pass

    return out
```

循环遍历每个词
提取相应的嵌入向量，并强行转换“行维度”
处理边界情况，包括第一个向量和为空的 out 数组
将行嵌入向量拼接到输出的 NumPy 数组
在出现“词汇表未登录词”错误时，跳过执行当前单词，然后从下一个单词继续执行

代码段 4.1 中的函数可以用于分析整个数据集，其中变量 raw_data 代表这个数据集。然而，在此之前，我们还必须决定如何将 IMDb 电影评论中单个词的嵌入向量组合或聚合成代表整条评论的向量。实践发现，使用简单的启发式方法，对词汇的嵌入取平均就可以取得一个不错的效果基线。因为嵌入的训练目标是让相似的词汇的结果向量彼此相似，所以它们的平均值将代表集合的平均意义。通过取平均来实现汇总/聚合也是初次尝试基于词嵌入获取更大粒度文本嵌入的推荐方案。这也是我们在本节中使用的方法，如代码段 4.2 所示。实际上，这段代码在处理语料库的每条评论时都会重复调用代码段 4.1 中的函数，对其输出取平均，并将结果向量连接，写入一个二维 NumPy 数组中。该结果数组的每一行代表通过平均每条评论的词嵌入向量而聚合成的向量。

代码段 4.2 加载 IMDb 电影评论情感示例数据集到 NumPy 数组

```
def assemble_embedding_vectors(data):
    out = None
    for item in data:
        tmp = handle_out_of_vocab(FastText_embedding,item)
        if tmp is not None:
```

循环遍历 IMDb 电影评论情感示例数据集中的每条评论

提取评论中各个单词的嵌入向量，确保处理词汇表未登录词问题

```
            dim = tmp.shape[1]
            if out is not None:
                vec = np.mean(tmp,axis=0)
                vec = vec.reshape((1,dim))
                out = np.concatenate((out,vec),axis=0)
            else:
                out = np.mean(tmp,axis=0).reshape((1,dim))
        else:
            pass
    return out
```

计算每条评论中词向量的均值

将均值行向量拼接到输出的 NumPy 数组

处理“词汇表未登录词”边界情况

然后，可以使用以下函数为整个数据集组装嵌入向量：

```
EmbeddingVectors = assemble_embedding_vectors(data_train)
```

这些向量现在可以充当特征，分别用于代码段 2.11 和代码段 3.1 中的相同逻辑斯谛回归和随机森林代码。用这些代码训练模型并评估，我们发现当超参数 maxtokens 和 maxtokenlen 分别设置为 200 和 100，且 Nsamp 值（每个类别的样本数）为 1 000 时，对应的准确率分别是 77%和 66%。这个结果仅略低于前几章中最初开发的基于词袋的相应基线结果（准确率分别是 79%和 67%）。这里我们假设，这种轻微的降低可能是由于前面所描述的用朴素的平均方法将各个词向量聚合在一起所致。在 4.2 节中，我们将尝试使用嵌入方法来使得聚合更为智能，这种方法旨在计算更大粒度的文本嵌入。

4.2　基于高级表示的半监督学习

受到 Word2Vec 的启发，有几种技术试图将较大粒度的文本嵌入向量空间，从而使具有相似语义的句子在诱导向量空间中彼此距离更近。这样我们能够对句子进行算术运算，对比喻、并列意义等进行推理。一种突出的方法是段落向量，也叫 Doc2Vec，它利用预训练词嵌入的连接（相对于平均值）进行汇总。还有一种是 Sent2Vec，它扩展 Word2Vec 的经典 CBOW——通过优化词和词 n-gram 嵌入以获得准确的平均表示，其预训练任务的目标是在滑窗式上下文中预测词汇。在本节中，我们以预训练的 Sent2Vec 模型为代表，并将其应用于 IMDb 电影评论情感分类任务中。

在网上可以找到一些 Sent2Vec 的开源实现。我们使用的是一种基于 fastText 的实现，它目前也被业界广泛使用。可以在 GitHub 网站搜索 epfml 来查找 Sent2Vec。

一如既往，像预训练词嵌入一样，下一步是获得预训练 Sent2Vec 的句子嵌入，由我们安装的特定实现/框架进行加载。框架的作者再将其托管到 GitHub，其他用户也在 Kaggle 上进行托管。简单起见，我们选择最小的 600 维嵌入文件 wiki_unigrams.bin，它的大小约为 5GB，它只学习了 Wikipedia 上的 unigram 信息。请注意，可以在图书语料库和 Twitter 上预训练得到更为巨大的模型，其中还包括 bigram 信息。

获得预训练的嵌入后，我们使用以下代码加载它，并像之前一样记录加载过程的耗时：

```
import time
import sent2vec

model = sent2vec.Sent2vecModel()
start=time.time()
model.load_model('../input/sent2vec/wiki_unigrams.bin')    <-- 加载 Sent2Vec 嵌入
end = time.time()
print("Loading the sent2vec embedding took %d seconds"%(end-start))
```

值得一提的是，我们发现首次加载的时间少于 10s，这比 fastText 词嵌入超过 10min 的加载时间有着显著提升。这种速度提升是因为新包的实现比在 4.1 节中使用的 gensim 实现要高效得多。在实践中，尝试不同的实现以找到最有效的应用并不少见。

接下来，我们定义一个函数来为一组评论生成向量。相对于预训练词嵌入，该函数本质上是代码段 4.2 中所示函数的简化形式。因为我们不需要担心未登录词，所以实现更简单。该函数如代码段 4.3 所示。

代码段 4.3 加载 IMDb 电影评论情感示例数据集到 NumPy 数组中

```
def assemble_embedding_vectors(data):
    out = None
    for item in data:                                   <-- 循环遍历 IMDb 电影评论情感示例数据集中的每条评论
        vec = model.embed_sentence(" ".join(item))      <-- 为每条评论提取嵌入向量
        if vec is not None:                             <-- 处理边界情况
            if out is not None:
                out = np.concatenate((out,vec),axis=0)
            else:
                out = vec
        else:
            pass

    return out
```

我们可以使用如下函数为每条评论提取 Sent2Vec 嵌入向量：

```
EmbeddingVectors = assemble_embedding_vectors(data_train)
```

如法炮制，我们使用类似于代码段 2.11 和 3.1 节所示的代码，将其划分为训练集和测试集，并在嵌入向量上训练逻辑斯谛回归分类器和随机森林分类器。逻辑斯谛回归分类器和随机森林分类器的准确率分别为 82%和 68%（使用与 4.1 节中相同的超参数）。逻辑斯谛回归分类器与 Sent2Vec 相结合的准确率分别比基于词袋基线的相应值 79%和 67%有所提高，并且比 4.1 节中的平均词嵌入方法有所提高。

4.3 多任务学习

对于传统的做法，训练一次机器学习算法是为了执行一个任务，数据收集和训练是对每个任务独立进行的。在某种程度上，这与人类和其他动物的学习方式背道而驰。人类和其他动物能够同时执行多个任务，其中一个任务的训练信息可能会影响和加速其他任务的学习。这些训练信息不仅可以提高当前训练任务的性能，而且可以在未来提高其他任务的性能，甚至某些时候在没有此类任务标注数据的情况下任务性能也能有所提升。这类目标领域缺少标注数据的场景通常称为零样本迁移学习。

在机器学习的历史上，多任务学习曾经出现了多种形式，从多目标优化到 l2 和其他形式的正则化（其本身也可以作为多目标优化的一种形式）。图 4.3 展示了我们采用的多任务学习的常见神经网络结构，其中一些层/参数在所有任务之间共享，即硬参数共享。[①]

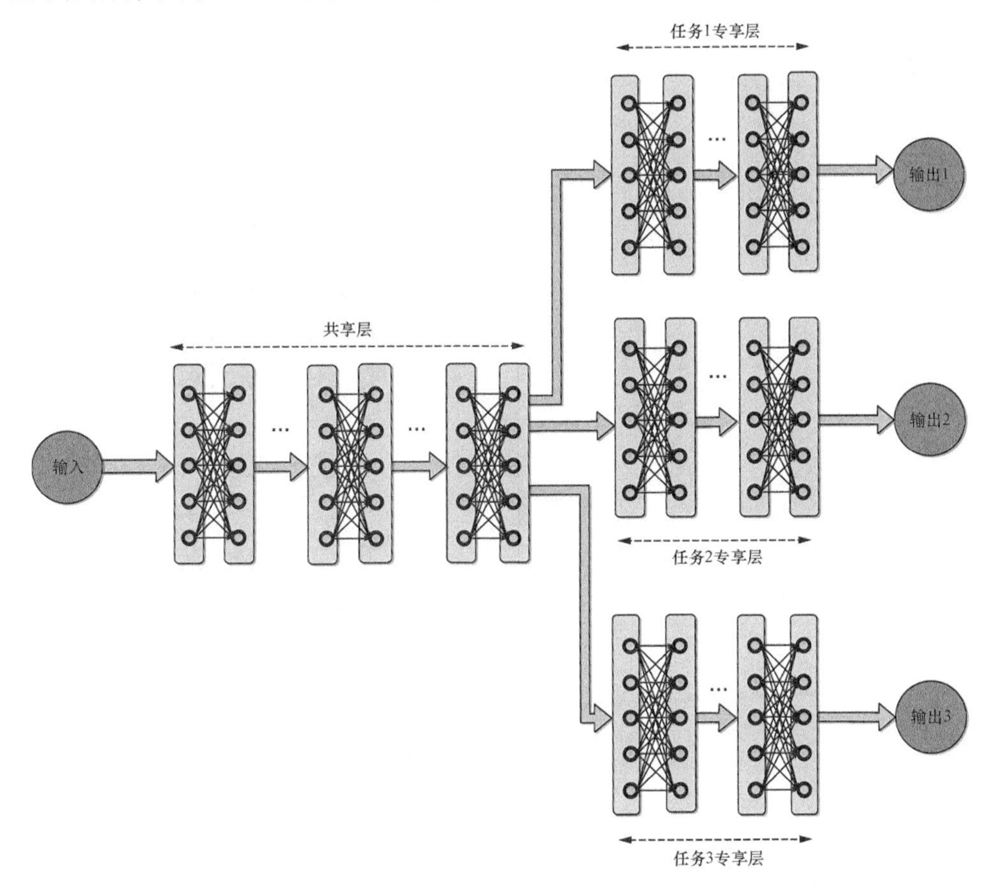

图 4.3 常见神经网络结构——硬参数共享（本例中包含 3 个任务）

① Ruder S, “Neural Transfer Learning for Natural Language Processing,” National University of Ireland, Galway, Ireland (2019).

在另一种重要的多任务学习神经网络结构（软参数共享）中，所有任务独享自己的层/参数，而不共享。反过来，可通过在不同任务的专享层上施加各类约束来促使它们的结构相似。本章不会进一步讨论这种类型的多任务学习神经网络结构，但知道它的存在对读者未来潜在的文献探索大有裨益。

接下来将配置本节的示例任务并取得基线效果。

4.3.1　问题的提出以及浅层神经网络单任务基线

我们再次思考图 4.3 所示的结构。这里只涉及两个任务，第一个任务是 4.1 节和 4.2 节中的 IMDb 电影评论情感分类，第二个任务是第 3 章中的垃圾电子邮件分类。由此产生的设置就是我们在本节中介绍的特定示例。我们将采用多任务硬参数共享的具体神经网络结构（如图 4.4 所示），以便定义这类设置的概念。

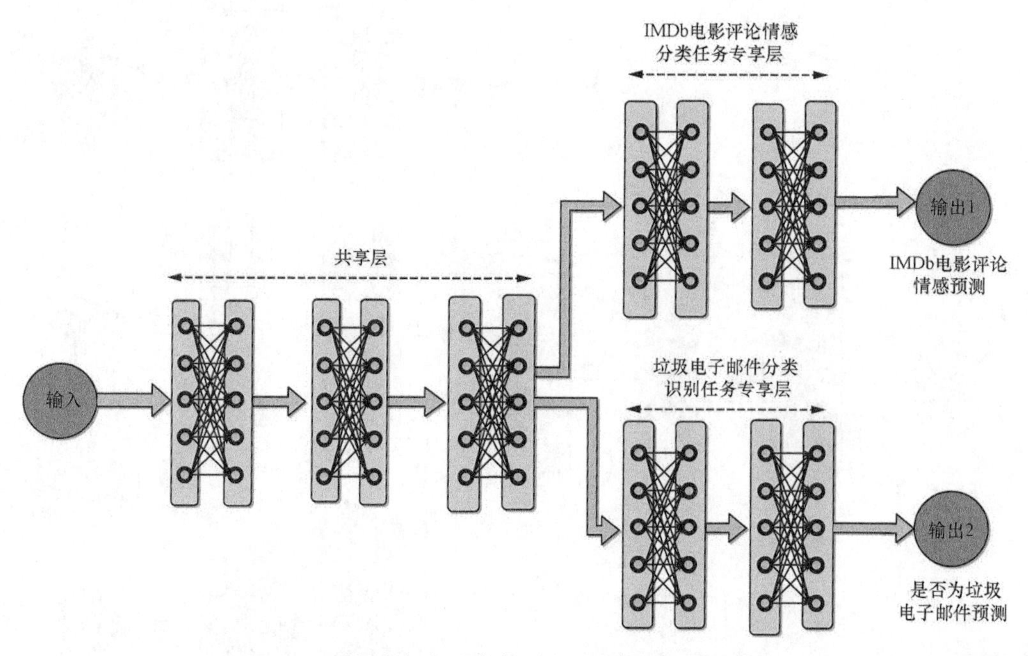

图 4.4　采用多任务硬参数共享的具体神经网络结构

动手操作之前，我们必须先确定如何将神经网络的输入转换为数字以便分析。一种流行的选择是在字符级对输入进行独热编码，其中词汇数组中的每个字符都被一个维度等于字符总数的稀疏向量替换。该向量在与字符对应的列中取值为 1，在其他列中取值为 0。图 4.5 显示了此方法的示例，旨在帮助读者简要、直观地了解独热编码的过程。

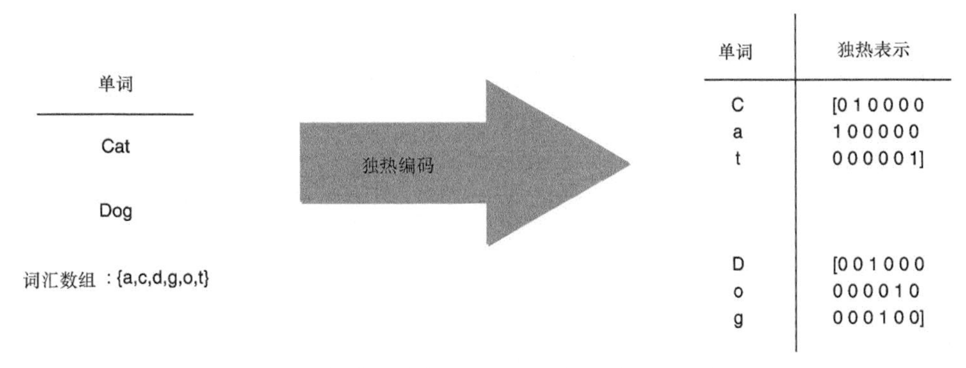

图 4.5　字符独热编码为行向量表示的可视化过程

从存储开销的角度来看，这种方法可能成本高企，因为给定的向量维度显著增加。因此，通常使用专门的神经网络层“动态”进行独热编码。在这里，我们采取一种更为直接的方法：通过 Sent2Vec 嵌入函数处理每条评论，并使用嵌入向量作为图 4.4 所示设置的输入特征。

在进行图 4.4 所示的两个任务设置之前，我们先执行另一个基线任务。我们将 IMDb 电影评论情感分类任务作为唯一任务来对该任务在浅层神经网络分类器取得的效果与 4.2 节中的模型进行比较。该浅层神经网络基线任务对应的代码如代码段 4.4 所示。

代码段 4.4　基于单任务 Keras 的浅层神经网络

```
from keras.models import Model
from keras.layers import Input, Dense, Dropout

input_shape = (len(train_x[0]),)
sent2vec_vectors = Input(shape=input_shape)
dense = Dense(512, activation='relu')(sent2vec_vectors)
dense = Dropout(0.3)(dense)
output = Dense(1, activation='sigmoid')(dense)
model = Model(inputs=sent2vec_vectors, outputs=output)
model.compile(loss='binary_crossentropy', optimizer='adam',
     metrics=['accuracy'])
history = model.fit(train_x, train_y, validation_data=(test_x, test_y),
     batch_size=32, nb_epoch=10, shuffle=True)
```

输入必须与 Sent2Vec 向量的维度匹配

在 Sent2Vec 向量上训练的密集神经层

输出表明二向分类，评论的情感是“正向”还是“负向”

应用 dropout 来减少过拟合

可以发现，在 4.2 节中指定的超参数下，该分类器的准确率约为 82%。这高于词袋与逻辑斯谛回归相结合的基线效果，与 4.2 节中 Sent2Vec 与逻辑斯谛回归相结合的效果大致相同。

4.3.2 双任务实验

我们现在引入另一个任务——第 3 章介绍的垃圾电子邮件分类任务。对于这个辅助任务，这里不再重复预处理步骤和给出相关代码了，有关这些详细信息参见第 2 章。假设垃圾电子邮件示例数据集中的电子邮件对应的 Sent2Vec 向量存储于 train_x2 变量中。代码段 4.5 展示了如何创建多输出浅层神经网络模型，通过硬参数共享同时训练模型进行垃圾电子邮件分类和 IMDb 电影评论情感分类。

代码段 4.5 基于双任务硬参数共享 Keras 的浅层神经网络

```
from keras.models import Model
from keras.layers import Input, Dense, Dropout
from keras.layers.merge import concatenate

input1_shape = (len(train_x[0]),)
input2_shape = (len(train_x2[0]),)
sent2vec_vectors1 = Input(shape=input1_shape)
sent2vec_vectors2 = Input(shape=input2_shape)
combined = concatenate([sent2vec_vectors1,sent2vec_vectors2])
dense1 = Dense(512, activation='relu')(combined)
dense1 = Dropout(0.3)(dense1)
output1 = Dense(1, activation='sigmoid',name='classification1')(dense1)
output2 = Dense(1, activation='sigmoid',name='classification2')(dense1)
model = Model(inputs=[sent2vec_vectors1,sent2vec_vectors2],
     outputs=[output1,output2])
```

连接不同任务的 Sent2Vec 向量

共享密集神经层

两个特定任务的输出，每个输出都是二类分类器

在为 IMDb 电影评论情感分类和垃圾电子邮件分类这两个任务进行硬参数共享设置后，我们可以通过以下方式编译并训练生成的模型：

```
model.compile(loss={'classification1': 'binary_crossentropy',
                    'classification2': 'binary_crossentropy'},
              optimizer='adam', metrics=['accuracy'])
history = model.fit([train_x,train_x2],[train_y,train_y2],
                    validation_data=([test_x,test_x2],[test_y,test_y2]),
        batch_size=8,nb_epoch=10, shuffle=True)
```

指定两个损失函数（在本例中都是二值交叉熵）

指定每个输入的训练和验证数据

在实验中，我们仍然将超参数 maxtokens 和 maxtokenlen 都设置为 100，将 Nsamp（每个类别的样本数）设置为 1 000（如 4.1 节所述）。

在对多任务系统进行训练后，我们发现 IMDb 电影评论情感分类性能略有下降，从代码段 4.4 中的单任务浅层设置中的 82%左右下降到 80%左右。垃圾电子邮件分类的准确率也从 98.7%左右下降到 98.2%左右。鉴于效果下降，人们理所当然地会问：这么做的意义是什么？

首先，我们能看到经过训练的模型可以独立地执行每个任务，只须将默认任务的输入替换为0，以保证总体输入维度符合预期，并忽略相应的输出。其次，我们期望多任务中设置的共享预训练层 dense1 比代码段 4.4 中的更容易推广到任意的新任务中。这是因为它通过训练能够适应更为多样和通用的数据集和任务。

更具体来说，可以考虑将任一个或两个任务的专享层替换为新的任务的专享层，以先前实验训练的共享层 dense1 的权重进行初始化，并在新的任务数据集上进行微调来得到模型。在看到更广泛的任务数据（类似于新添加的任务）后，这些共享权重更有可能包含对未来的下游任务有价值的信息。

本书在后面部分将再度探讨多任务学习的概念，我们有机会进一步调查和思考这些现象。本节的实验为读者的进一步探索奠定了必要的基础。

4.4 领域适配

在本节中，我们将简要地探讨领域适配的概念，它是迁移学习中最古老也是最重要的概念之一。从事机器学习的工程师们经常抱有这样一个隐含假设，即推理阶段的数据和训练样本数据具有相同的分布。当然，该假设在实践中很少真正成立。

领域适配技术试图解决这个问题。这里将领域定义为面向特定任务的特定数据分布。假设我们得到一个源领域和一个算法，该算法经过训练，已经能够很好地处理该领域的数据。领域适配的目标是通过修改或适配不同目标领域的数据，使源领域的预训练知识能够助益目标领域的学习速度提升或直接推理。目前已经探索的多种方法包括多任务学习（如 4.3 节所述）——在不同数据分布上同时学习；坐标变换——在单个组合特征空间上实现更有效的学习[①]；数据挑选——利用源领域和目标领域之间的相似性度量挑选数据以便用于训练[②]。

我们采用一种简单的自动编码方法将目标领域中的样本“投影”到源领域的特征空间。这种自动编码器是这样一种系统：它通常能够通过将输入编码为有效的隐式表示，并学习对该表示进行解码，进而对输入进行高精度转换。对输入数据重构的一种技术性表达是学习恒等函数。传统上，这种自动编码器大量应用于模型降维，这是因为隐式表示通常比原始编码空间的维度更低，并且通过选择合适的维度取值以在计算效率和准确率之间取得适当平衡。[③]在极其顺利的情况下，

① Hal Daumé III, “Frustratingly Easy Domain Adaptation,” Proceedings of the 45th Annual Meeting of the Association of Computational Linguistics (2007), Prague, Czech Republic.

② Ruder S, Plank B, “Learning to Select Data for Transfer Learning with Bayesian Optimization,” Proceedings of the 2017 Conference on Empirical Methods in Natural Language Processing (2017), Copenhagen, Denmark.

③ Wang J, Danil HH,Prokhorov V, “A Folded Neural Network Autoencoder for Dimensionality Reduction,” Procedia Computer Science 13 (2012): 120-127.

即使目标领域中没有标注数据也可以获得提升，这通常称为零样本领域适配。

零样本迁移学习的概念出现在许多场景中。读者可以将其视为迁移学习的“必杀技”，因为获取目标领域中的标注数据可能成本高企。这里，我们探讨 IMDb 电影评论情感分类器能否用于预测其他领域的评论。例如，基于 IMDb 中的评论数据训练的情感倾向分类器能否预测来源于完全不同的数据源的书评或 DVD 评论的情感倾向？

考虑到评论数据在当前世界的普遍性，我们自然而然地想到的代替源是 Amazon 网站。许多美国人都在这个网站上购买日常必需品，而不再光顾传统的实体店。一个丰富而可用的评论库就这样出现了。事实上，多领域情感数据集（Amazon 网站中不同商品类目的评论数据集）恰好是领域适配中最重要、研究最深入的数据集之一。这个数据集囊括了 25 个类目，我们从中选择了图书类目，因为我们认为它与 IMDb 中的电影评论的差异足够大，从而打造一个具有挑战性的测试案例。

此数据集中的数据用标记语言格式存储，标签用于定义各种元素，并按类目和情感倾向存储在单独的文件中。我们只须注意，评论内容包含在<review_text>…</review_text>标签对中。掌握了这些信息，就可以用代码段 4.6 中的代码来加载正面和负面的图书评论，并为分析做好准备。

代码段 4.6 从多领域情感数据集中加载评论

```
def parse_MDSD(data):
    out_lst = []
    for i in range(len(data)):
    txt = ""
    if(data[i]=="<review_text>\n"):  <-- 定位于评论的第一行，并将所有后续字符合并到评论文本中，直到结束符
            j=i
            while(data[j]!="</review_text>\n"):
                txt = txt+data[j]
                j = j+1
            text = tokenize(txt)
            text = stop_word_removal(text)
            text = remove_reg_expressions(text)
            out_lst.append(text)

    return out_lst

input_file_path = \
"../input/multi-domain-sentiment-dataset-books-anddvds/
     books.negative.review"
with open (input_file_path, "r", encoding="latin1") as myfile:
    data=myfile.readlines()
neg_books = parse_MDSD(data)  <-- 利用定义的函数从源文本文件中读取评论，包括正面评论和负面评论

input_file_path = \
"../input/multi-domain-sentiment-dataset-books-anddvds/
```

```
        books.positive.review"
    with open (input_file_path, "r", encoding="latin1") as myfile:
        data=myfile.readlines()
    pos_books = parse_MDSD(data)                为正例和负例
                                                创建标签
    header = [0]*len(neg_books)           <─┘
    header.extend([1]*len(pos_books))
    neg_books.extend(pos_books)           <─── 追加、打散并提取相应的 Sent2Vec 向量
    MDSD_data = np.array(neg_books)
    data, sentiments = unison_shuffle_data(np.array(MDSD_data), header)
    EmbeddingVectors = assemble_embedding_vectors(data)
```

加载图书评论文本并为进一步处理做好准备，然后使用以下代码直接在目标数据上测试 4.3 节训练的 IMDb 电影评论情感分类器，以查看它在没有经过任何处理时的准确率：

```
print(model.evaluate(x=EmbeddingVectors,y=sentiments))
```

测试后准确率约为 74%。虽然比该分类器在 IMDb 电影评论情感示例数据集上的 82%的准确率有所下降，但仍然足以证明从 IMDb 电影评论情感分类任务到书评任务实现了零样本知识迁移。我们将尝试使用自动编码器的零样本领域适配来提高准确性。

注意：源领域和目标领域越“相似”，零样本跨领域迁移学习的成功率就越高。这个相似度可以通过来自两个领域的 Sent2Vec 向量的余弦相似性等技术来度量。建议读者自行练习，探索一些领域的 MDSD 余弦相似性，以及它们之间的零样本迁移实验的效果。scikit-learn 库提供了一种计算余弦相似性的简单方法。

我们训练一个自动编码器来重建 IMDb 电影评论情感示例数据集中的数据。自动编码器采用浅层神经网络的形式，类似于 4.3 节中使用的多任务层。Keras Python 代码如代码段 4.7 所示。其中浅层神经网络与此前的神经网络的一个主要区别是，输出层没有激活函数，因为这是一个回归问题。这里根据工作经验对编码维度 encoding_dim 进行了调整，以实现准确率和计算成本之间的平衡。

代码段 4.7 基于 Keras 浅层神经网络的自动编码器

```
    encoding_dim = 30                           输入的长度必须与 Sent2Vec
                                                向量的维度相同
    input_shape = (len(train_x[0]),)      <─┘
    sent2vec_vectors = Input(shape=input_shape)
    encoder = Dense(encoding_dim, activation='relu')(sent2vec_vectors)
    dropout = Dropout(0.1)(encoder)                       <─┐
    decoder = Dense(encoding_dim, activation='relu')(dropout)  编码到指定隐式空间，维度
    dropout = Dropout(0.1)(decoder)                          为 encoding_dim
┌─> output = Dense(len(train_x[0]))(dropout)
│   autoencoder = Model(inputs=sent2vec_vectors, outputs=output)
│
从指定维度的隐式空间
解码回 Sent2Vec 空间
```

我们通过复用第 3 章中 IMDb Sent2Vec 向量的输入和输出，只花了几秒，自动编码器进行了 50 轮的训练，编译和训练代码如下所示：

```
autoencoder.compile(optimizer='adam',loss='mse',metrics=["mse","mae"])
autoencoder.fit(train_x,train_x,validation_data=(test_x, test_x),
batch_size=32,nb_epoch=50, shuffle=True)
```

我们使用均方误差（Mean Square Error，MSE）作为该回归问题的损失函数，使用平均绝对误差（Mean Absolute Error，MAE）作为附加度量。最小验证 MAE 值约为 0.06。

接下来，我们将书评投影到 IMDb 功能空间中，使用经过训练的自动编码器重构前面描述的特征。这仅仅表示使用自动编码器对书评特征向量进行预处理。然后，我们把这些预处理向量作为输入，重复 IMDb 电影评论情感分类器的准确率评估实验，代码如下所示：

```
EmbeddingVectorsScaledProjected = autoencoder.predict(EmbeddingVectors)
print(model.evaluate(x=EmbeddingVectorsScaledProjected,y=sentiments))
```

运行结果显示，准确率大约 75%，提升了大约 1%，可以将其作为零样本领域适配的一个实例。重复几次实验，发现提升始终保持在 0.5%~1%，这让我们确信自动编码领域适配确实会带来一些正向迁移。

小结

预训练词嵌入以及更大粒度的文本（如句子）嵌入在 NLP 中无处不在，可用于将文本转换为数字/向量。这简化了进一步的语义抽取处理。

这种抽取代表一种半监督浅层迁移学习，并在实践中得到广泛应用，同时取得了巨大成功。

可以基于硬参数共享和软参数共享等技术创建多任务学习系统，这些系统具有的潜在收益包括简化工程设计、提升泛化能力和减少过拟合等。

有时可以在目标领域中缺少标注数据的情况下实现零样本迁移学习，这是一种理想场景，因为标注数据的收集成本高企。

有时可以修改或调整目标领域中的数据，使得其与源领域中的数据更加相似。例如，通过自动编码器等投影方法，可以提升模型的性能。

第 5 章 基于循环神经网络的深度迁移学习实验的数据预处理

本章涵盖下列内容。

- NLP 中基于循环神经网络（RNN）的迁移学习建模结构综述。
- 表格文本数据的预处理与建模。
- 分析两个新的具有代表性的 NLP 问题。

在前面内容中，我们详细介绍了一些在 NLP 迁移学习中很重要的浅层神经网络结构，如 Word2Vec 和 Sent2Vec。它们产生的向量是静态且上下文无关的，因为它们总是为所讨论的单词或句子生成相同的向量，而不会考虑上下文。这意味着它们无法消歧或区分单词或句子可能存在的不同含义。

在本章和第 6 章中，我们将介绍一些具有代表性的基于 RNN 的 NLP 深度迁移学习模型。具体地说，我们将关注 SIMOn[①]、ELMo[②]、ULMFiT[③]等建模框架。它们所使用的神经网络的深层特性允许生成的文本嵌入表示包含上下文信息，也就是说，生成的单词嵌入表示是上下文的函数，并且支持消歧。回想一下，第 3 章首次介绍了 ELMo，在第 6 章中，我们将详细地了解它的具体结构。

本体建模中的语义推理（Semantic Inference for the Modeling of Ontologies，SIMOn）由 DARPA 的数据驱动模型发现（Data-Driven Discovery of Model，D3M）程序所构建，该程序尝试将数据科学家经常要做的一些典型任务以自动化的方式实现，例如针对任意数据科学问题的数据清洗流程自动化构建、特征提取、特征重要性排名以及模型选择。这些任务通常称为自动机器学习

① Azunre P et al, “Semantic Classification of Tabular Datasets via Character-Level Convolutional Neural Networks,” arXiv (2019).

② Peters M E et al, “Deep Contextualized Word Representations,” Proc. of NAACL-HLT (2018).

③ Howard J et al, “Universal Language Model Fine-Tuning for Text Classification,” Proc. of the 56th Annual Meeting of the Association for Computational Linguistics (2018).

（Automatic Machine Learning，AutoML）。具体来说，SIMOn 将表格数据集中的每一列分类为诸如整数、字符串、浮点数、地址等基本类型。具体思路是基于这些分类信息，利用 AutoML 系统决定如何处理输入的表格数据（现实中的一类重要数据）。读者可以从上述 D3M 项目官网下载预打包的 Docker 镜像，其中包含项目内开发的各种工具（包括 SIMOn）。

SIMOn 的发展源于对计算机视觉中迁移学习的类比，这已在第 1 章中进行了讨论。SIMOn 的训练过程向我们展示了迁移学习使用人工仿造数据扩充一小部分手动标注的数据集的方法。在此框架中，另一个引入迁移学习的例子是把模型可处理的类别集合扩展到最初训练数据的类别集合之外。该模型已在 D3M 中大量使用，我们在本章中将其作为一个相对简单的实例，利用迁移学习解决实际问题。目前，SIMOn 已经用于检测社交媒体中潜在的有害通信[①]。在本章中，我们将列数据类型分类作为此建模框架的示例。

在本章的开头，我们先介绍列数据类型分类示例，以及相关的模拟数据生成和预处理过程。接下来，我们将介绍“假新闻”检测示例的对应步骤，同时该示例将在第 6 章中用作 ELMo 的运行示例。

图 5.1 给出了 SIMOn 在表格列数据类型分类示例中的可视化结构。粗略地说，它使用了 CNN 来为句子生成初始的嵌入表示，然后使用一对 RNN 先后构造句子中所含单词的内部上下文，以及文档中句子的外部上下文。

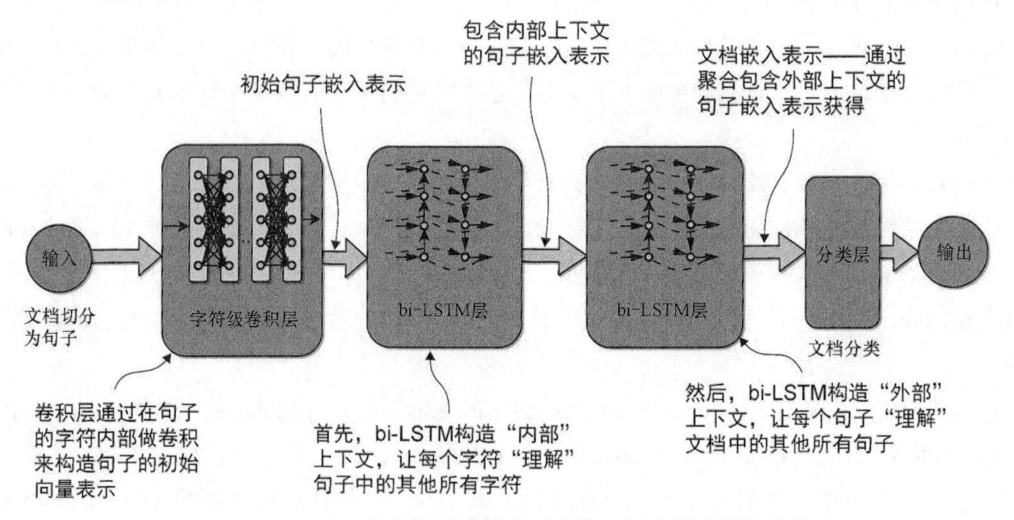

图 5.1 SIMOn 在表格列数据类型分类示例中的可视化结构

从图 5.1 中可以看出，模型结构包含 CNN 以及 bi-LSTM——也是一种 RNN。同样值得注意

① Dhamani N et al, “Using Deep Networks and Transfer Learning to Address Disinformation,” AI for Social Good ICML Workshop (2019).

的是，在这一阶段中，输入文档被切分成句子而非单词。此外，通过将每个句子视为与给定文档对应的列的一个单元格，可以将非结构化文档转换为框架支持的表格数据集。

ELMo 可以说是与正在进行中的 NLP 迁移学习革命相关的早期预训练语言模型中最流行的一个。它与 SIMOn 在结构上有很多相似性，都是由字符级 CNN 后跟 bi-LSTM 组成的。基于这种相似性，在引入 SIMOn 之后，下一步自然是更深入地了解 ELMo 的结构。我们将使用 ELMo 解决“假新闻”检测问题，以提供一个实用的场景。

图 5.2 给出了 ELMo 在表格列数据类型分类示例中的可视化结构。这两个框架之间的一些相似之处和差异是显而易见的。可见这两个框架都使用了字符级 CNN 和 bi-LSTM，但是 SIMOn 引入了两个上下文构造阶段，分别为句子中的字符以及文档中的句子构造上下文，ELMo 则只有一个，聚焦于为文档中的词语构造上下文。

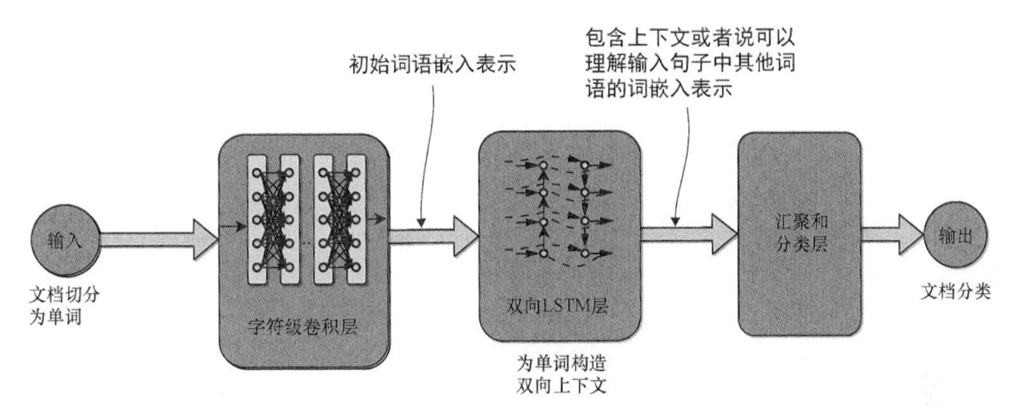

图 5.2 ELMo 在表格列数据类型分类示例中的可视化结构

最后，我们了解一下通用语言模型微调（Universal Language Model Fine-Tuning，ULMFiT）框架。该框架介绍并演示了一些可以使预训练语言模型能够更有效地适应新场景的关键技术和概念，如区分性微调和逐层解冻。其中区分性微调规定，由于语言模型的不同层包含不同类型的信息，因此应以不同的学习率进行微调。而逐层解冻则以渐进方式逐步微调更多参数，旨在降低过拟合的风险。此外，ULMFiT 框架还包括在微调过程中以独特方式改变学习率的创新。我们将在第 6 章介绍 ELMo 之后引入该框架，并介绍上述部分概念。

5.1 表格分类数据的预处理

在本节中，我们将介绍在本章以及后续章节中都会用到的第一个示例数据集。在这里，我们的目标是开发一种算法，该算法可以接收表格数据集，并为用户确定每列数据的基本类型，即确定哪些列是整数、字符串、浮点数、地址等。这样做的关键动机是，AutoML 系统可以根据这些信息决定如何处理输入的表格数据。例如，检测到的纬度和经度值可以绘制在地图上并显示；浮点数列可能是回归问题的候选输入或输出；分类列可能是分类问题因变量的候选值。图 5.3 中的简单示例形象化地指出了该问题的实质。

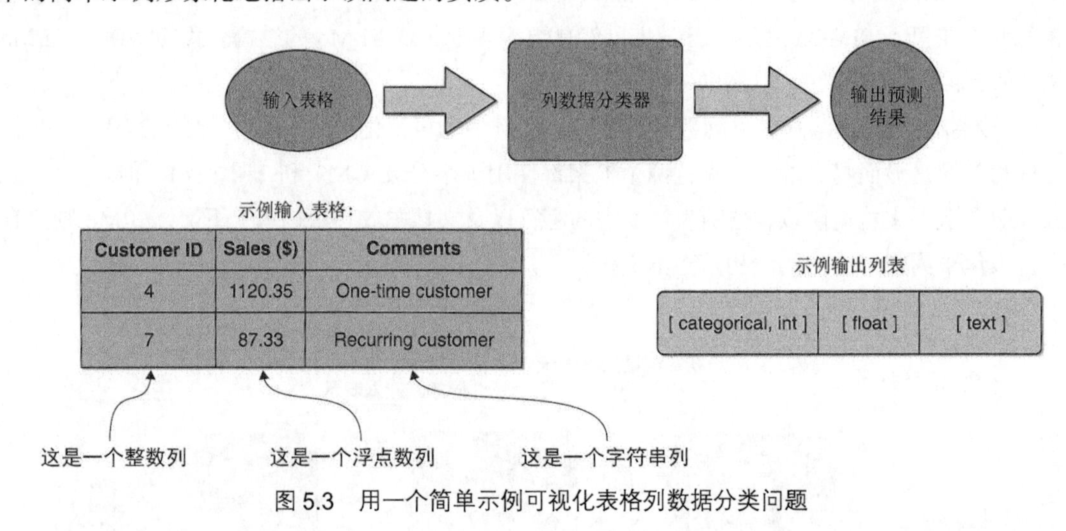

图 5.3　用一个简单示例可视化表格列数据分类问题

需要强调的是，这是一个多标签、多类别的问题，因为每个输入示例都有多个可能的类型，并且每个输入样本都可以属于多个类型。例如，在图 5.3 中，第一列客户 ID 有多个输出标签，即 categorical 和 int。这也有助于处理输入列不够"整洁"的问题，即输入列包含多个类型的数据。这样的列可以标记所有存在的数据类型，并将其传递给相关的解析器进行进一步清理。

现在我们对这个问题有了更好的认识，接下来为本节的实验获取一些表格数据。

5.1.1　获取并检视表格数据

在第 6 章中，我们将使用两个简单的数据集来说明表格列数据类型分类示例。第一个数据集是 OpenML 提供的棒球运动员统计数据集，该数据集描述了一组棒球运动员的统计数据，以及他们最终是否进入名人堂。在 OpenML 网站上可以通过搜索 dataset_189_baseball.arff 获取相关数据集。

回想一下前面章节的内容，只有在 Jupyter 环境中执行时才需要感叹号（!）。例如我们推荐用于这些练习的 Kaggle 环境。当在终端中执行时，应该去掉感叹号。另外请注意，在我们的场景下，.arff 文件等价于.csv 文件。

在获得感兴趣的数据集之后，我们可以像往常一样使用 pandas 对数据集进行探查：

```
import pandas as pd
raw_baseball_data = pd.read_csv('dataset_189_baseball.arff', dtype=str)
print(raw_baseball_data.head())
```

在我们的场景中，.arff 文件在功能上等价于.csv 文件

执行上述代码，输出数据框的前 5 行数据，如下所示：

```
        Player Number_seasons Games_played At_bats Runs Hits Doubles  \
0    HANK_AARON             23         3298   12364 2174 3771     624
1   JERRY_ADAIR             13         1165    4019  378 1022     163
2  SPARKY_ADAMS             13         1424    5557  844 1588     249
3   BOBBY_ADAMS             14         1281    4019  591 1082     188
4    JOE_ADCOCK             17         1959    6606  823 1832     295

  Triples Home_runs RBIs Walks Strikeouts Batting_average On_base_pct  \
0      98       755 2297  1402       1383           0.305       0.377
1      19        57  366   208        499           0.254       0.294
2      48         9  394   453        223           0.286       0.343
3      49        37  303   414        447           0.269        0.34
4      35       336 1122   594       1059           0.277       0.339


  Slugging_pct Fielding_ave     Position Hall_of_Fame
0        0.555         0.98     Outfield            1
1        0.347        0.985  Second_base            0
2        0.353        0.974  Second_base            0
3        0.368        0.955   Third_base            0
4        0.485        0.994   First_base            0
```

如前所述，我们发现这是棒球运动员的统计数据集。

接下来我们继续获取第二个表格数据集。在不涉及太多细节的情况下，此数据集将用于扩展 SIMOn 分类器，使其能处理我们使用的预训练模型检测的类别集合之外的类别。该练习将为迁移学习提供一个有趣的示例，可以为读者提供针对自己的应用场景的新思路。

第二个数据集是从不列颠哥伦比亚省数据目录获得的不列颠哥伦比亚省公共图书馆的统计数据集。我们通过以下命令来使用 pandas 加载数据集。注意，如果读者选择在本地执行，则 Kaggle 环境中的文件位置应替换为本地路径：

```
raw_data = pd.read_csv('../input/20022018-bc-public-libraries-open-datav182/
    2002-2018-bc-public-libraries-open-data-csv-v18.2.csv', dtype=str)
```

可以使用以下命令对数据进行探查：

```
print(raw_data.head())
```

输出如下：

```
  YEAR                         LOCATION                     LIB_NAME  \
0 2018 Alert Bay Public Library & Museum     Alert Bay Public Library
1 2018      Beaver Valley Public Library Beaver Valley Public Library
```

```
2  2018       Bowen Island Public Library  Bowen Island Public Library
3  2018           Burnaby Public Library           Burnaby Public Library
4  2018         Burns Lake Public Library    Burns Lake Public Library

                 LIB_TYPE SYMBOL      Federation          lib_ils  \
0  Public Library Association   BABM  Island Link LF    Evergreen Sitka
1  Public Library Association   BFBV    Kootenay LF    Evergreen Sitka
2           Municipal Library    BBI     InterLINK LF    Evergreen Sitka
3           Municipal Library     BB     InterLINK LF SirsiDynix Horizon
4  Public Library Association   BBUL North Central LF    Evergreen Sitka


  POP_SERVED srv_pln STRAT_YR_START ... OTH_EXP   TOT_EXP EXP_PER_CAPITA  \
0        954     Yes          2,013 ...    2488     24439        25.6174
1      4,807     Yes          2,014 ...   15232 231314.13       48.12027
2      3,680     Yes          2,018 ...   20709 315311.17       85.68238
3    232,755     Yes          2,019 ...  237939  13794902       59.26791
4      5,763     Yes          2,018 ...     NaN    292315       50.72271

  TRANSFERS_TO_RESERVE AMORTIZATION EXP_ELEC_EBOOK EXP_ELEC_DB  \
0                    0            0              0         718
1                11026            0        1409.23      826.82
2                11176        40932           2111       54.17
3                    0      2614627         132050           0
4                  NaN          NaN              0           0

  EXP_ELEC_ELEARN EXP_ELEC_STREAM EXP_ELEC_OTHER
0               0               0            752
1         1176.11               0        1310.97
2            3241               0              0
3               0               0         180376
4               0               0           7040

[5 rows x 235 columns]
```

我们只对类型为百分比和整数的两列感兴趣，于是提取并显示如下：

```
COLUMNS = ["PCT_ELEC_IN_TOT_VOLS","TOT_AV_VOLS"]   <-- 这个数据集中有很多列，我们只关注这两列
raw_library_data = raw_data[COLUMNS]
print(raw_library_data)
```

这将产生以下输出，显示我们将使用的两列数据：

```
     PCT_ELEC_IN_TOT_VOLS TOT_AV_VOLS
0                  90.42%          57
1                  74.83%       2,778
2                  85.55%       1,590
3                   9.22%      83,906
4                  66.63%       4,261
⋮                      ⋮           ⋮

1202                0.00%      35,215
1203                0.00%     109,499
```

```
1204                0.00%        209
1205                0.00%     18,748
1206                0.00%       2403

[1207 rows x 2 columns]
```

5.1.2　预处理表格数据

现在，我们将获得的表格数据预处理为 SIMOn 可以接受的格式。由于我们将使用预训练模型，而该模型带有一个编码器，为了使用这个编码器进行预处理，我们首先使用以下命令安装 SIMOn：

```
!pip install git+https://github.com/algorine/simon
```

接下来，我们需要导入一些依赖，如下所示：

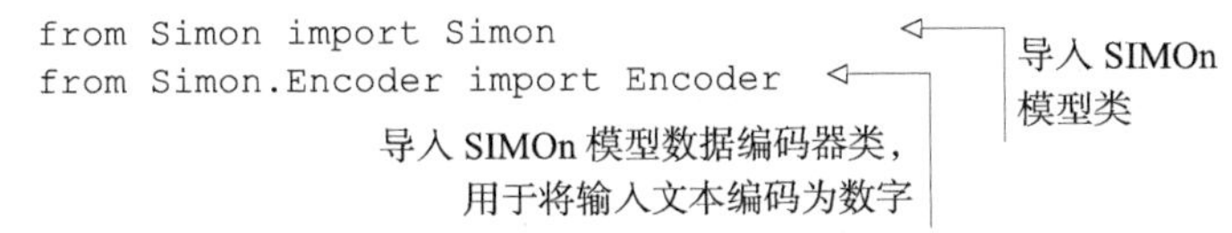

from Simon import Simon
from Simon.Encoder import Encoder
导入 SIMOn 模型类
导入 SIMOn 模型数据编码器类，
用于将输入文本编码为数字

上述导入分别表示导入 SIMOn 模型类、模型数据编码器类，以便将所有输入数据标准化为固定长度的实用程序以及生成模拟数据的类。

接下来，我们将获得一个预训练的 SIMOn 模型，它自带将文本转换为数字的编码器。该模型由两个文件组成，一个文件包含编码器和其他配置，另一个文件包含模型权重。可以使用以下命令获取这些文件：

预训练的 SIMOn 模型配置、编码器等

```
!wget https://raw.githubusercontent.com/algorine/simon/master/Simon/scripts/
    pretrained_models/Base.pkl
!wget https://raw.githubusercontent.com/algorine/simon/master/Simon/scripts/
    pretrained_models/text-class.17-0.04.hdf5
```

对应的模型权重

在加载模型权重之前，我们需要先加载模型配置以及编码器，如下所示：

模型权重在当前目录中

我们下载的预训练模型配置文件名

```
checkpoint_dir = ""
execution_config = "Base.pkl"
Classifier = Simon(encoder={})
config = Classifier.load_config(execution_config, checkpoint_dir)
encoder = config['encoder']
checkpoint = config['checkpoint']
```

加载模型配置

导出编码器配置

构造一个文本分类器示例，用于从配置中加载编码器

导出检查点文件名称

为了确认下载的是正确的权重文件，可通过如下命令对模型期望的权重文件名进行再次检查：

```
print(checkpoint)
```

上述命令应该输出以下内容以确认下载的是正确的文件：

```
text-class.17-0.04.hdf5
```

最后，我们需要为表格数据建模指定两个关键超参数。参数 max_cells 用于指定表格中每列的最大单元格数或行数，参数 max_len 用于指定每个单元格或行的最大长度，如图 5.4 所示。

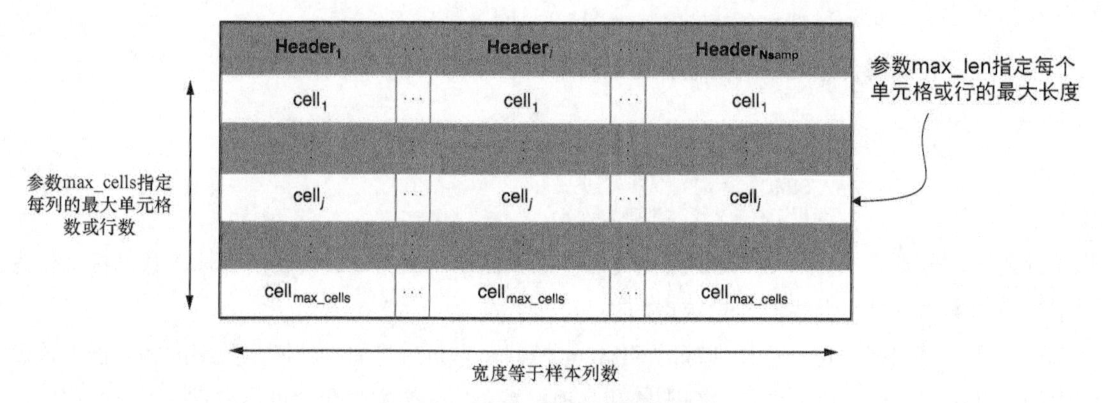

图 5.4　可视化表格数据建模参数

表格每列的最大单元格数必须与训练中使用的值 500 相等，并且可以按如下方式从编码器中提取：

```
max_cells = encoder.cur_max_cells
```

此外，为了与预训练模型设置保持一致，这里将 max_len 设置为 20，并通过以下代码提取预训练模型所支持的类型：

```
max_len = 20 # maximum length of each tabular cell
Categories = encoder.categories
category_count = len(Categories)    <—— 预训练模型支持的类型
print(encoder.categories)
```

我们发现可处理的类型如下：

```
['address', 'boolean', 'datetime', 'email', 'float', 'int', 'phone', 'text','uri']
```

5.1.3 对预处理数据进行数字编码

现在，我们将使用编码器将表格数据转换为一组数字，SIMOn 可以使用这些数字进行预测。这涉及将每个输入字符串中的各个字符转换为模型编码方案中表示该字符的唯一整数。

由于 CNN 要求所有输入具有固定的、预先指定的长度，因此编码器还会对每个输入列的长度进行标准化。该步骤随机复制比 max_cells 短的列中的单元格，并随机丢弃较长列中的一些单元格，这可以保证每一列的长度都刚好是 max_cells。此外，每个单元格的长度也要标准化为 max_len，这可能需要对单元格的内容进行填充。这些具体的细节不需要我们操心，因为 SIMOn API 将在幕后进行处理。

我们使用如下代码来编码棒球运动员数据集并输出其维度：

编码数据集（标准化、变换并转换成 NumPy 数组）

```
X_baseball = encoder.encodeDataFrame(raw_baseball_data)
print(X_baseball.shape)
print(X_baseball[0])
```

输出编码后数据的维度

输出编码后数据的第一列

执行上述代码将得到以下输出，其中首先输出维度元组，然后输出编码后数据的第一列：

```
(18, 500, 20)
[[-1 -1 -1 ... 50 37 44]
 [-1 -1 -1 ... 54 41 46]
 [-1 -1 -1 ... 37 52 55]
 ...
 [-1 -1 -1 ... 49 45 46]
 [-1 -1 -1 ... 51 54 43]
 [-1 -1 -1 ... 38 37 43]]
```

正如期待的那样，每个编码列都是一个 max_cells=500、max_len=20 的数组。另外，编码列的–1 表示用空字符填充比 max_len 短的单元格。

我们还可以对图书馆数据进行编码以供后续使用，如下所示：

```
X_library = encoder.encodeDataFrame(raw_library_data)
```

在这个阶段，我们已经将示例输入数据集转换为适当维度的 NumPy 数组。该步骤将文本编码为数字，以便 SIMOn 神经网络的第一阶段（CNN 产生初步的输入句子嵌入）进行获取和分析。

5.2 预处理示例数据的事实核查

在本节中，我们将介绍第二个示例数据集，该数据集将在本章和后续章节中进行核查。此处我们感兴趣的是研发一种算法，用于区分真实新闻和潜在的虚假或错误新闻。该应用领域通常称为“自动化假新闻检测”，并且正在变得越发重要。

方便起见，我们可以在 Kaggle 上获得适用的数据集。该数据集包含 40 000 多篇文章，分为“真”和“假”两类。其中真实的文章是从新闻网站上收集的。而虚假的文章则是从各种被 PolitiFact（一家事实调查机构）标记为不可靠的来源收集的。数据集中大部分文章都集中在政治和世界新闻上。

5.2.1 特殊问题考量

关于什么内容可以称为“假的”无疑是一个值得简单讨论的热门话题。毫无疑问，无论是谁为训练数据准备标签，其根深蒂固的偏见都很可能会转移到分类系统中。在这种敏感的背景下，标签的有效性值得在创建标签时就特别加以注意和思考。

此外，尽管本节的目的是开发一个基于内容的真假新闻分类系统，我们仍然要强调现实场景要复杂得多。换句话说，检测潜在虚假信息传播只是检测影响操作（influence operation）问题的一个方面。为了理解两者之间的差异，可以考虑场景：在被断章取义或刻意放大的情况下，即使是真实的信息也可以用于影响舆论，从而对一个品牌造成伤害。

检测影响操作问题可以自然地归类为异常检测问题[①]，但检测系统只有在作为更大的应对策略的一部分时才会起效。为了使其起效，它必须是跨平台的，并且要尽可能多地监控和分析潜在的信息渠道以发现异常。此外，当今大多数实用系统都离不开人工介入，从这个角度来说，检测系统只负责标注聚集的可疑活动，并将最后的操作交给人类分析师完成。

5.2.2 加载并检视事实核查数据

现在，我们直接开始加载事实核查数据，并准备使用 ELMo 执行分类任务。回顾 3.2.1 节，当我们将 ELMo 应用于垃圾电子邮件分类和 IMDb 电影评论情感分类时，模型期望每个输入都是一个字符串。这使得事情变得更加简化，因为我们无须分词。

首先，使用代码段 5.1 中的代码从数据集中加载真实和虚假的数据。注意，这里分别为每类数据加载 1 000 个样本，以保证和 3.2.1 节的一致性。

代码段 5.1 为真实和虚假数据分别加载 1 000 个样本

```
import numpy as np
```

① Azunre P et al, “Disinformation: Detect to Disrupt,” Conference for Truth and Trust Online 1, no. 1 (2019).

```
import pandas as pd
                                                          读取真实数据到 pandas 数据框
DataTrue = pd.read_csv("/kaggle/input/fake-and-real-news-dataset/True.csv")  <-
DataFake = pd.read_csv("/kaggle/input/fake-and-real-news-dataset/Fake.csv")  <-
                                                                    读取虚假数据到
Nsamp =1000                          <- 每类数据生成的样本数据          pandas 数据框
DataTrue = DataTrue.sample(Nsamp)
DataFake = DataFake.sample(Nsamp)
raw_data = pd.concat([DataTrue,DataFake], axis=0).values

raw_data = [sample[0].lower() + sample[1].lower() + sample[3].lower() for
     sample in raw_data]                     <- 将每个文档的标题、正文和
                                                主题合并为一个字符串
Categories = ['True','False']  <- 相应的
header = ([1]*Nsamp)              标签
header.extend(([0]*Nsamp))
```

其次，使用以下代码对数据进行混洗，并将其分为包含 70%的数据的训练集和包含剩下的 30%的数据的测试集。方便起见，这里直接复制了 3.2.1 节的内容：

```
def unison_shuffle(a, b):                       <- 一个用于将数据与标签进行一致混洗
    p = np.random.permutation(len(b))              的函数，以消除任何潜在的顺序偏差
    data = np.asarray(a)[p]
    header = np.asarray(b)[p]
    return data, header

raw_data, header = unison_shuffle(raw_data, header)  <- 调用之前定义的函数对
                                                        数据进行混洗
idx = int(0.7*raw_data.shape[0])   <- 分为相互独立的包含 70%的数据的训练集
                                      和包含剩下的 30%的数据的测试集
train_x = raw_data[:idx]
train_y = header[:idx]            将剩下的30%的
test_x = raw_data[idx:]       <- 数据用来测试
test_y = header[idx:]
```

（左侧批注：“…真实…假的样本” 指向 raw_data = pd.concat(...)；“70%的数据用来训练” 指向 train_x = raw_data[:idx]）

至此我们介绍并预处理了示例问题数据。在第 6 章中，我们将把本章开头简述的 3 个基于 RNN 的神经网络模型应用于示例问题数据。

小结

与单词级模型不同，字符级模型可以处理拼写错误和其他社交媒体特征，如表情符号和小众方言等。

双向语言模型是构造理解局部上下文的单词嵌入表示的关键。

SIMOn 和 ELMo 都使用字符级 CNN 和 bi-LSTM，后者有助于实现双向上下文信息构建。

第 6 章　基于循环神经网络的 NLP 深度迁移学习

本章涵盖下列内容。

- 3 种基于循环神经网络的 NLP 迁移学习的典型模型。
- 将上述 3 种模型应用于第 5 章中的两个问题。
- 将从训练模拟数据时获得的知识迁移到真实的标注数据上。
- 基于 ULMFiT 介绍一些更复杂的模型自适应策略。

第 5 章介绍的两个示例问题将会用于本章的两个实验——结构化数据分类和假新闻检测。这些实验的目的是研究基于循环神经网络的 NLP 深度迁移学习方法。我们将专注于 3 种在第 5 章中已经简要介绍的模型——SIMOn、ELMo 和 ULMFiT。接下来，我们将从 SIMOn 开始，分别把它们应用到示例问题中。

6.1　SIMOn

正如在第 5 章中讨论的，SIMOn 是 AutoML 流水线中的一个组件，用于数据驱动模型发现（D3M）DARPA 程序。虽然 SIMOn 是针对表格数据集中的结构化数据的分类而开发的工具，但也可以视为更通用的文本分类框架。我们将首先在任意文本输入的场景中展示该模型，然后将其特化为用于处理表格输入的格式。

为了能够处理拼写错误和其他社交媒体特征，如表情符号和小众方言，SIMOn 在设计之初就是字符级模型而非单词级模型。因为它在字符级别对输入文本进行编码，所以输入文本只要是用有效字符来表示的，就能被有效分类。这使得该模型能够轻松适应社交媒体语言的动态特性。图 6.1 给出了模型的字符级性质，并与单词级模型做了对比。其中，图的左侧是单词级编码器，其输入必须是有效的单词。显然，拼写错误或方言产生的词汇表之外的单词将被认为是无效输入。对于图右侧所示的类似于 ELMo 和 SIMOn 的字符级编码器，输入只须是有效的字符即可，这有助于处理拼写错误。

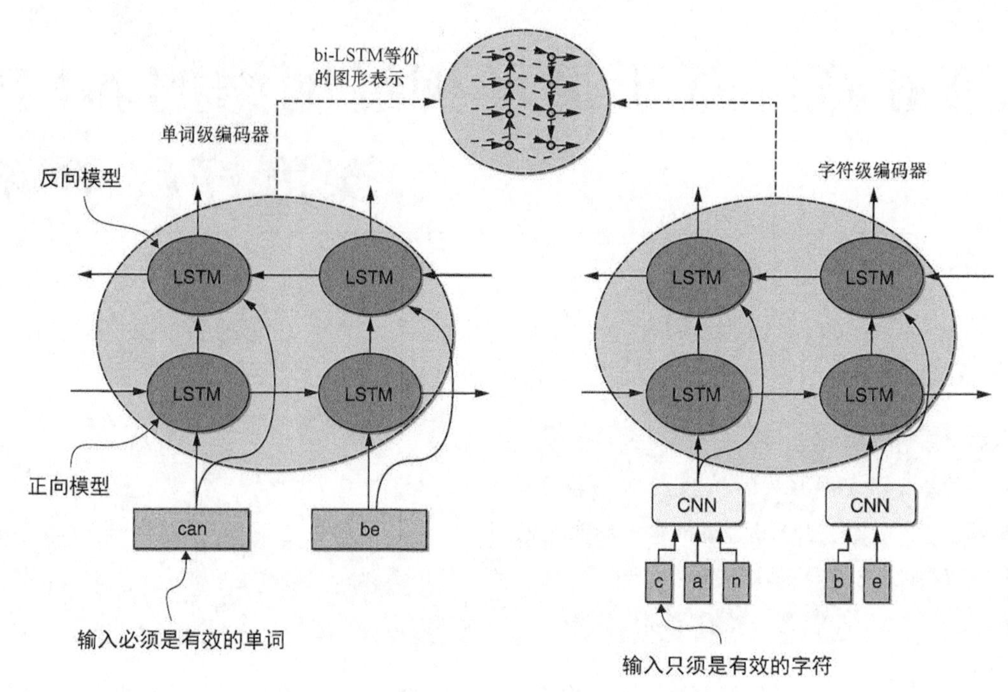

图 6.1　文本分类的单词级模型与字符级模型对比

6.1.1　通用神经网络结构概述

整体的网络结构可分为两个主要的互相耦合的组件，其输入是以句子为单位切分的文档。第一个组件是一个用于对每个句子进行编码的网络，第二个组件接收编码后的句子为输入并输出整个文档的编码。

句子编码器首先使用 71 个字符的字典在字符级对输入句子进行独热编码。字典包括所有可能的英文字母、数字以及标点符号。与此同时，输入的句子的长度也被标准化为 max_len。然后，编码后的句子通过一系列卷积层、最大池化层、dropout 层和 bi-LSTM 层。可以参考图 5.1 中的前两个阶段来获取上述模型的整体概览。本质上，卷积层构造了每个句子中“单词”的概念，而 bi-LSTM 在单词前、后两个方向上进行“观察”，以确定其局部上下文。该阶段的输出是每个句子的嵌入向量表示，长度为默认值 512。同时也请比较图 5.1 和图 6.1 中 bi-LSTM 的等价图形表示，使其更具体化。

文档编码器以句子嵌入向量作为输入，并类似地将其通过一系列 dropout 层和 bi-LSTM 层。每个文档的长度都标准化为 max_cells 个嵌入向量。可以将其认为是一个通过结合上下文根据句子形成更高层次的“概念”或“主题”的过程。该过程将为每个文档生成一个嵌入向量，然后将其传递到一个分类层，从而输出每个不同类型或类别的概率。

6.1.2 表格数据建模

表格数据建模非常简单，只需要将表格数据集中列的每个单元格视为一个句子。当然，需要将每一列都视为要分类的文件。

这意味着要将 SIMOn 框架应用于非结构化文本，只须将文本转换为表格形式，每个列表示一个文档，列中每个单元格表示一个句子。图 6.2 给出了该过程的说明。注意在这个简单的示例中，我们设置 max_cells 为 3 以便说明。

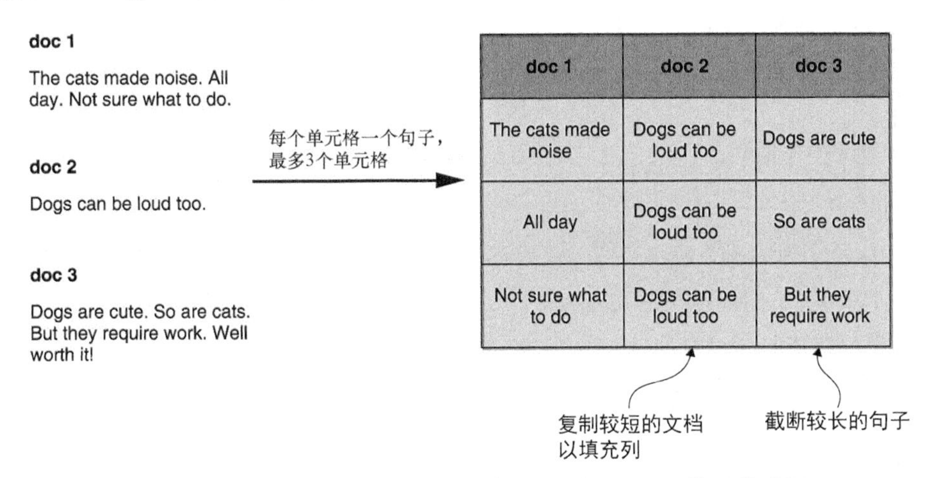

图 6.2 将非结构化文本转换为表格形式以供 SIMOn 使用的过程

6.1.3 SIMOn 在表格数据分类中的应用

SIMOn 最初的形式是使用模拟数据在一组基础类别上进行训练。然后，它被迁移到一组较少的人工标注数据中。了解如何生成模拟数据是很有用的，因此我们使用以下一段代码简要说明该过程。这段代码底层调用了 Faker 库：

```
from Simon.DataGenerator import DataGenerator    # 模拟/伪造数据生成实用函数（基于 Faker 库）

data_cols = 5        # 要生成的列数，为了简单说明，这里随意选取一个值
data_count = 10      # 每一列的单元格/行数，为了简单说明，这里随意选择一个值

try_reuse_data = False    # 生成新的数据而非重复使用数据，以使数据集更具可变性
simulated_data, header = DataGenerator.gen_test_data((data_count, data_cols),
```

```
    try_reuse_data)
print("SIMULATED DATA")          <-- 输出结果
print(simulated_data)
print("SIMULATED DATA HEADER:")
print(header)
```

执行此代码将产生以下输出，其中包含生成的各种数据类型的示例及其相应的标签：

```
SIMULATED DATA:
[['byoung@hotmail.com' 'Jesse' 'True' 'PPC' 'Lauraview']
 ['cindygilbert@gmail.com' 'Jason' 'True' 'Intel' 'West Brandonburgh']
 ['wilsonalexis@yahoo.com' 'Matthew' 'True' 'U; Intel'
  'South Christopherside']
 ['cbrown@yahoo.com' 'Andrew' 'False' 'U; PPC' 'Loganside']
 ['christopher90@gmail.com' 'Devon' 'True' 'PPC' 'East Charlesview']
 ['deanna75@gmail.com' 'Eric' 'False' 'U; PPC' 'West Janethaven']
 ['james80@hotmail.com' 'Ryan' 'True' 'U; Intel' 'Loriborough']
 ['cookjennifer@yahoo.com' 'Richard' 'True' 'U; Intel' 'Robertsonchester']
 ['jonestyler@gmail.com' 'John' 'True' 'PPC' 'New Kevinfort']
 ['johnsonmichael@gmail.com' 'Justin' 'True' 'U; Intel' 'Victormouth']]
SIMULATED DATA HEADER:
[list(['email', 'text']) list(['text']) list(['boolean', 'text'])
 list(['text']) list(['text'])]
```

SIMOn 代码仓库的顶层包含文件 types.json，它指定从 Faker 库类到前面显示的类的映射。例如，上一个示例中的第二列名称被标记为“text”，因为在我们的需求中不需要识别姓名。读者可以快速更改此映射，并为自身的项目和类别生成模拟数据。

这里我们不再使用模拟数据训练模型，因为这可能需要花费好几个小时。相反，我们可以直接获得已经学习到这些知识的预训练模型。不过接下来我们还是要进行一个说明性的迁移学习实验，该实验将扩展模型支持的类别，使其超出预训练模型的范围。

回想一下，在 5.1.2 节中我们加载了 SIMOn 分类器类、模型配置以及编码器。然后，我们可以生成一个 Keras SIMOn 模型，加载已下载的权重文件，并使用以下命令序列对其进行编译：

```
model = Classifier.generate_model(max_len, max_cells, category_count)    <-- 生成模型
Classifier.load_weights(checkpoint, None, model, checkpoint_dir)    <-- 加载权重
model.compile(loss='binary_crossentropy',optimizer='adam',
     metrics=['accuracy'])    <-- 编译模型，使用 binary_crossentropy 作为多标签分类任务的损失函数
```

我们建议在进行下一步之前先查看模型结构，可以使用如下命令输出模型概览信息：

```
model.summary()
```

执行该命令的输出如下，这些内容可以帮助我们更好地了解模型的底层细节：

```
___________________________________________________________________________________
Layer (type)                    Output Shape         Param #     Connected to
===================================================================================
```

```
input_1 (InputLayer)                (None, 500, 20)    0
________________________________________________________________________________
time_distributed_1 (TimeDistrib (None, 500, 512)  3202416  input_1[0][0]
________________________________________________________________________________
lstm_3 (LSTM)                       (None, 128)        328192   time_distributed_1[0][0]
________________________________________________________________________________
lstm_4 (LSTM)                       (None, 128)        328192   time_distributed_1[0][0]
________________________________________________________________________________
concatenate_2 (Concatenate)         (None, 256)        0        lstm_3[0][0]
                                                                lstm_4[0][0]
________________________________________________________________________________
dropout_5 (Dropout)                 (None, 256)        0        concatenate_2[0][0]
________________________________________________________________________________
dense_1 (Dense)                     (None, 128)        32896    dropout_5[0][0]
________________________________________________________________________________
dropout_6 (Dropout)                 (None, 128)        0        dense_1[0][0]
________________________________________________________________________________
dense_2 (Dense)                     (None, 9)          1161     dropout_6[0][0]
```

time_distributed_1 层是作用于每个输入句子的句子编码器。接下来是级联的前向和后向 LSTM 层、执行正则化的 dropout 层，以及输出概率的 dense_2 层。回想一下，预训练模型处理的类别的数量正好是 9，这与输出密集层的维度相同。此外，巧合的是该模型也刚好共有 9 层。

了解模型编译后的架构之后，我们继续看看棒球运动员数据集列的类型。代码如下：

```
p_threshold = 0.5                                          ◁ 确定类别成员的概率阈值
y = model.predict(X_baseball)                              ◁ 对棒球运动员数据集列的类型进行预测
result = encoder.reverse_label_encode(y,p_threshold)       ◁ 将概览转换为类别标签
print("Recall that the column headers were:")              ◁ 输出结果
print(list(raw_baseball_data))
print("The predicted classes and probabilities are respectively:")
print(result)
```

执行相应的代码，输出如下：

```
Recall that the column headers were:
['Player', 'Number_seasons', 'Games_played', 'At_bats', 'Runs', 'Hits',
     'Doubles', 'Triples', 'Home_runs', 'RBIs', 'Walks', 'Strikeouts',
     'Batting_average', 'On_base_pct', 'Slugging_pct', 'Fielding_ave',
     'Position', 'Hall_of_Fame']
The predicted classes and probabilities are respectively:
([('text',), ('int',), ('int',), ('int',), ('int',), ('int',), ('int',),
     ('int',), ('int',), ('int',), ('int',), ('int',), ('float',),
     ('float',), ('float',), ('float',), ('text',), ('int',)],
     [[0.9970826506614685], [0.9877430200576782], [0.9899477362632751],
     [0.9903284907341003], [0.9894667267799377], [0.9854978322982788],
     [0.9892633557319641], [0.9895514845848083], [0.989467203617096],
     [0.9895854592323303], [0.9896339178085327], [0.9897230863571167],
     [0.9998295307159424], [0.9998230338096619], [0.9998272061347961],
     [0.9998039603233337], [0.9975670576095581], [0.9894945025444031]])
```

在这里我们复用了 5.1.1 节的代码输出棒球运动员数据集切片，可见模型以高置信度准确地获得了每一列的类型：

```
         Player Number_seasons Games_played At_bats Runs Hits Doubles  \
0     HANK_AARON             23         3298   12364 2174 3771     624
1    JERRY_ADAIR             13         1165    4019  378 1022     163
2   SPARKY_ADAMS             13         1424    5557  844 1588     249
3    BOBBY_ADAMS             14         1281    4019  591 1082     188
4     JOE_ADCOCK             17         1959    6606  823 1832     295

  Triples Home_runs RBIs Walks Strikeouts Batting_average On_base_pct  \
0      98       755 2297  1402       1383           0.305       0.377
1      19        57  366   208        499           0.254       0.294
2      48         9  394   453        223           0.286       0.343
3      49        37  303   414        447           0.269        0.34
4      35       336 1122   594       1059           0.277       0.339

  Slugging_pct Fielding_ave     Position Hall_of_Fame
0        0.555         0.98     Outfield            1
1        0.347        0.985  Second_base            0
2        0.353        0.974  Second_base            0
3        0.368        0.955   Third_base            0
4        0.485        0.994   First_base            0
```

现在，假设我们感兴趣的是检测带有百分比值的列，要如何使用预训练模型快速实现该功能呢？我们可以使用第 5 章中准备的第二个表格数据集——不列颠哥伦比亚省公共图书馆的统计数据集来研究这种情况。当然，第一步是直接使用预训练模型预测数据，代码如下：

```
X = encoder.encodeDataFrame(raw_library_data)  <-- 预测列类别
y = model.predict(X)                             <-- 使用原始帧对数据进行编码
result = encoder.reverse_label_encode(y,p_threshold)  <-- 将概览转换为类别标签
print("Recall that the column headers were:")
print(list(raw_library_data))
print("The predicted class/probability:")
print(result)
```

执行代码，输出如下：

```
Recall that the column headers were:
['PCT_ELEC_IN_TOT_VOLS', 'TOT_AV_VOLS']
The predicted class/probability:
([('text',), ('int',)], [[0.7253058552742004], [0.7712462544441223]])
```

同样复用 5.1.1 节的代码输出数据集切片。我们发现整数列被正确识别，而百分比值列被识别为文本：

```
     PCT_ELEC_IN_TOT_VOLS TOT_AV_VOLS
0                  90.42%          57
1                  74.83%       2,778
2                  85.55%       1,590
```

```
3                   9.22%      83,906
4                  66.63%       4,261
⋮                    ⋮            ⋮

1202                0.00%      35,215
1203                0.00%     109,499
1204                0.00%         209
1205                0.00%      18,748
1206                0.00%        2403

[1207 rows x 2 columns]
```

这并不算错，但也不是我们想要的，因为它不够具体。

我们快速地将预训练模型迁移到包含百分比数据样本的非常小的训练集上。首先使用以下命令了解原始图书馆数据集数据框的大小：

```
print(raw_library_data.shape)
```

原始图书馆数据集数据框的大小为(1207,2)，用来构建一个小规模数据集似乎足够了。

代码段 6.1 中的代码用于将图书馆数据集拆分为许多较小的列，其中每个列包含 20 个单元格。数字 20 是任意选择的，其目的是在生成的数据集中创建足够多的不重复列（大约 50 列）。这个过程会产生一个新的数据框，即 new_raw_data，其大小为 20 行 120 列（前 60 列对应于百分比数值，后 60 列对应于整数值）。同时该段代码还生成了相应的 header 标签列表。

代码段 6.1　将长的图书馆数据集转换为较短的样本列

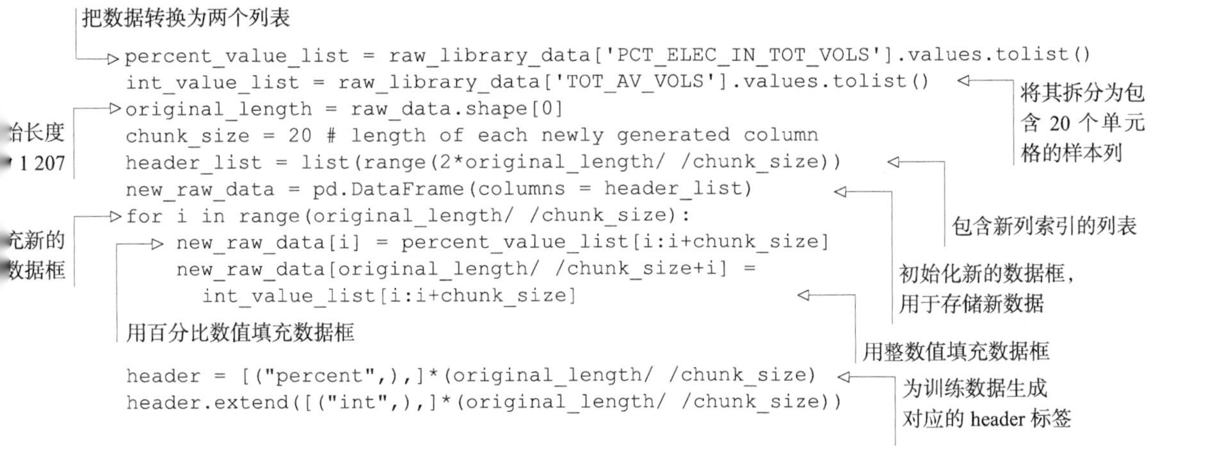
把数据转换为两个列表
将其拆分为包含 20 个单元格的样本列
始长度
1 207
包含新列索引的列表
充新的
数据框
初始化新的数据框，用于存储新数据
用百分比数值填充数据框
用整数值填充数据框
为训练数据生成对应的 header 标签

```
percent_value_list = raw_library_data['PCT_ELEC_IN_TOT_VOLS'].values.tolist()
int_value_list = raw_library_data['TOT_AV_VOLS'].values.tolist()
original_length = raw_data.shape[0]
chunk_size = 20 # length of each newly generated column
header_list = list(range(2*original_length/ /chunk_size))
new_raw_data = pd.DataFrame(columns = header_list)
for i in range(original_length/ /chunk_size):
    new_raw_data[i] = percent_value_list[i:i+chunk_size]
    new_raw_data[original_length/ /chunk_size+i] =
      int_value_list[i:i+chunk_size]

header = [("percent",),]*(original_length/ /chunk_size)
header.extend([("int",),]*(original_length/ /chunk_size))
```

回想一下，预训练模型最后一层的输出维度为 9，与处理的类别数量相同。为了添加一个新的类别，我们将输出维度增加到 10。此外，还应该将这个新维度的权重初始化为 text 类的权重，因为 text 是预训练模型能够处理的类别中与百分比数值最接近的一个。这是在我们之前使用预训练模型预测文本百分比数据时发现的。上述改动如代码段 6.2 所示，我们将百分比添加到支持的类别列表中，将输出维度增加 1，然后将相应的维度权重初始化为最接近的 text 类别的权重。

代码段 6.2 为最终输出层创建新权重以包含百分比类

```
import numpy as np

old_weights = model.layers[8].get_weights()
old_category_index = encoder.categories.index('text')
encoder.categories.append("percent")
encoder.categories.sort()
new_category_index = encoder.categories.index('percent')

new_weights = np.copy(old_weights)
new_weights[0] = np.insert(new_weights[0], new_category_index,
      old_weights[0][:,old_category_index], axis=1)
new_weights[1] = np.insert(new_weights[1], new_category_index, 0)
```

获取最后一层的权重以便初始化

查找最相似类别（text）的旧权重的索引

按字母顺序对新列表排序

通过新类别列表更新编码器

获取新类别的索引

通过旧权重值初始化新权重

在 percent 类别权重的位置插入 text 类别的权重值

在 percent 类别偏置的位置插入 text 类别的偏置值

在执行上述代码之后，读者需要再次检查 old_weights 和 new_weights 数组的维度，如果一切正常，两者的维度应该分别是(128,9)和(128,10)。

在准备好用于预训练之前初始化新模型的权重后，接下来便可以开始构建和编译我们的新模型。SIMOn API 提供了如下函数，可以使构建模型变得非常容易：

```
model = Classifier.generate_transfer_model(max_len, max_cells,
     category_count, category_count+1, checkpoint, checkpoint_dir)
```

该函数返回的迁移学习模型与我们以前构建的模型完全类似，只是最后一层的新维度变为 category_count+1。此外，由于我们没有为新的输出层提供任何初始化信息，因此该层全部权重当前初始化为 0。

在训练这个新的模型之前，还要确认只有最后的输出层是可训练的。我们通过以下代码在编译模型的同时执行此操作：

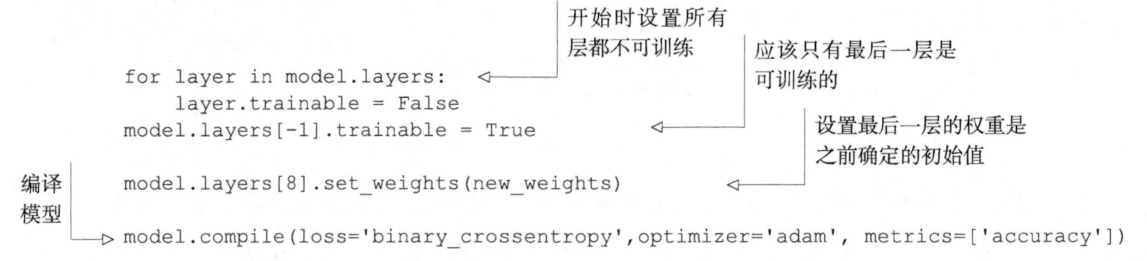

开始时设置所有层都不可训练
应该只有最后一层是可训练的
设置最后一层的权重是之前确定的初始值
编译模型
for layer in model.layers:
    layer.trainable = False
model.layers[-1].trainable = True
model.layers[8].set_weights(new_weights)
model.compile(loss='binary_crossentropy',optimizer='adam', metrics=['accuracy'])

现在，可以使用代码段 6.3 中的代码在新数据集上对刚才完成构建、初始化和编译的迁移学习模型进行训练。

代码段 6.3 对完成初始化和编译的迁移学习模型进行训练

```
import time

X = encoder.encodeDataFrame(new_raw_data)    ◁ 编码新的数据（标准化、换位并转换成 NumPy 数组）
y = encoder.label_encode(header)    ◁ 编码标签
data = Classifier.setup_test_sets(X, y)    ◁ 按预期格式准备数据——60%/30%/10%的比例划分训练集/验证集/测试集

batch_size = 4
nb_epoch = 10
start = time.time()
history = Classifier.train_model(batch_size, checkpoint_dir, model, nb_epoch, data)    ◁ 进行训练
end = time.time()
print("Time for training is %f sec"%(end-start))
```

图 6.3 给出了上述代码产生的收敛性指标。可见在第 7 轮时，验证集准确率可达 100%，训练时间为 150s。我们已经成功地微调了预训练模型，使其能够处理一类新的数据！可以注意到，为了使这个新模型能够准确地处理所有的 10 个类别，在迁移学习步骤使用的训练数据中需要包含所有类别的样本。此阶段的微调模型仅适用于预测迁移学习步骤中见到的类别——整数和百分比。因为我们在这里的目标仅仅是说明性的，所以将此作为警告留给读者，在此不再进一步关注。

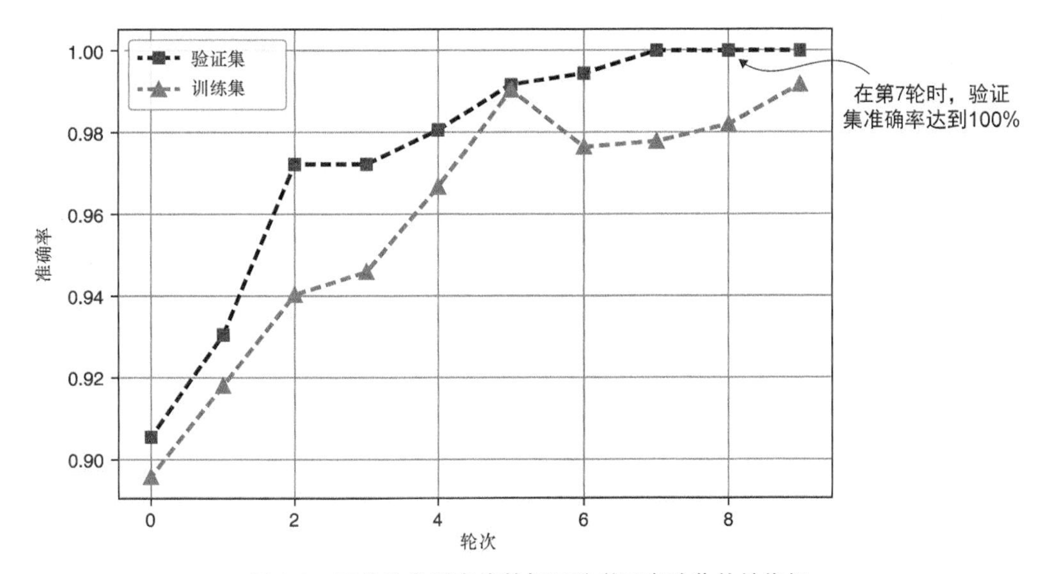

图 6.3 百分比类别表格数据迁移学习实验收敛性指标

作为迁移学习实验的最后一步，我们对比测试集的预测标签与真实标签，以便更深入地了解模型性能。这可以通过以下代码完成：

```
y = model.predict(data.X_test)    <—— 预测列类别
result = encoder.reverse_label_encode(y,p_threshold)    <—— 将概览转换为类别标签

print("The predicted classes and probabilities are respectively:")    <—— 探查
print(result)
print("True labels/probabilities, for comparision:")
    print(encoder.reverse_label_encode(data.y_test,p_threshold))
```

输出如下：

```
The predicted classes and probabilities are respectively:
([('percent',), ('percent',), ('int',), ('int',), ('percent',), ('int',),
    ('percent',), ('int',), ('int',), ('percent',), ('percent',), ('int',)],
    [[0.7889140248298645], [0.7893422842025757], [0.7004106640815735],
    [0.7190601229667664], [0.7961368560791016], [0.9885498881340027],
    [0.8160757422447205], [0.8141483068466187], [0.5697212815284729],
    [0.8359809517860413], [0.8188782930374146], [0.5185337066650391]])
True labels/probabilities, for comparision:
([('percent',), ('percent',), ('int',), ('int',), ('percent',), ('int',),
    ('percent',), ('int',), ('int',), ('percent',), ('percent',), ('int',)],
    [[1], [1], [1], [1], [1], [1], [1], [1], [1], [1], [1], [1]])
```

可见微调后的模型正确地预测了所有的示例，这也进一步验证了迁移学习实验的有效性。

最后，请记住，SIMOn 框架可通过 6.1.2 节所述的适配代码应用于任意输入文本，而不仅仅是表格数据。目前已有若干个应用示例取得了不错的结果[①]。希望本节中的练习能为读者在自身的分类应用中部署 SIMOn 打下良好的基础，并且能够帮助读者通过迁移学习使分类器适配新的场景。

6.2 ELMo

正如第 5 章中简要提到的，ELMo 可以说是与正在进行中的 NLP 迁移学习革命相关的早期预训练语言模型中最流行之一。它与 SIMOn 有一些相似之处，因为它也由字符级 CNN 和 bi-LSTM 组成。有关这些模型的结构，请参见图 5.2。

另外，还可以回顾一下图 6.1，特别是比图 5.2 更详细的由正向和反向模型组成的 bi-LSTM。如果读者一直按顺序阅读本书，那么应该已经在 3.2.1 节中将 ELMo 应用于垃圾电子邮件分类和 IMDb 电影评论情感分类问题。正如读者现在可能已经了解的，ELMo 生成的单词表示是整个输入句子的函数。换句话说，该模型是一个可感知上下文的单词嵌入模型。

本节将深入探讨 ELMo 的模型架构。ELMo 到底对输入文本做了什么来构建上下文和消除歧

① Dhamani N et al, “Using Deep Networks and Transfer Learning to Address Disinformation,” AI for Social Good ICML Workshop (2019).

义？为了回答这个问题，我们首先介绍 ELMo 的双向语言模型，然后将该模型应用于假新闻检测问题，使其更具象化。

6.2.1 ELMo 双向语言建模

回想一下，语言模型试图对词元（通常是单词）出现在给定序列中的概率进行建模。考虑场景：有一个包含 N 个词元的序列，例如句子或段落。单词级前向语言模型通过计算序列中每个词元关于其从左到右的历史词元的条件概率的乘积作为序列的联合概率，如图 6.4 所示。考虑短句“you can be”。根据图 6.4 中的公式，前向语言模型计算句子的概率等于句子中的第一个单词是“you”的概率乘以在第一个单词是“you”的条件下第二个单词是“can”的概率乘以在前两个单词是“you can”的条件下第 3 个单词是“be”的概率。

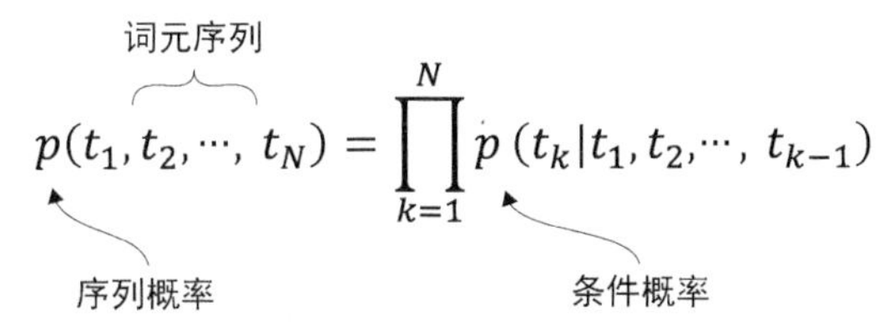

图 6.4 前向语言模型公式

如图 6.5 所示，单词级后向语言模型公式与前向语言模型公式相似，只不过方向相反。它通过计算序列中每个词元关于其从右到左的历史词元的条件概率的乘积作为序列的联合概率。

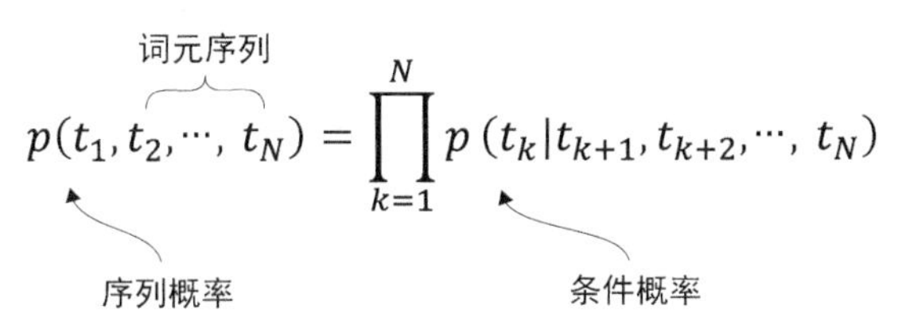

图 6.5 后向语言模型公式

同样地，考虑短句“you can be”。根据图 6.5 中的公式，后向语言模型计算句子的概率等于句子中的最后一个单词是“be”的概率乘以在最后一个单词是“be”的条件下第二个单词是“can”的概率乘以在后两个单词是“can be”的条件下第一个单词是“you”的概率。

双向语言模型结合了前向和后向语言模型。如图 6.6 所示，ELMo 特别着眼于最大化两个方向的联合对数似然。请注意，尽管前向和后向语言模型有各自独立的参数，但词元向量和最终层参数在两个语言模型之间共享。这也是第 4 章讨论的软参数共享多任务学习场景的一个示例。

$$\sum_{k=1}^{N} \log p\left(t_k | t_1, t_2, \cdots, t_{k-1}; \theta_t, \overrightarrow{\theta}_{\mathrm{LSTM}}, \theta_s\right) + \log p\left(t_k | t_{k+1}, t_{k+2}, \cdots, t_N; \theta_t, \overleftarrow{\theta}_{\mathrm{LSTM}}, \theta_s\right)$$

图 6.6 ELMo 中为序列中的任意给定词元构建双向上下文的联合双向语言模型目标公式

每个词元的 ELMo 表示来自 bi-LSTM 的内部状态。对于任意给定任务，它是与目标词元对应的所有 LSTM 层（在两个方向上）的内部状态的线性组合。

相比 SIMOn 中仅使用顶层状态，组合所有内部状态具有显著的优势。尽管 LSTM 的较低层可以在基于语法的任务（如词性标注）上获得良好的效果，但较高层可以实现与上下文相关的语义消歧。在每个任务中都学习两种表示的线性组合的方式能够允许最终模型根据手头任务来选择所需的信号类型。

6.2.2 ELMo 在虚假新闻检测任务中的应用

现在，我们继续为 5.2 节中构建的假新闻分类数据集构建 ELMo 模型。对已经阅读过第 3 章和第 4 章的读者来说，这是我们第二次在实际示例中使用 ELMo 模型。

因为我们曾经构建过 ELMo 模型，所以可以直接复用第 3 章中定义的一些函数，具体见代码段 3.4。其中使用了 TensorFlow Hub 平台来加载 ELMo 作者提供的权重，并通过类 ElmoEmbeddingLayer 基于此权重构建了一个支持 Keras 的模型。接下来可以通过以下代码（对代码段 3.6 稍加修改）来训练我们的 ELMo 模型以检测假新闻：

```
def build_model():
  input_text = layers.Input(shape=(1,), dtype="string")
  embedding = ElmoEmbeddingLayer()(input_text)
  dense = layers.Dense(256, activation='relu')(embedding)    <-- 一个输出 256 维特征向量的新的网络层
  pred = layers.Dense(1, activation='sigmoid')(dense)    <-- 分类层

  model = Model(inputs=[input_text], outputs=pred)

  model.compile(loss='binary_crossentropy', optimizer='adam',
                metrics=['accuracy'])    <-- 模型损失、指标以及优化器选项

  model.summary()    <-- 展示用于检测的模型结构

  return model

# Build and fit
```

```
model = build_model()
model.fit(train_x,                              对模型进行 10 轮拟合
          train_y,
          validation_data=(test_x, test_y),
          epochs=10,
          batch_size=4)
```

我们再来仔细看一下由上述代码中的 model.summary()语句输出的模型结构：

```
_________________________________________________________________
Layer (type)                 Output Shape              Param #
=================================================================
input_1 (InputLayer)         (None, 1)                 0
_________________________________________________________________
elmo_embedding_layer_1 (Elmo (None, 1024)              4
_________________________________________________________________
dense_1 (Dense)              (None, 256)               262400
_________________________________________________________________
dense_2 (Dense)              (None, 1)                 257
=================================================================
Total params: 262,661
Trainable params: 262,661
Non-trainable params: 0
```

其中，dense_1 和 dense_2 是在代码段 3.4 生成的预训练嵌入层之上添加的两个新的全连接层，预训练嵌入层为 elmo_embedding_layer_1。注意，如模型摘要所示，模型共有 4 个可训练参数，均为 6.1 节中描述的 bi-LSTM 内部状态的线性组合的权重。如果读者像此处的示例一样基于 TensorFlow Hub 来使用预训练 ELMo 模型，那么模型的其余部分是不可训练的。但是也可以使用模型库的另一个版本构建完全可训练的基于 TensorFlow 的 ELMo 模型。

图 6.7 给出了在假新闻数据集上训练模型的收敛结果，可见准确率能达到 98%以上。

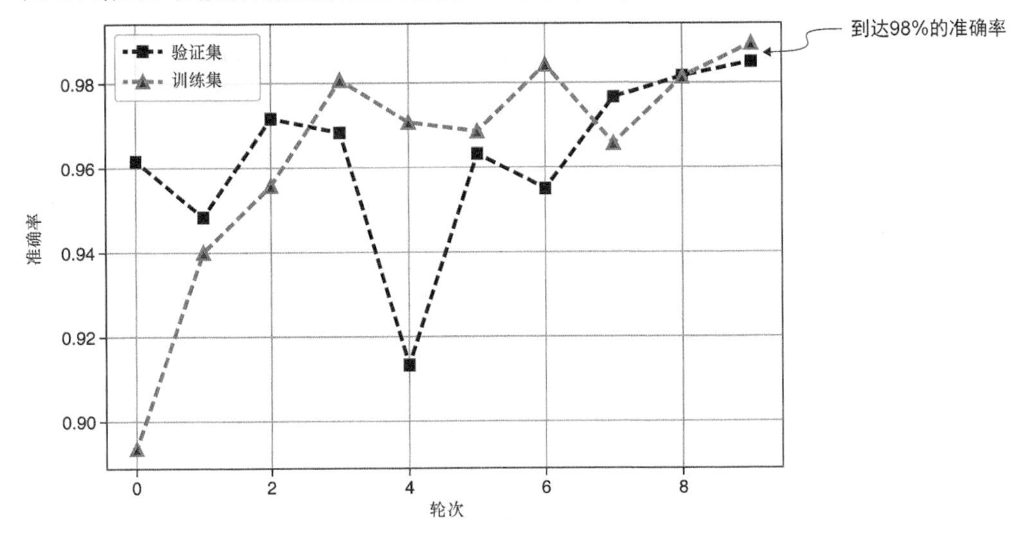

图 6.7　在假新闻数据集上训练模型的收敛结果

6.3 ULMFiT

在 ELMo 等技术出现前后，人们认识到 NLP 模型在许多方面不同于计算机视觉模型。将计算机视觉中的技术照搬到 NLP 模型的微调任务存在一些缺陷。例如，微调过程中经常发生对预训练知识的灾难性遗忘，以及对新数据的过拟合。这种情况造成的影响是，在训练过程中，任何原有的预训练知识都会丢失，并且产出的模型在训练集之外数据上的泛化能力较差。称为 ULMFiT 的方法通过引入一套用于微调 NLP 模型的技术，可以弥补其中的一些缺陷。

更具体地说，在微调过程中，ULMFiT 为通用预训练语言模型的各层制订了一些可变学习率计划。同时，它还提供了一组微调语言模型中任务特定层的技术，以实现更高效的知识迁移。尽管作者只是在基于 LSTM 的语言模型的分类任务中展示了这些技术，但实际上这些技术是通用的。

本节将讨论 ULMFiT 引入的各种技术。但是，我们并没有实际实现它，而是将相关数值研究延后到第 9 章。在第 9 章中，我们将基于 ULMFiT 的作者编写的 fast.ai 库探讨各种针对新场景的预训练模型适配技术。

在接下来的讨论中，假设我们已经拥有一个在大型通用文本语料库（如 Wikipedia）上预训练的语言模型。

6.3.1 以语言模型为目标任务的微调

无论初始预训练模型有多普适，在最终模型部署阶段都可能涉及不同分布类型的数据。为了适应新的场景，我们需要在一个来自新分布类型的更小的数据集上微调通用预训练模型。ULMFiT 的作者发现，差别式微调和斜三角形学习率技术可以缓解研究人员在微调模型时经常碰到的过拟合和灾难性遗忘这两个孪生问题。

差别式微调规定，由于语言模型的不同层捕获不同的信息，因此应以不同的学习率对其进行微调。特别是实践经验显示，首先对最后一层进行微调并记录最佳学习率大有裨益。在获得该基础学习率后，将其除以 2.6 可以得到下一层的建议学习率。连续除以相同的系数，便为后续每一层得到逐渐降低的建议学习率。

在调整语言模型时，我们希望模型在开始时快速收敛，然后是较慢的细化阶段。ULMFiT 的作者发现，实现这一点的最佳方法是使用斜三角形学习率，该学习率线性增加，然后线性衰减。特别是，在最初 10%的迭代次数中将学习率线性增加到最大值 0.01。图 6.8 给出了在总迭代次数为 10 000 的情况下 ULMFiT 的作者建议的学习率曲线。

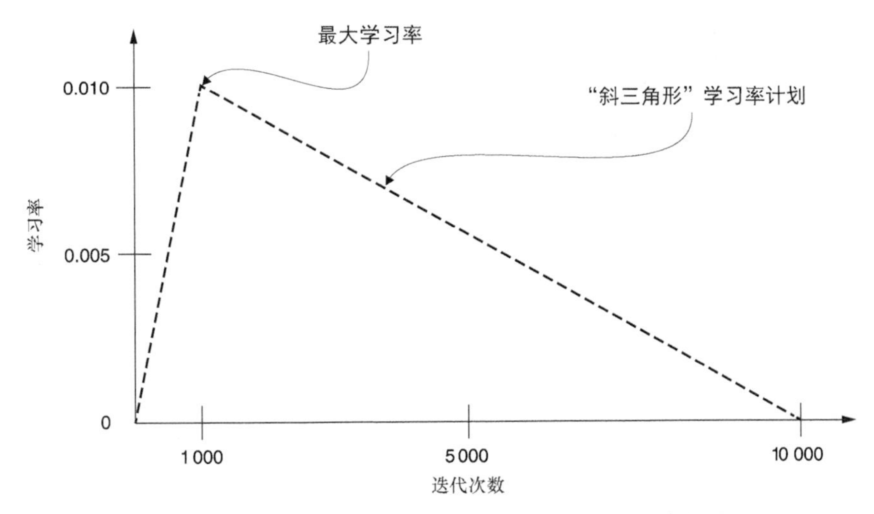

图 6.8 在总迭代次数为 10 000 的情况下的学习率曲线

6.3.2 以分类为目标任务的微调

除了在表示新场景数据分布的小数据集上微调语言模型的技术以外，ULMFiT 还提供了两种细化任务专享层的技术——concat 池化和逐步解冻。

在进行 ULMFiT 研发时，标准做法是将基于 LSTM 的语言模型的最终单元的隐藏状态传递给任务专享层。但是 ULMFiT 的作者建议将这些最终单元的隐藏状态在所有时间步长上（尽可能多地放入内存）的最大池化和平均池化结果连接起来。在双向上下文中，ULMFiT 的作者分别对前向和后向语言模型执行此操作，并且对预测结果取平均值。这个过程称为 concat 池化，用来实现和 ELMo 的双向语言建模方法类似的功能。

为了降低微调时灾难性遗忘的风险，ULMFiT 的作者建议对模型参数逐步进行解冻与调整。该过程从模型中包含最少的一般性知识的最后一层开始，在第一轮微调中它是唯一解冻和细化的一层。在第二轮中再解冻一层，并重复该过程。该逐步解冻过程将持续到所有任务专享层在最后一轮迭代中解冻和微调。

先提示一下，我们将在第 9 章的代码中探讨这些技巧且将涵盖多种场景的适配策略。

小结

与单词级模型不同，字符级模型可以处理拼写错误和其他社交媒体特征，如表情符号和小众方言等。

双向语言模型是构造理解局部上下文的单词嵌入表示的关键。

SIMOn 和 ELMo 都使用字符级 CNN 和 bi-LSTM，后者有助于实现双向上下文信息构建。

以不同学习率微调不同层的策略可能有助于将预训练模型适配到新的场景，这些学习率应基于斜三角形学习率计划先增大后减小。

逐步解冻和微调策略可能有助于将任务专享层适配到新场景，从最后一层开始，不断解冻，直到所有层都得到细化。

ULMFiT 采用差别式微调、斜三角形学习率和逐步解冻来解决语言模型微调时的过拟合和灾难性遗忘问题。

第三部分

基于 Transformer 的深度迁移学习以及适配策略

第7 章和第 8 章将涵盖 NLP 迁移学习领域中最重要的子领域：以 Transformer 神经网络作为关键功能的深度迁移学习技术，例如 BERT 和 GPT。实践证明，这类模型对近期的 NLP 应用拥有非常大的影响力，部分原因是，与先前同等规模的模型相比，其并行计算的架构具有更好的可扩展性。第 9 章和第 10 章将深入探讨各种适配策略，以提高迁移学习的效率。第 11 章是对本书的总结，将回顾重要的主题，并简要讨论新兴的研究方向。

第 7 章　基于 Transformer 的深度迁移学习和 GPT

本章涵盖下列内容。

- 了解 Transformer 神经网络结构的基础知识。
- 使用 GPT 生成文本。

在本章和第 8 章中，我们将介绍一些具有代表性的 NLP 深度迁移学习模型，这些模型均基于最近十分流行的神经网络结构 Transformer[1]来实现关键功能。它可以说是当今 NLP 领域最重要的模型。具体来说，我们将研究 GPT[2]、BERT[3]和多语言 BERT（mBERT）。这些模型使用的神经网络的参数量甚至大于前两章中介绍的深度卷积神经网络模型和深度循环神经网络模型。尽管这些模型的规模更大，但由于它们在并行计算架构上具有更好的可扩展性，因此迅速地流行开。这样一来，在实践中便可以开发参数规模更大、结构更为复杂的模型。为了使内容更易于理解，我们将这些模型的相关内容分为两章：本章将介绍 Transformer 和 GPT，而第 8 章则会重点介绍 BERT 和 mBERT。

在 Transformer 出现之前，主要的 NLP 模型都依赖于循环和卷积方式，正如前面两章介绍的那样。此外，最重要的序列建模和转换问题（如机器翻译）则依赖于编码器-解码器的网络结构，其中使用了注意力机制来检测输入和输出的各个部分的对应影响。Transformer 的目标是完全使用注意力机制替换循环神经网络和卷积神经网络。

本章和后续的各个章节会帮助读者对这类重要的模型建立有效的认知，同时帮助读者了解其中部分模型效果收益的具体来源。我们会介绍一个名为 transformers 的重要函数库，它使得 NLP 中针对 Transformer 类模型的分析、训练和应用对用户特别友好。此外，我们还会使用 tensor2tensor 这个

---

① Vaswani A et al, “Attention Is All You Need,” NeurIPS (2017).
② Radford A et al, “Improving Language Understanding by Generative Pre-Training,” arXiv (2018).
③ Peters ME et al, “BERT: Pre-Training of Deep Bidirectional Transformers for Language Understanding, Proc. of NAACL- HLT (2019).

TensorFlow 软件包来对注意力机制进行可视化。在介绍了各个基于 Transformer 的模型——GPT、BERT 和 mBERT 之后，我们还会介绍模型对应的相关任务的代表性代码。

GPT 是一个基于 Transformer 的模型，由 OpenAI 公司[①]开发，其训练目标是根据因果建模：预测序列中的下一个单词。它还特别适用于文本生成场景。我们将使用 transformers 库来演示如何使用预训练的 GPT 权重。

BERT 也是一个基于 Transformer 的模型。第 3 章已经对 BERT 进行了简要介绍。它的训练目标是填补句子的空白词。此外，它的训练目标还包括句对预测任务：判断给定的句子是否能作为目标句子的一个合情合理的后续句。虽然该模型不适合用于文本生成，但在其他通用语言任务（如分类和问答）上表现良好。由于此前已经详细探讨了分类任务，因此这里将在第 3 章的基础上使用问答任务来更加详细地探讨这个模型。

mBERT 是同时使用 100 多种语言预训练的 BERT 模型。自然地，这种模型特别适合跨语言的迁移学习。我们会阐明，多语言预训练模型是如何为那些甚至不存在于训练语料库中的语言生成 BERT 嵌入的。BERT 和 mBERT 模型都是由 Google 公司发明的。

本章将首先回顾基本的模型结构组件，并使用 tensor2tensor 包对它们进行详细的探索、观察。接下来，我们会在 7.2 节中概述 GPT 模型，并将文本生成作为预训练权重的一个代表性应用。8.1 节会介绍 BERT，然后会在 8.1.2 节介绍一个具有代表性的 BERT 应用——机器问答。在第 8 章最后会介绍一个实验，其中展示一种新语言的预训练知识从 mBERT 预训练权重到 BERT 嵌入的迁移过程，而用于生成预训练 mBERT 权重的多语言语料库最初并未包含这一新语言。在该实验中，我们以加纳语（Twi）为例进行阐述。基于这个实验，还可以进一步探索在新语料库上微调预训练 BERT 的权重。请注意，Twi 是一种低资源语言，高质量的训练数据非常稀少（如果有的话）。

7.1 Transformer

在本节中，我们将更深入地了解本章涵盖的神经网络系列模型的基础结构——Transformer。这一模型结构是由 Google 公司[②]提出的，原因是该公司的研究人员观察到通过采用卷积和循环组件，并结合一种称为注意力的机制，可以得到迄今为止性能最好的翻译模型。

更具体地说，这类模型采用编码器-解码器结构，其中编码器将输入文本转换为一种中间数字的向量表示，通常称为上下文向量，而解码器将上下文向量转换为输出文本。注意力机制通过对输出和输入的各个部分之间的依赖关系进行建模，可以提升这些模型的性能。通常，注意力机

① Radford A et al, “Improving Language Understanding by Generative Pre-Training,” arXiv (2018).
② Vaswani A et al, “Attention Is All You Need,” NeurIPS (2017).

制会与循环组件结合使用。由于这些组件本质上是有序的，因此任何给定位置 t 的内部隐藏状态取决于前一位置（$t-1$）的隐藏状态——无法对较长的输入序列进行并行化处理。另外，跨输入序列的并行化很快就会受到 GPU 内存的限制。

Transformer 放弃了循环组件，转而完全使用注意力机制。更具体地说，它使用了一种称为自注意力的机制。自注意力机制本质上就是前面介绍过的注意力机制，但是它将同一序列同时作为输入和输出进行处理。这允许它学习到序列的每个部分与该序列中其他各个部分之间的依赖关系。图 7.3 将重新讨论并更详细地说明该思想，因此，如果读者现在还没有建立起完整的思想，也无须担心。与前面阐述的循环类模型相比，这类自注意力模型能够更好地支持并行化。我们将在 7.1.2 节中明确说明原因，并使用示例句“He didn't want to talk about cells on the cell phone because he considered it boring.”来研究其各方面的工作原理。

现在，我们已经了解了这种结构的基本原理，接下来看看各种组件的简化版，如图 7.1 所示。

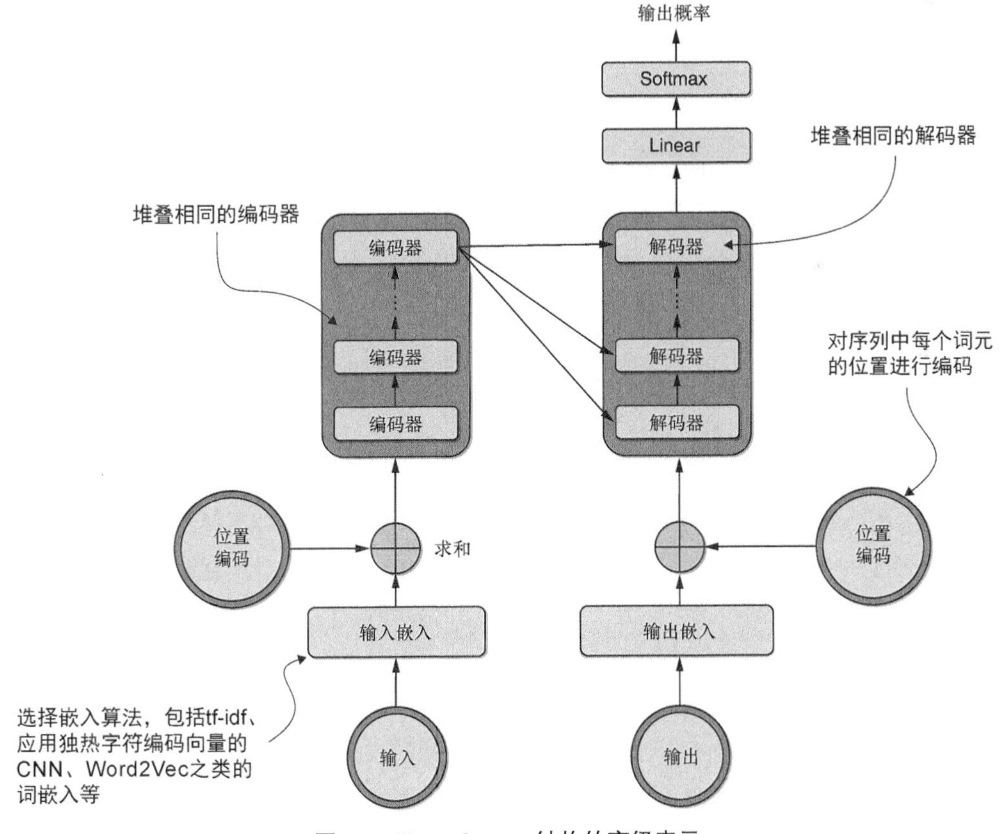

图 7.1 Transformer 结构的高级表示

从图 7.1 中可以看到，相同的编码器堆叠于整个结构的编码侧或者说左侧。堆叠编码器的数量是一个可调的超参数，原论文中使用了 6 个。类似地，在整个结构的解码侧或者说右侧堆叠了 6 个相同的解码器。同时，模型选择了一种嵌入算法将输入和输出都转换为向量表示。类似于第 6 章中的情况，该算法可以是词嵌入算法，比如 Word2Vec，或者甚至是用一个 CNN 处理独热编码的字符向量。此外，还对输入和输出的词元序列性进行了位置编码。这使得在保留序列知识的同时无须依赖循环组件。

如图 7.2 所示，每个编码器可以大致分解为一个自注意力层和一个前馈神经网络。

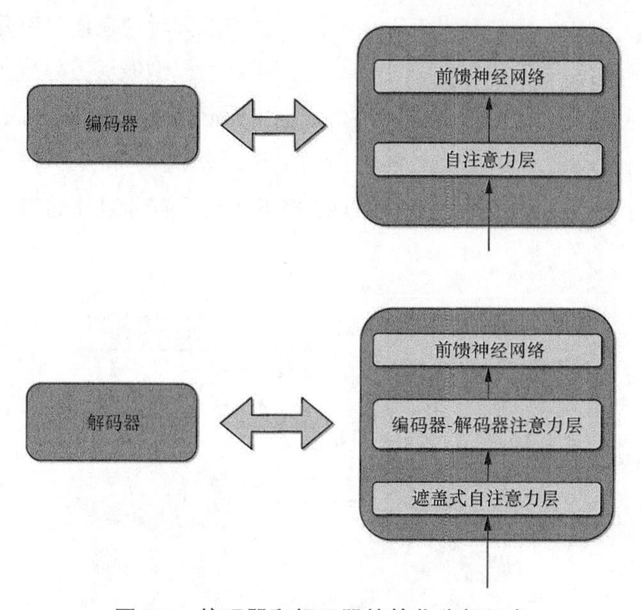

图 7.2 编码器和解码器的简化分解示意

在图 7.2 中，每个解码器都可以做类似的分解——在自注意力层和前馈神经网络中间加入一个编码器-解码器注意力层。请注意，在解码器的自注意力层中，未来的词元在计算该词元的注意力时被“遮盖”，这一点我们将在更合适的时机展开介绍。自注意力层能够学习到输入序列的各个部分以及同一序列的其他部分之间的依赖关系，而编码器-解码器注意力层会学习编码器和解码器的输入之间类似的依赖关系。这一过程类似于注意力最初在“序列到序列”循环翻译模型中的使用方式。

图 7.2 中的自注意力层可以进一步细化为多头注意力，它是自注意力的多维模拟，并且可以提升性能。我们会在后面进一步详细分析自注意力，同时也会介绍多头注意力。我们还会使用 bertviz 软件包提供可视化，以方便读者进一步了解。在本章的最后部分，我们将使用 transformers 库加载一个具有代表性的 Transformer 翻译模型，并应用它将几个英语句子快速翻译成低资源语言——Twi。

7.1.1 transformers 库简介与注意力可视化

在详细讨论多头注意力的各组件的工作原理之前，我们先来看一个例句“He didn’t want to talk about cells on the cell phone because he considered it boring.”。我们也会借着这个练习介绍 Hugging Face 开发的 transformers 库。第一步是使用以下命令获取所需的依赖项：

```
!pip install tensor2tensor
!git clone https://github.com/jessevig/bertviz.git
```

注意：回顾前面的章节，仅在 Jupyter 环境中执行时才需要感叹号（！），比如在我们推荐进行练习的 Kaggle 环境中。通过终端执行时，则需要删掉它。

tensor2tensor 包含原作者实现的 Transformer 结构，以及一些可视化工具。bertviz 包对这些可视化工具进行了扩展，使其支持 transformers 库中的大量模型。请注意，该程序需要借助 JavaScript 来呈现可视化效果。

使用以下命令安装 transformers 库：

```
!pip install transformers
```

为了更加形象化地介绍，再来看一下 BERT 编码器的自注意力。它可以说是各类基于 Transformer 的结构中最流行的，与图 7.1 中原始的编码器-解码器结构中的编码器类似。在 8.1 节的图 8.1 中，我们会明确地描绘 BERT 的模型结构。在这里，读者需要注意的是，BERT 编码器与 Transformer 的编码器是相同的。

要使用 transformers 库加载任何预训练模型，需要使用以下命令，同时还需要加载分词器：

```
from transformers import BertTokenizer, BertModel      <-- transformers 库中的 BERT 分词器和模型
model = BertModel.from_pretrained('bert-base-uncased',
     output_attentions=True)                            <-- 加载不区分字母大小写的 BERT 模型，以确保输出注意力
tokenizer = BertTokenizer.from_pretrained('bert-base-uncased',
     do_lower_case=True)    <-- 加载不区分大小写的 BERT 分词器
```

请注意，我们在这里使用的不区分字母大小写的 BERT 模型与第 3 章（代码段 3.7）中使用的相同，彼时我们第一次通过 TensorFlow Hub 接触 BERT 模型。

读者可以对示例语句进行编码表示，将每个词元编码为词汇表中的索引，并使用以下代码查看结果：

```
sentence = "He didnt want to talk about cells on the cell phone because he
     considered it boring"
inputs = tokenizer.encode(sentence, return_tensors='tf',
     add_special_tokens=True)    <-- 将 return_tensors 改为“pt”，可以返回 PyTorch 张量
print(inputs)
```

执行代码后将产生以下输出：

```
tf.Tensor(
[[ 101 2002 2134 2102 2215 2000 2831 2055 4442 2006 1996 3526
  3042 2138 2002 2641 2009 11771 102]], shape=(1, 19), dtype=int32)
```

只要设置 return_tensors='pt'，就可以很容易地返回 PyTorch 张量。想要查看索引对应哪些词元，我们可以对 inputs 变量执行以下代码：

```
tokens = tokenizer.convert_ids_to_tokens(list(inputs[0]))    ←— 从 inputs 列表中提取第一批样本
print(tokens)
```

执行代码后将产生以下输出：

```
['[CLS]', 'he', 'didn', '##t', 'want', 'to', 'talk', 'about', 'cells', 'on',
'the', 'cell', 'phone', 'because', 'he', 'considered', 'it', 'boring', '[SEP]']
```

读者马上可以注意到，在对输入变量进行编码时，可以通过 add_special_tokens 参数指定"特殊标记"，在本例中使用了"[CLS]"和"[SEP]"。前者表示句子/序列的开头，而后者表示多个序列之间的分隔符或序列的结尾（如本例所示）。请注意，这些是与 BERT 相关的，若是读者使用某个新结构，应当查看其文档，以了解它使用了哪些特殊标记。在这个分词练习中需要提醒的另一件事是结果中包含子单词，注意 didnt 是如何被分为"didn"和"##t"的，即使我们故意省略撇号（'）。

我们通过定义以下函数来可视化观察加载的 BERT 模型的自注意力层：

```
from bertviz.bertviz import head_view    ←— 引入 bertviz 注意力头可视化方法

def show_head_view(model, tokenizer, sentence):    ←— 展示多头注意力的方法
    input_ids = tokenizer.encode(sentence, return_tensors='pt',
     add_special_tokens=True)    ←— 务必同时使用 PyTorch 和 bertviz
    attention = model(input_ids)[-1]    ←— 获取注意力层
    tokens = tokenizer.convert_ids_to_tokens(list(input_ids[0]))
    head_view(attention, tokens)    ←— 调用 bertviz 的内部方法来展示自注意力

show_head_view(model, tokenizer, sentence)    ←— 调用我们的方法来进行可视化渲染
```

图 7.3 展示了示例句子在输入 BERT 模型后最后一层的自注意力值的可视化结果。读者可以滚动浏览各层中各个单词的可视化情况。请注意，并非所有注意力值的可视化结果都像这个例子一样容易解释，我们通常需要做一些练习来建立感性认识。

就这样！现在，我们已经了解了自注意力的作用，通过在图 7.3 中对其进行可视化观察，可以更加深入了解自注意力的数学细节。在 7.1.2 节中，我们首先从自注意力开始，然后将知识扩展到完整的多头上下文。

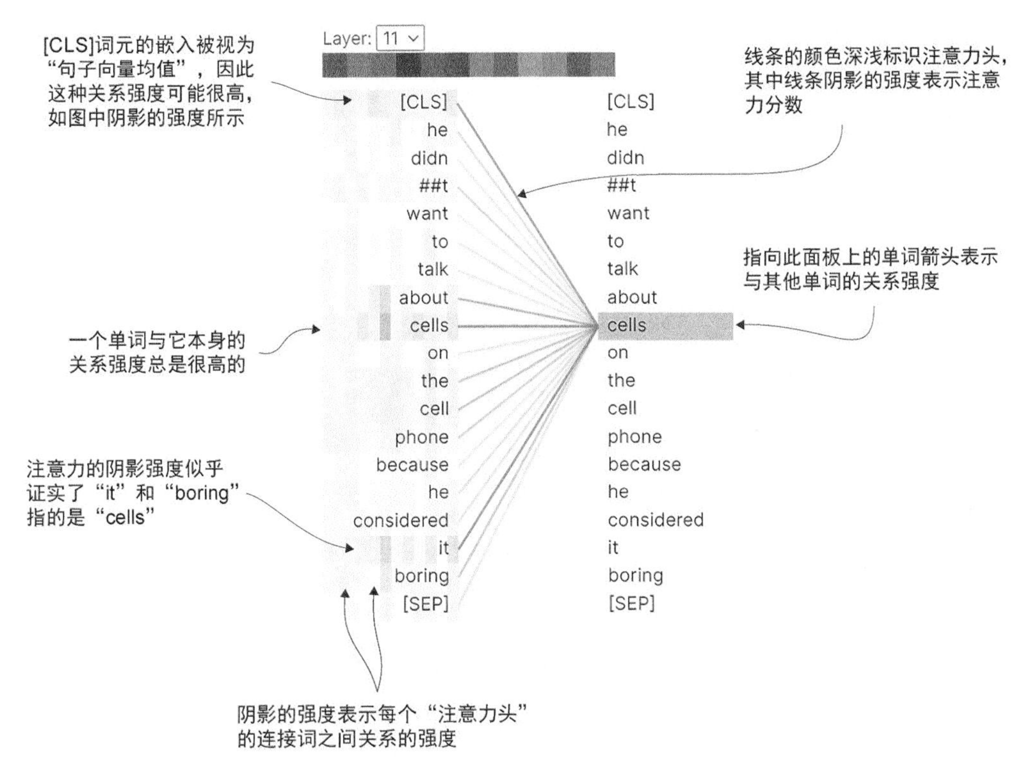

图 7.3 预训练的不区分字母大小写的 BERT 模型中最后编码层中的自注意力对示例句子的图像化表示

7.1.2 自注意力

再考虑例句“He didn’t want to talk about cells on the cell phone because he considered it boring.”，假设我们想找出形容词“boring”描述的是哪一个单词。机器只有拥有理解上下文的重要能力，才能够回答这类问题。我们知道这里描述的是“it”，自然指代的是“cells”。图 7.3 中的可视化结果证实了这一点。机器需要能够学习这种上下文意识。自注意力就是 Transformer 实现这一点的方法。在处理输入中的每个词元时，自注意力会查看所有其他词元来检测可能的依赖关系。回顾一下，我们在第 6 章中使用了 bi-LSTM 来实现相同的功能。

那么，自注意力是如何实现这一目标的呢？图 7.4 形象地展示了这方面的基本思路。在图 7.4 中，我们计算了“boring”一词的自注意力权重。在深入研究更多细节之前，请注意，一旦获得了各种单词的键、值和查询向量，就可以独立处理它们。

每个单词都与一个查询向量（$\boldsymbol{q}$）、一个键向量（$\boldsymbol{k}$）和一个值向量（$\boldsymbol{v}$）关联。可通过将输入的嵌入向量乘在训练中学习得到的 3 个矩阵来获得这些向量。这些矩阵面对所有输入的词元都是固定不变的。如图 7.4 所示，当前单词“boring”的查询向量与每个单词的键向量计算点积后使用。通过一个固定常数（键和值向量的维数的平方根）缩放得出结果，并将其反馈给 softmax()函数。输出向量产生注意力系数，该系数表示当前词元“boring”与序列中的其他各个词元之间的关系强度。请注意，该向量的各个维度表征图 7.3 中可视化的多头注意力的各个给定列阴影的强度。

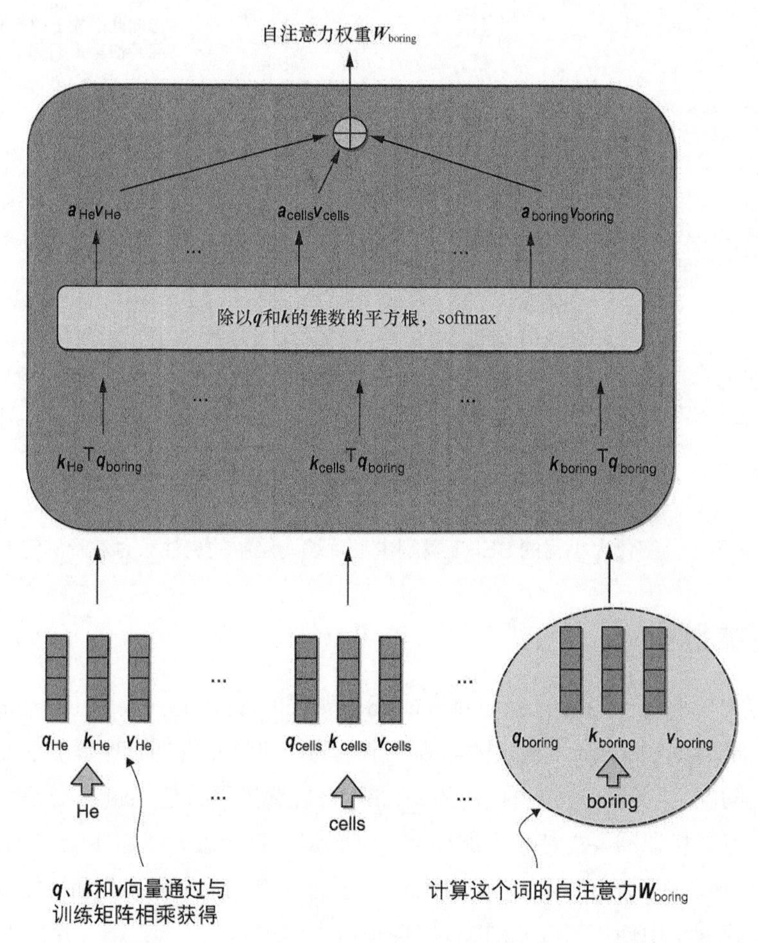

图 7.4　例句中关于“boring”一词的自注意力权重计算的可视表示

现在，读者们可以很好地理解为什么比起循环模型，Transformer 能够更好地支持并行计算。回顾一下我们演示的情形，一旦创建键、值和查询向量，就可以独立地计算不同词元的自注意力权重。这意味着对于较长的输入序列，可以并行计算。回顾一下，由于循环模型本质上是连续的，任意给定位置 t 的内部隐藏状态取决于前一位置（t–1）的隐藏状态。这意味着，较长的输入序列在循环模型中是不可能并行处理的，因为这些步骤必须一个接着一个地执行。另外，此类跨输入序列的并行计算很快就会受到 GPU 内存限制。与循环模型相比，transformers 库的另一个优势是注意力的可视化（见图 7.3）提供了更好的可解释性。

注意，尽管计算之间通过键向量和值向量存在一些相互依赖，但是序列中每个词元的权重的计算仍然可以独立进行。这意味着我们可以使用矩阵（见图 7.5）对整个计算进行向量表示。该等式中的矩阵 $\boldsymbol{Q}$、$\boldsymbol{K}$ 和 $\boldsymbol{V}$ 只是由查询、键和值向量叠加起来组成的矩阵。

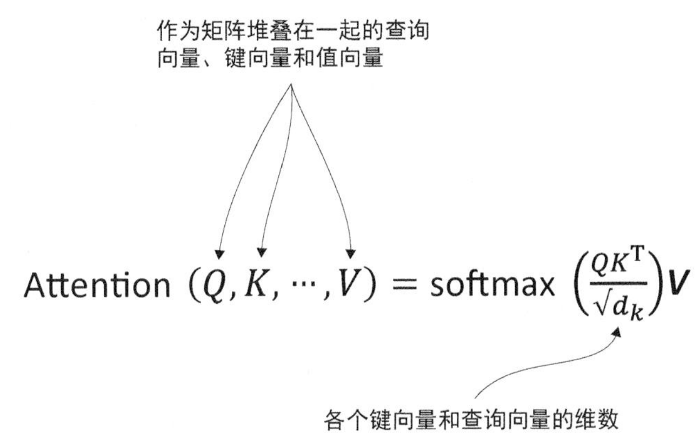

图 7.5 基于矩阵的整个输入序列自注意力计算的向量表示

那么多头注意力到底是怎么回事？我们已经介绍了自注意力，现在正是一个阐明多头注意力的好时机。在图 7.3 的阴影部分，我们已经隐含地展示过多头注意力（其实就是把自注意力从一列泛化扩展到多个列）。思考一下，当寻找“boring”修饰的名词的时候，我们到底做了什么。从技术上讲，我们在寻找名词-形容词的修饰关系。假设我们有一个自注意力机制来跟踪这种关系。那如果我们还需要跟踪主谓关系呢？那么其他所有可能的关系呢？多头注意力本质上是通过提供多个表示维度来解决这一问题的，而不仅仅是一个维度。

7.1.3 残差连接、编码器-解码器注意力和位置编码

Transformer 是一个复杂的结构，它有许多特性，我们不会像介绍自注意力那样详细地介绍它。就读者想要将 Transformer 用来解决自身的问题而言，掌握细节并不重要。因此，我们在此仅对其进行简要总结，同时鼓励读者深入研究原始资料，随着时间的推移，以及经验和直觉的累积，读者对它的认识也会日益加深。

这里要介绍的第一个特性是，我们在图 7.2 中的简化编码器中没有显示编码器中的各个自注意力层和随后的正则化层之间的残差连接，如图 7.6 所示。

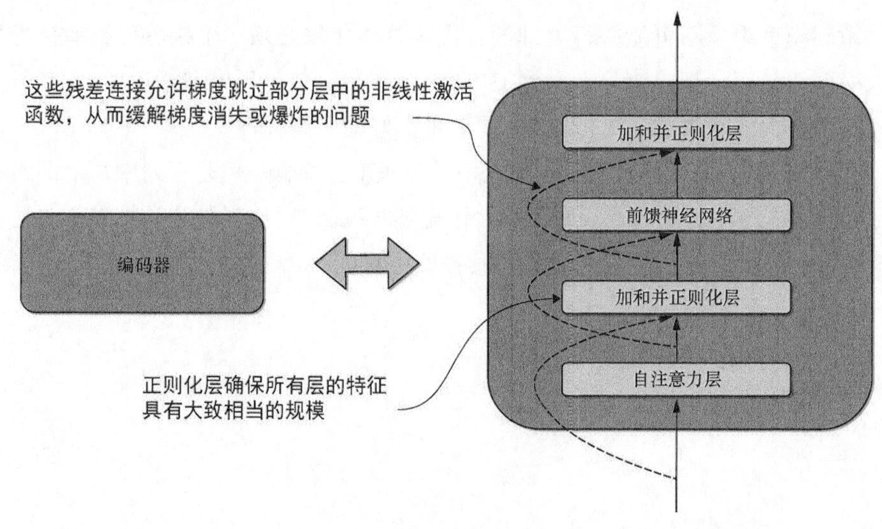

图 7.6　各个 Transformer 编码器的更详细、更准确的划分情况

如图 7.6 所示，每个前馈神经网络都有一个残差连接和一个正则化层。解码器方面也有类似的结构。这些残差连接允许梯度跳过层内的非线性激活函数传导，从而缓解梯度消失或梯度爆炸的问题。简言之，正则化确保输入特征传导到所有层的比例大致相同。

在解码器方面，回顾一下图 7.2 中的编码器-解码器注意力层，这部分内容还没有阐述。接下来我们复制图 7.2，为了方便阅读，在图 7.7 中突出显示了该层。

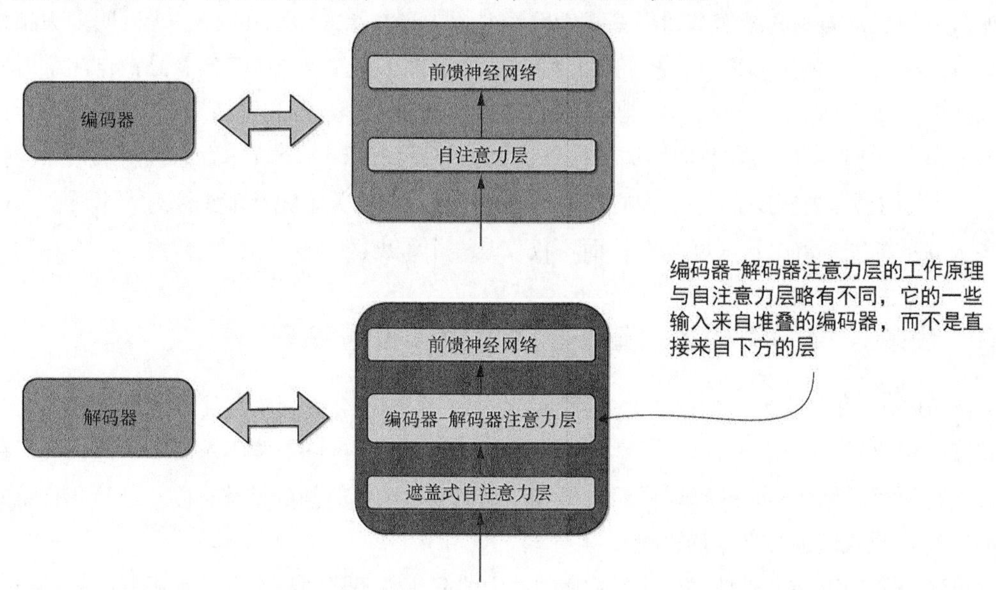

图 7.7　（重复图 7.2，编码器-解码器注意力层颜色加深）编码器和解码器的简化分解示意

编码器-解码器注意力层的工作原理类似于前面所述的自注意力层，主要的区别在于，每个解码器的输入向量（表示键和值）来自编码器栈的顶部，而查询向量来自编码器栈正下方的层。如果读者带着这些更新的信息再次浏览图 7.4，就会发现这种更改的作用是计算每个输出词元和每个输入词元之间的注意力，而不是像自注意力层那样计算输入序列中所有标记之间的注意力。这里复制图 7.4，然后根据编码器-解码器注意力层的情况进行微调，以便读者理解，如图 7.8 所示。

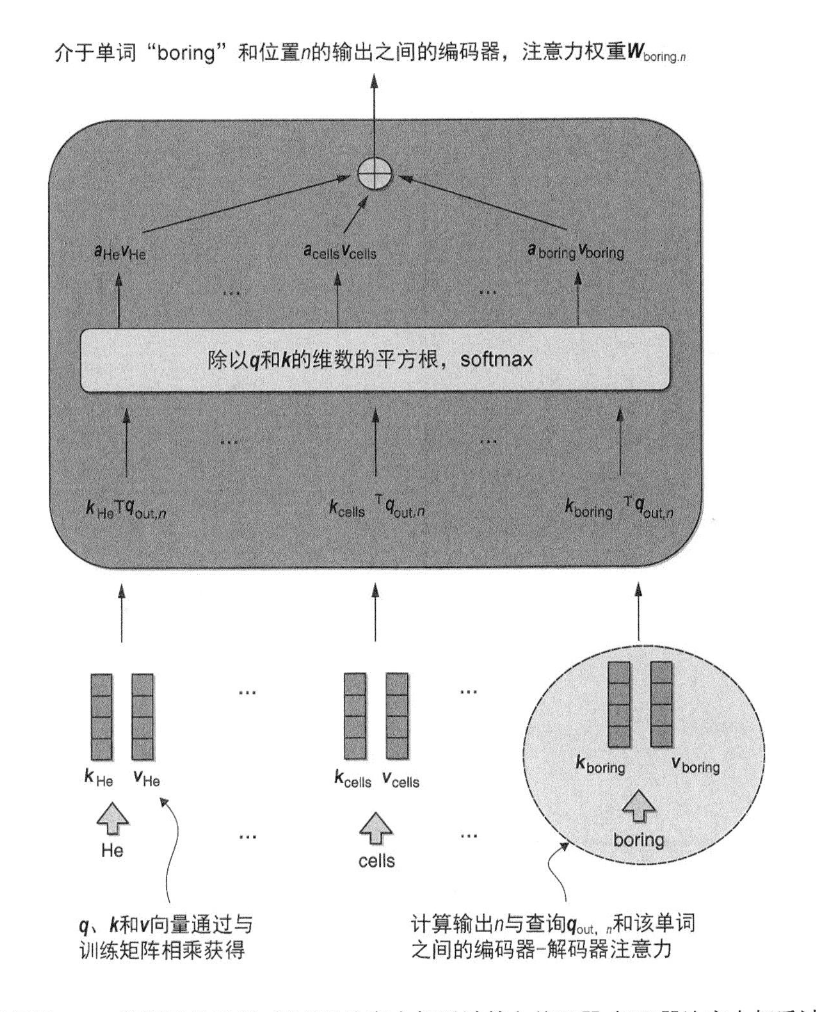

图 7.8 （重复图 7.4，微调了编码器-解码器注意力权重计算）编码器-解码器注意力权重计算的视图，介于例句中单词“boring”和位置 n 的输出之间

接下来我们开始介绍图 7.1 中在编码器端和解码器端都出现的位置编码。因为这里处理的是序列，所以对每个序列中每个词元的相对位置进行建模和保存十分重要。到目前为止，我们对 Transformer 操作的描述还没有涉及“位置编码”，并且也不知道各个自注意力层读取词元的顺序。位置嵌入解决了这一问题，具体方法是在每个词元输入中添加一个等长的向量，该向量是词元在序列中位置的特殊函数。Transformer 的作者使用了位置相关正弦和余弦周期函数来生成这类位置嵌入。

这样我们基本完成了 Transformer 结构的阐释。为了更具体地表达，后面内容会介绍如何使用预训练的编码器-解码器模型将英语句子翻译成低资源语言句子。

7.1.4　预训练的编码器-解码器在机器翻译任务中的应用

本节的目标是让读者了解 transformers 库中触手可及的大量翻译模型。赫尔辛基大学的语言技术研究小组已经提供超过 1 000 个预训练模型。在撰写本书时，这些模型是很多低资源语言唯一可用的开源模型。这里我们以流行的 Twi 为例。它是用 JW300 语料库进行训练的，该语料库包含许多低资源语言的唯一存世的对照翻译数据集。

令人遗憾的是，JW300 中的数据并不是非常理想。我们调查后认为，这些预训练模型质量不错，完全可以作为进一步迁移学习和优化的初始基线。由于收集数据较为困难，同时也缺乏现成的可用数据集，因此我们暂时无法在更优质的数据上改进基线模型。在 8.2 节中，我们将会使用 Twi 单语言语料进行 mBERT 模型的微调，希望结合这一部分内容，读者能获得一组强大的工具集，用于下一步跨语言迁移学习研究。

无须赘述，我们直接用以下代码加载预训练的“英语到 Twi”的翻译模型和分词器：

```
from transformers import MarianMTModel, MarianTokenizer

model = MarianMTModel.from_pretrained("Helsinki-NLP/opus-mt-en-tw")
tokenizer = MarianTokenizer.from_pretrained("Helsinki-NLP/opus-mt-en-tw")
```

MarianMTModel 类是一个基于 C++库 MarianNMT 开发的编码器-解码器 Transformer 结构。值得注意的是，在研究小组提供模型的前提下，只需将语言代码 en 和 tw 替换，即可更改翻译的源语言和目标语言。例如，将输入的配置改为“Helsinki-NLP/opus-mt-fr-en”就会加载法语到英语的模型。

如果我们在网上与加纳的一位朋友聊天，想知道如何在自我介绍时用加纳语表达“My name is Paul”，可以使用以下代码来计算并显示翻译结果：

```
text = "My name is Paul"    <-- 输入要翻译的英语句子
inputs = tokenizer.encode(text, return_tensors="pt")    <-- 对输入词元进行 ID 编码
outputs = model.generate(inputs)    <-- 生成输出词元 ID
decoded_output = [tokenizer.convert_ids_to_tokens(int(outputs[0][i])) for i
```

```
    in range(len(outputs[0]))]          ◁— 将输出词元 ID 解码为实际输出词元
print("Translation:")   ◁— 输出译文
print(decoded_output)
```

运行代码，输出如下：

```
Translation:
['<pad>', '▁Me', '▁din', '▁de', '▁Paul']
```

我们立即会关注到，输出中出现了一个此前从未见过的特殊标记<pad>，以及每个单词前都有下画线。这与 7.1.1 节中 BERT 分词器的输出不同。技术上的原因是，BERT 使用了 WordPiece 分词器，而这里的编码器-解码器模型使用了 SentencePiece。虽然这里我们没有详细讨论这些分词器之间的差异，但确实有必要借机提示读者，请查阅任何即将尝试的新分词器的文档。

译文“Me din de Paul”无疑是正确的。太棒了！而且这并不难，对吗？然而，换一个输入句子“How are things？”则会产生“Ɔkwan bɛn so na nneɛma te saa？”的翻译，翻译回来的字面意思是“In which way are things like this?”。我们观察到，尽管这种翻译的语义看起来已经很接近正确结果，但这么翻译是错误的。然而，语义上的相似表明该模型提供了一个不错的基线，如果有优质的英语-Twi 对照语料，我们可以通过迁移学习进一步改善模型。此外，将输入句子改为“How are you？”，该模型可以得出正确的翻译“Wo ho te dɛn？”。总的来说，这个结果已经非常令人激动了，我们希望读者能够受到启发，基于这些基线模型扩展出一批优秀的开源 Transformer 模型，来处理那些此前尚不能处理的低资源语言。

接下来，我们将介绍 GPT——一种基于 Transformer 的文本生成模型，在 NLP 社区大名鼎鼎。

7.2 GPT

GPT[①]是由 OpenAI 公司研发的，它是最早将 Transformer 结构应用于本书讨论的半监督学习场景的模型之一。当然，这里想表达的意思是，在海量文本数据上对语言模型进行无监督（或自监督）预训练，然后在最终目标数据中进行有监督的微调。GPT 的作者发现 GPT 在 4 类语言理解任务上的性能都得到显著提升。这 4 类任务分别是自然语言推理、问答、语义相似性和文本分类。值得一提的是，通用语言理解评估（General Language-Understanding Evaluation，GLUE）的性能比基线成绩提高了超过 5%，GLUE 还包括其他复杂而多样的任务。

GPT 模型经历了 GPT、GPT-2 以及 GPT-3 等多次迭代。实际上，在撰写本书时，GPT-3 恰好是已知最大的预训练语言模型之一——拥有约 1750 亿个参数。它的前身是 GPT-2——拥有约 15 亿个参数，于 2019 年发布，彼时也被认为是参数规模最大的模型之一。在 2020 年 6 月 GPT-3 发布之前，当时最大的模型是微软的 Turing-NLG，它有约 170 亿个参数，于 2020 年 4 月发布。

---

① Radford A et al, “Improving Language Understanding by Generative Pre-Training,” arXiv (2018).

它的部分指标的增长速度之快令人震惊，这些记录也可能很快作古。事实上，发布 GPT-2 时，GPT-2 的作者认为不应该完全开源，因为这样它可能会被不怀好意者滥用。

尽管 GPT 在发布时在前述大多数任务上都取得了最佳成绩，但它逐渐被作为文本生成任务的首选模型。GPT 使用因果建模目标（Causal Modeling Objective，CLM）进行训练，预测下一个词元，这与 BERT 及其变体都不一样，BERT 采用的是遮盖式语言建模（Masked Language Modeling，MLM），以填充空白作为预测目标，第 8 章会更详细地介绍这部分内容。

在 7.2.1 节中，我们会简要介绍 GPT 结构的关键部分。接下来，我们将介绍 transformers 库中的 pipeline API——用于为常见的任务最小化地运用预训练模型。我们将结合 GPT 的应用任务进行这方面的介绍，它在文本生成方面的表现非常出色。与前面关于编码器-解码器 Transformer 和翻译的部分一样，我们在这里没有使用具体的目标数据对预训练 GPT 模型进行精练。然而，在 8.2 节中，我们会使用 Twi 单语言数据对 mBERT 模型进行微调，读者将获得一组强大的工具集，用于进一步研究迁移学习在文本生成领域的应用。

7.2.1　模型结构概述

细心的读者可能还记得，7.1.1 节展示了 BERT 的自注意力机制，而 BERT 本质上是基于编码器-解码器结构的 Transformer 模型的编码器部分的堆叠。GPT 在本质上与之相反，因为它是解码器部分的堆叠。回顾图 7.2，除了编码器-解码器注意力层以外，Transformer 解码器的另一个显著特征是其自注意力层是“遮盖式的”，也就是说，当计算任何给定词元的注意力时，后续的词元是“遮盖的”。方便起见，这里重复图 7.2，高亮显示了该遮盖层，如图 7.9 所示。

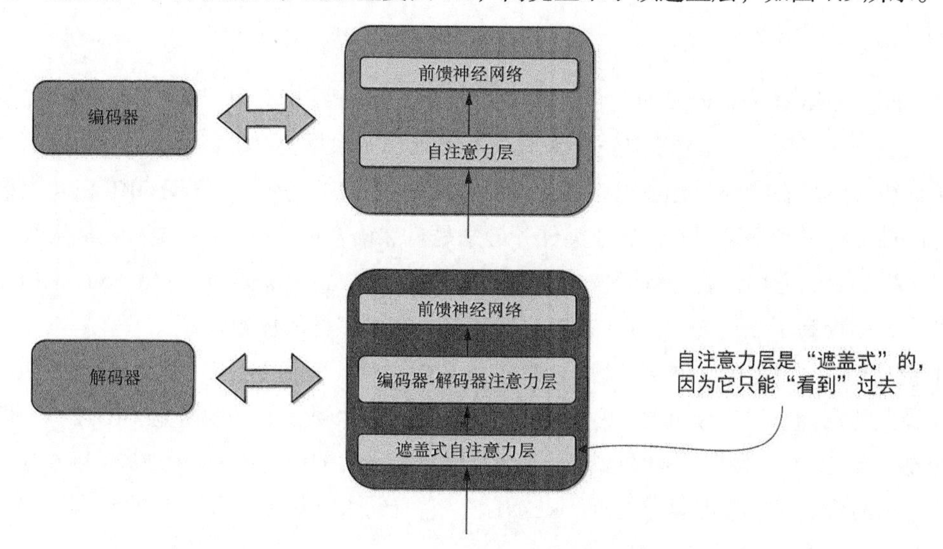

图 7.9　（重复图 7.2，遮盖层颜色加深）编码器和解码器的简化分解示意

回顾图 7.3，进行注意力计算意味着在计算中只包括“he didnt want to talk about cells”中的词元，而忽略掉其余的词元。这里复制图 7.3，并稍加修改，以便读者能清晰地看到后续词元被遮盖的情况，如图 7.10 所示。

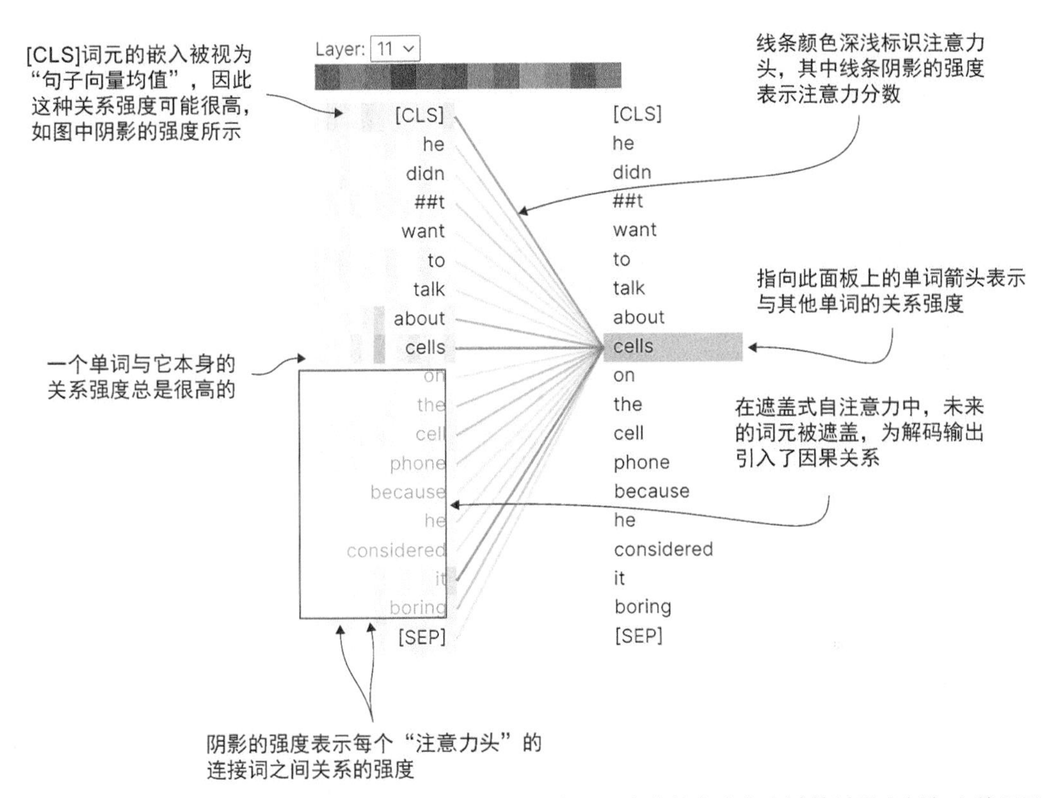

图 7.10 （重复图 7.3，引入了遮盖的自注意力部分改动）遮盖的自注意力计算过程在例句上的展示

这样，系统中就引入了因果关系，适合文本生成或预测后续词元。由于没有编码器，因此编码器-解码器注意力也随之丢弃。带着这些因素，来看图 7.11 中展示的 GPT 架构。

请注意，在图 7.11 中，相同的输出可用于某些其他的文本预测、文本生成、文本分类等任务。事实上，作者设计了一个输入转换方案，该方案把多个任务的输入交由相同的网络结构处理，且无须进行任何修改。例如，考虑文本蕴涵类任务，大致相当于确定一个前提句是否能推导出另一个假设句。输入转换方案将前提句和假设句连接起来，由一个特殊的字符分隔，并将生成的连续字符串输入给同一个未修改的网络结构，来分辨两者是否存在蕴涵关系。另外，再来考虑重要的问答类应用。此处给定一些相关文档、一个问题和一组可能的答案，而任务是确定哪个答案是该问题的最佳答案。于是，输入转换会将上下文、问题和每个可能的答案连接成连续字符串，然后通过相同的模型处理每个字符串，并对相应的输出执行 softmax 算子来确定最佳答案。此外，它也为句子相似性计算任务设计了类似的输入转换方案。

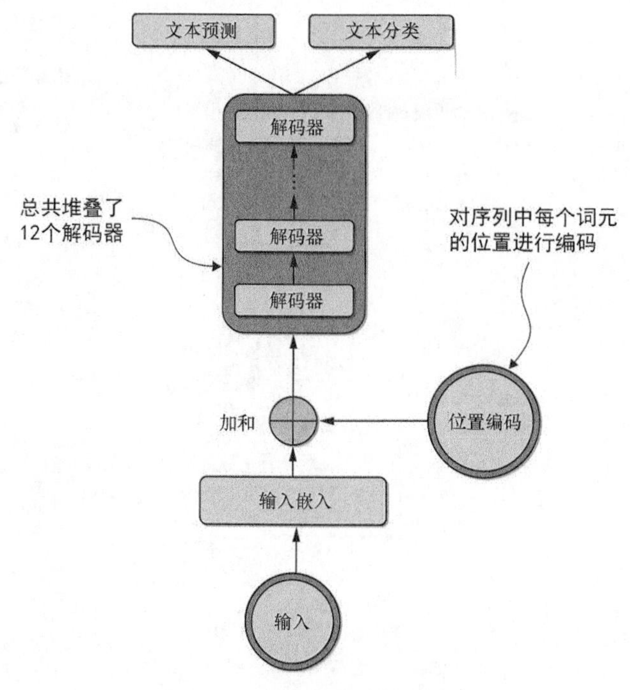

图 7.11 GPT 架构的抽象表示

简要介绍 GPT 的架构之后，我们会使用它的预训练版本进行一些有趣的编码实验。我们首先使用它来基于提示生成开放式文本。之后，在 7.2.2 节中，我们还会使用微软公司的 GPT 改进版——DialoGPT[①]来进行聊天机器人的多轮对话。

7.2.2 Transformer pipeline 及其在文本生成任务中的应用

在本节中，我们要做的第一件事是使用 GPT 来完成开放式文本的生成。我们也将利用这个机会介绍 pipeline 这个 API。基于该 API 我们可以使用 transformers 库中的预训练模型进行推理，这比我们在 7.1.4 节中进行翻译的操作更为简易。transformers 库的作者声明，transformers 库的目标是将常用任务的复杂代码抽象成 API，包括命名实体识别、遮盖语言建模、情感分析和问答。考虑到本节的内容，文本生成也是一个部分。

① Zhang Y et al, “DialoGPT: Large-Scale Generative Pretraining for Conversational Response Generation,” arXiv (2019).

首先，我们使用 transformers pipeline 的 API 来初始化 GPT-2 模型，代码如下：

```
from transformers import pipeline
gpt = pipeline('text-generation',model='gpt2')
```

提示一下，原始形式的 GPT 非常适合开放式文本生成，例如在已有的部分文本基础上创造性地编写部分补充文本。我们通过以下命令可以查看模型针对“Somewhere over the rainbow...”启发式生成的内容，最多 100 个词元：

```
gpt("Somewhere over the rainbow", max_length=100)
```

这将产生如下输出：

```
[{'generated_text': "Somewhere over the rainbow people live! I wonder how they get to know each other… They just have a wonderful community out there - but when they see each other as two of the best in school they never even realize them, just love, family, friends, and friends. I'm really proud of their talent and dedication to life. I've seen a lot of people that were raised by their mother and grandma in the Midwest and didn't understand there was such an opportunity and I truly cannot"}]
```

文本在语义上似乎十分正确，即便有些许不连贯。读者可以想象，一个有创造力的作家可以用这种方法来激发灵感，以突破自身的障碍。现在，我们来看看是否可以用一些不那么有“创造性”的东西，即用一些更技术性的东西来初始化模型，再看看具体效果。我们通过以下代码，以文本“Transfer learning is a field of study”来进行启发：

```
gpt("Transfer learning is a field of study", max_length=100)
```

这将产生如下输出：

```
[{'generated_text': "Transfer learning is a field of study that has been around for centuries, and one that requires a thorough grounding in mathematics in order to understand the complexities of these systems. If you go to the library for your high school physics course, you know you're on the right track. The only problem with this position is that people don't ask questions. The only thing they really do ask is: how do we figure out how to apply these processes to the rest of physics and other sciences?\n\nIn"}]
```

同时，我们可以看到这些文本在语义连贯性、语法结构、拼写、标点符号等方面的表现都非常好，可以说是无懈可击。然而，随着深入阅读，我们会发现这些文本可能存在事实上的错误。我们都同意，需要坚实的数学基础才能真正理解迁移学习，甚至认为它已经存在了几个世纪——通过我们人类！然而，迁移学习却不是一个物理领域，尽管和物理领域相比，两者需要掌握的技能在一定程度上有相似之处。我们可以看到，模型输出的内容越长，就越不可信。

请务必多做实验，以了解模型的优缺点。例如，读者可以试着用我们的例句“He didn't want to talk about cells on the cell phone because he considered it boring.”来启发模型。我们发现这在创造性写作领域中看起来是一个合理的应用，而在技术性写作领域，也许需要把 max_length 设置为一个较小的值。对许多作者来说，这已经能给到些许帮助了。

了解文本生成之后，我们再来看看是否可使用 GPT-2，以某种方式创建一个聊天机器人。

7.2.3 聊天机器人任务中的应用

直觉上，大家都希望能在无须对应用程序进行大幅修改的前提下顺利地应用 GPT。幸运的是，微软公司的工程师已经通过 DialoGPT 模型实现了这个目标，该模型已经集成到 transformers 库。它的模型结构与 GPT 相同，但是添加了特殊的词元来表示某个参与者在会话中回合结束了。当看到这个词元后，我们可以将会话参与者的对话内容添加到启发的上下文中，然后直接应用 GPT 生成响应文本，然后不断重复这个过程，这样一个聊天机器人就诞生了。当然，预训练的 GPT 模型会使用会话中的文本进行微调，来确保给出合适的响应。作者使用了 Reddit 线程来完成微调。

我们来实操构建一个聊天机器人！在这个案例中，我们不会用到 pipeline，因为在撰写本书时，该 API 还没有囊括这个模型。这样一来，我们会平替地使用不同的方法调用这些模型进行推理，这对读者来说是有益的练习。

我们需要做的第一件事是使用以下命令加载预训练模型和分词器：

```
from transformers import GPT2LMHeadModel, GPT2Tokenizer
import torch

tokenizer = GPT2Tokenizer.from_pretrained("microsoft/DialoGPT-medium")
model = GPT2LMHeadModel.from_pretrained("microsoft/DialoGPT-medium")
```

请注意，DialoGPT 模型使用 GPT-2 模型的类

这里使用 Torch，而不是 TensorFlow，因为它是 transformers 库的默认平台

在现阶段，需要强调几件事。首先，我们使用的是 GPT-2 模型的类，这与前面讨论的内容一致，DialoGPT 被认为是该模型的一种直接应用。其次，我们可以将 AutoModelWithLMHead 和 AutoTokenizer 类与这些 GPT 中的对应的模型类互换后加以使用。这些工具类可以探测输入字符串所指定的模型最优加载类，在本例中，它们探测出最优的类是 GPT2LMHeadModel 和 GPT2Tokenizer。在阅读 transformers 库的文档时，读者可能会遇到这些工具类，了解它们的存在是有价值的，这样可以使得代码更加通用。最后，这里使用的是 GPT 的“LMHead”版本。这意味着原始 GPT 的输出可以通过一个线性层和一个正则化层，转换为一个维度等于词表大小的概率值向量。如果模型的训练得当，则该向量的最大维度应该对应于下一个最可能的词元。

代码段 7.1 展示了我们加载预训练 DialoGPT 模型进行对话的代码。

代码段 7.1 与预训练 DialoGPT 模型进行会话，聊天机器人最多给出 5 次响应

```
conversation_length = 5
for step in range(conversation_length):
    new_user_inputs_ids = tokenizer.encode(input("User: ") +
     tokenizer.eos_token, return_tensors='pt')
    bot_input_ids = torch.cat([chat_history_ids, new_user_inputs_ids], dim=1)
     if step > 0 else new_user_inputs_ids
    chat_history_ids = model.generate(bot_input_ids, max_length=1000,
     pad_token_id=tokenizer.eos_token_id)
    print("DialoGPT: {}".format(tokenizer.decode(chat_history_ids[:,
     bot_input_ids.shape[-1]:][0], skip_special_tokens=True)))
```

对
度
行

新的输入加入会话历史中

对新的用户输入编码，追加一个句子结束标记，并返回一个张量

以聊天历史记录为上下文，生成最长为 max_length 的返回词元

输出返回内容

读者可以轻松地跟这个机器人玩上一整天！我们问了它各种各样的问题，也通过多种方式给它提示，这确实很有趣。这里，我们为读者提供了如下的对话，博各位一笑吧：

```
User: Hi there.
DialogGPT: Hi there.
User: How are you today?
DialogGPT: I'm good, how are you?
User: Good! How much money do you have?
DialogGPT: I have about 100k.
User: What will you spend it on?
DialogGPT: I'm not sure, I'm not sure what I want to spend it on.
User: Make a decision, life is short.
DialogGPT: I'm going to go with a lot of things.
```

有没有这种可能：这段简短对话的另一端是人类？这是否意味着它通过了图灵测试？应该说不完全成立，如下所示：

```
User: Hi robot.
DialogGPT: Hello, human.
User: Huh?
DialogGPT: I'm a bot.
User: OK, what is your name?
DialogGPT: Robot. I'm a robot.
User: All right then.
DialogGPT: Robot. I'm a robot.
User: Say something else.
DialogGPT: Robot. I'm a robot.
```

当增加对话次数时，我们会发现机器人陷入重复的、离题的回答中。这类似于 GPT 的开放式文本生成，生成文本随着长度的增加而变得愈加荒谬。有一个简单的方法进行改进，就是保持固定的本地上下文大小，仅在该上下文中使用对话历史去提示模型。当然，这意味着对话不会总是考虑到对话的完整上下文——对于任何给定的应用，都要实验性地进行权衡。

猜想 GPT-3 在这些问题上的表现，应该是十分令人兴奋的。在第 11 章中，我们将会进一步

探讨 GPT-3，并介绍一个规模较小但有价值的开源替代品——来自 EleutherAI 的 GPT Neo。它已经集成在 transformers 库中，可以通过将模型的名称字符串设置为 EleutherAI 提供的名称而直接使用。

在第 8 章中，我们将讨论 Transformer 家族中最重要的成员——BERT。

小结

Transformer 结构使用了自注意力来构建理解文本的双向上下文，这使得它近期（截至本书发稿时）成为 NLP 领域中占据主导地位的语言模型。

Transformer 允许相互独立地处理序列中的词元，这比按顺序处理词元的 bi-LSTM 类模型具有更优的并行性。

Transformer 是翻译类应用的上上之选。

GPT 在训练过程中使用因果目标建模，这使得它成为文本生成的首选模型，例如聊天机器人应用。

第 8 章　基于 BERT 和 mBERT 的 NLP 深度迁移学习

本章涵盖下列内容。

- 运用 BERT 来完成一些有趣的任务。
- 使用 BERT 进行跨语言迁移学习。

在本章以及第 7 章中，我们的目标是介绍一些具有代表性的 NLP 领域的深度迁移学习的模型，这些模型都基于一种当前流行的神经网络结构 Transformer[①]，以实现其关键功能。Transformer 可以说是当今 NLP 最重要的网络结构。具体而言，我们的目标是研究模型，如 GPT[②]、BERT[③]和 mBERT。它们用到的神经网络模型参数甚至比我们此前研究的深度卷积神经网络和循环神经网络还要多。虽然参数规模更大，但是它们由于在并行计算架构上有着相对更优的可扩展性而广受欢迎。这使得在实践中我们可以开发出更大规模、更复杂的模型。为了便于读者理解，我们将这些模型划分到两章：第 7 章主要涵盖 Transformer 和 GPT，而本章专注于介绍 BERT 和 mBERT。

这里提示一下，BERT 是一个基于 Transformer 的模型，而本书的第 3 章和第 7 章已经简单介绍了 Transformer。它是以填写空白处被掩盖的内容作为预测目标而训练的。此外，Transformer 还以句对预测作为训练任务，该任务的目标是判断给定的句子是否是目标句子之后的一个合理的后续句。mBERT 实际上是同时在 100 多种语言语料上进行预训练的 BERT。自然地，这种模型特别适合跨语言迁移学习。我们会阐明，多语言预训练权重的检查点文档是如何为甚至不存在于训练语料库中的语言创建 BERT 嵌入的。BERT 和 mBERT 都是由 Google 公司发明的。

8.1 节将深入探讨 BERT，然后在 8.1.2 节介绍 BERT 应用于重要的问答类程序，这也是一个有代表性的示例。本章最后会介绍一个实验，其中展示了一种新语言的预训练知识从 mBERT 预

---

① Vaswani A et al, “Attention Is All You Need,” NeurIPS (2017).
② Radford A et al, “Improving Language Understanding by Generative Pre-Training,” arXiv (2018).
③ Peters ME et al, “BERT: Pre-Training of Deep Bidirectional Transformers for Language Understanding, Proc. of NAACL- HLT (2019): 4171–86.

训练权重到 BERT 嵌入的迁移过程。用于生成预训练 mBERT 权重的多语言语料库最初并未包含这一新语言。在该实验中，我们以加纳语为例进行阐述。

8.1 BERT

在本节中，我们将介绍最流行也最具影响力的 BERT。正如前面内容提到的，BERT 是面向 NLP 迁移学习而设计的，其网络结构基于 Transformer 构建，遵循了从 ELMo 开始兴起的命名方式。回想一下，ELMo 做的事情与 Transformer 的基本雷同，但是它使用了循环神经网络。本书的第1章在介绍NLP迁移学习历史时首先介绍了这两种模型。在第3章中，我们还使用 TensorFlow Hub 和 Keras 将它们应用于句对分类问题。如果读者已经不记得这些练习，可以先回顾，然后继续学习本章的内容，这样也许会有所裨益。再加上第 7 章，这些模型的预览内容使得读者可以更加详细地了解模型的功能原理，而这些功能原理正是本节要介绍的内容。

BERT 是继 ELMo 和 GPT 之后发展起来的一种预训练语言模型，但是得益于它的双向训练机制，在 GLUE 的大多数任务中其表现优于这两种模型。在第 6 章中，我们探讨了 ELMo 如何结合从左到右和从右到左的 LSTM 来实现双向上下文学习。在第 7 章中，我们讨论了 GPT 模型的遮盖式自注意力机制如何通过堆叠 Transformer 解码器使得其更适合因果文本生成。与上述这些模型不同，BERT 使用堆叠的 Transformer 编码器而非解码器，同时为每个输入词元实现双向上下文。回想 7.2 节讨论的 BERT 各个层中的自注意力，计算每个词元时都考虑了左右两个方向上的其他所有词元。虽然 ELMo 通过将两个方向放在一起实现了双向性，但 GPT 是一个因果单向模型。BERT 的每一层都拥有同时双向性，这似乎让它有了更深意义上的语境。

BERT 是用遮盖式语言建模（MLM）即以空白填充为预测目标进行训练的。训练文本中的词元被随机遮盖，模型的任务是预测被遮盖的词元。举个例子，再考虑一下前面例句的一个略加修改的版本“He didn’t want to talk about cells on the cell phone, a subject he considered very boring.”。要使用 MLM，我们可以将其转化为“He didn’t want to talk about cells on the cell phone, a [MASK] he consid- ered very boring.”。这里的[MASK]是一个特殊的标记，表示这些单词已经被删除。然后，我们要求模型根据训练期间观察到的所有文本来预测被删除的单词。一个训练好的模型可能会预测，被遮盖的单词有 40%的概率是“conversation”，有 35%的概率是“subject”，剩下 25%的概率是“topic”。在训练过程中，模型对数十亿个英语示例反复执行此过程，可以增加模型的英语知识。

此外，BERT 还会以后续句预测（Next-Sentence Prediction，NSP）为目标进行训练。在这个过程中，训练文本中的一些句子被替换为随机句子，模型需要预测句子 A 后的句子 B 是否是一个合理的后续句。举个例子，我们把前面的例句分成两个句子“He didn’t want to talk about cells on the cell phone. He considered the subject very boring."。然后，我们也许会删掉第二句，用一个随机句子替换它，比如"Soccer is a fun sport."。经过适当训练的模型需要能够将前者识别为可能的后续句，而后者则是完全不可能的。在本节中，我们会通过具体的编码练习示例来说明 MLM 和 NSP 这两个预测目标，以帮助读者理解这些概念。

在 8.1.1 节中，我们将简要描述 BERT 模型结构的关键内容。接下来，我们将应用 transformers 库中的 pipeline API，加载预训练的 BERT 模型来执行问答任务。然后，执行空白填充 MLM 任务和 NSP 任务。对于 NSP 任务，我们直接使用 transformers API，这也是为了让读者逐渐熟悉它。与第 7 章一样，这里我们也没有用更具体的目标数据对预训练 BERT 模型进行进一步精练。但是在 8.2.3 节中，我们将在 Twi 单语言数据上对 mBERT 模型进行微调。

8.1.1 BERT 模型结构

读者应该记得，在 7.1.1 节中，我们用图展示了 BERT 的自注意力机制，BERT 本质上是图 7.1 中原始编码器-解码器-Transformer 结构中的编码器的堆叠。BERT 模型结构如图 8.1 所示。

正如在介绍 BERT 时所讨论的，如图 8.1 所示，训练期间使用后续句预测和遮盖式语言模型为目标。BERT 最初被划分为两个版本——基础版和增大版。在图 8.1 中，基础版堆叠了 12 个编码器，而增大版堆叠了 24 个编码器。与此前的 GPT 和原始 Transformer 一样，BERT 通过嵌入层将输入转换为向量，并为其添加位置编码，以提供输入序列中各个词元的位置信息。为了支持后续句预测任务，其输入是一对句子（句子 A 和句子 B），我们添加了一个额外的段编码步骤。段嵌入标记了给定词元所属的句子，并将其添加到输入和位置编码中，用来产生馈送到编码器的输出。我们的示例句子对为"He didn't want to talk about cells on the cell phone. He considered the subject very boring."，整个输入转换如图 8.2 所示。

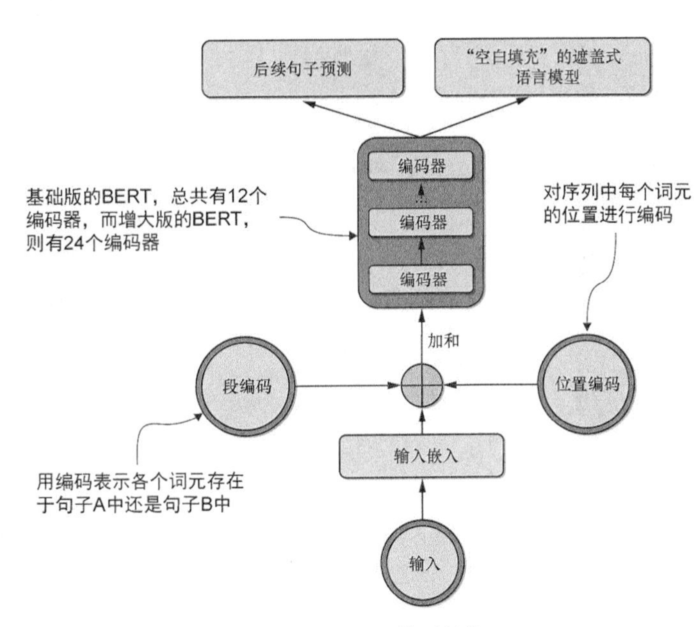

图 8.1 BERT 模型结构

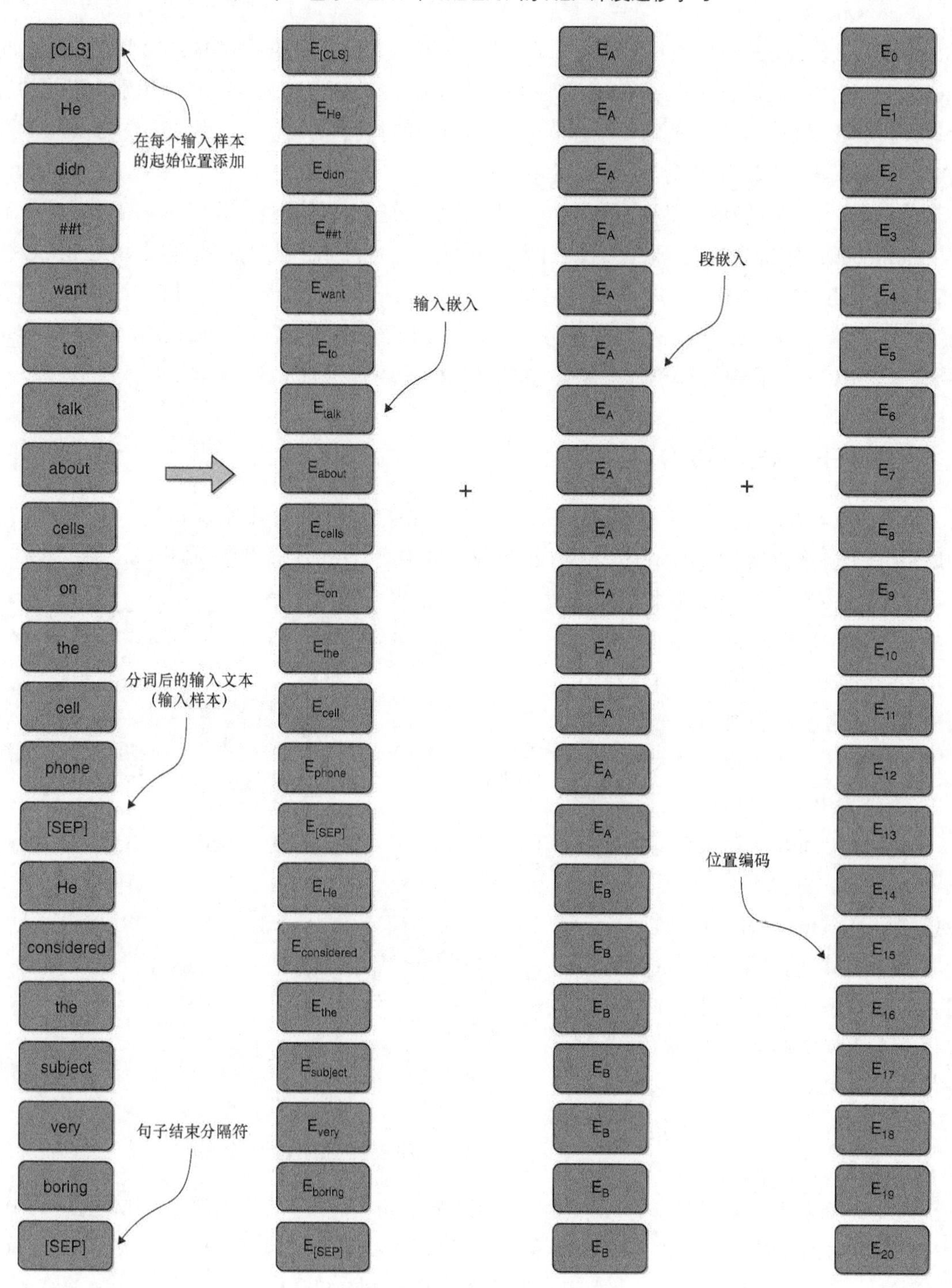

图 8.2　BERT 输入转换图示

这里有必要对[CLS]和[SEP]等特殊词元做一个简要的说明。如前面章节所述，[SEP]词元表示句子的结束和句子之间的分隔符。另外，[CLS]这个特殊词元会添加到每个输入样本的起始位置。输入样本是关于 BERT 的一个专门术语，表示经过分词后的输入文本，如图 8.2 所示。[CLS]标记的最终隐藏状态可以用于分类任务（如蕴涵分析或情感分析）的聚合序列表示。[CLS]表示“classification”。

在 8.1.2 节中我们会对一些概念结合具体示例展开介绍，而在此之前，回想一下，在第 3 章中首次遇到 BERT 模型时，我们首先将输入文本转换为输入样本，然后将其转换为特殊的三元组。三元组包含输入 ID、输入遮盖和段 ID。在这里复制代码段 3.8 来帮助读者加强记忆，因为当时还没有引入这些术语，如代码段 8.1 所示。

代码段 8.1 （复制自代码段 3.8）将输入转换为 BERT 模型接受的格式，构造模型并进行训练

构造模型的函数

```
def build_model(max_seq_length):
    in_id = tf.keras.layers.Input(shape=(max_seq_length,), name="input_ids")
    in_mask = tf.keras.layers.Input(shape=(max_seq_length,),
     name="input_masks")
    in_segment = tf.keras.layers.Input(shape=(max_seq_length,),
     name="segment_ids")
    bert_inputs = [in_id, in_mask, in_segment]

    bert_output = BertLayer(n_fine_tune_layers=0)(bert_inputs)
    dense = tf.keras.layers.Dense(256, activation="relu")(bert_output)
    pred = tf.keras.layers.Dense(1, activation="sigmoid")(dense)

    model = tf.keras.models.Model(inputs=bert_inputs, outputs=pred)
    model.compile(loss="binary_crossentropy", optimizer="adam",
     metrics=["accuracy"])
    model.summary()

    return model
```

我们不会重新训练任何 BERT，而是直接把预训练模型用作嵌入，并在其之上重新训练一些新的网络层

```
def initialize_vars(sess):
    sess.run(tf.local_variables_initializer())
    sess.run(tf.global_variables_initializer())
    sess.run(tf.tables_initializer())
    K.set_session(sess)
```

普通的 TensorFlow 初始化调用

使用 BERT 源码库中的函数将数据的格式转换为 InputExample 格式

使用 BERT 源码库中的函数构造一个兼容的分词器

```
bert_path = "https://tfhub.dev/google/bert_uncased_L-12_H-768_A-12/1"
tokenizer = create_tokenizer_from_hub_module(bert_path)

train_examples = convert_text_to_examples(train_x, train_y)
```

```
test_examples = convert_text_to_examples(test_x, test_y)
# Convert to features
(train_input_ids,train_input_masks,train_segment_ids,train_labels) =
     convert_examples_to_features(tokenizer, train_examples,
     max_seq_length=maxtokens)
(test_input_ids,test_input_masks,test_segment_ids,test_labels) =
     convert_examples_to_features(tokenizer, test_examples,
     max_seq_length=maxtokens)

model = build_model(maxtokens)

initialize_vars(sess)

history = model.fit([train_input_ids, train_input_masks, train_segment_ids],
train_labels,validation_data=([test_input_ids, test_input_masks,
test_segment_ids],test_labels), epochs=5, batch_size=32)
```

使用BERT源码库中的函数将InputExample格式转换为最终输入BERT的三元组格式

构造模型

实例化变量

训练模型

如第7章所述，输入ID只是BERT使用的分词后的词汇表中对应词元的整数ID，词汇表大小为30 000。因为Transformer的输入是固定长度的，由代码段8.1中的超参数max_seq_length定义，所以需要填充较短的输入，并截断较长的输入。输入遮盖只是长度相同的二进制向量，0对应pad标记（[pad]），而1对应实际输入。段ID与图8.2所述相同。另外，位置编码和输入嵌入由TensorFlow Hub模型在内部处理，不向用户公开。再次阅读第3章有助于读者完全掌握这里比较的内容。

尽管TensorFlow和Keras是每一位NLP工程师手中关键的工具，拥有无与伦比的灵活性和效率，但transformers库无疑能使这些模型更容易上手，对许多工程师和应用程序而言更容易使用。在8.1.2节中，我们会将transformers库中的BERT模型用于自动问答、空白填写和后续句预测等关键应用。

8.1.2 在自动问答任务中的应用

自从NLP领域诞生以来，问答任务就吸引了计算机科学家的注意力。它涉及在特定的场景中，计算机能够自动地为人类提出的问题提供答案。问答任务潜在的应用前景之大，将超出人类的想象。典型的例子包括医学诊断、事实检查和客服聊天机器人。事实上，只要读者在谷歌搜索引擎中搜索“Who won the Super Bowl in 2010?”或“Who won the FIFA World Cup in 2006？”，就会用到问答。

我们来给问答下一个更严谨的定义。具体而言，我们会考虑抽取式问答，定义是：给定上下文段落P和问题Q，问答任务旨在给出答案在P中的起始和终止位置索引。若P中不存在合理的答案，系统也需要能够指出这一点。接下来，我们将尝试一个简单的例子，使用transformers库的pipeline API来应用预训练BERT模型，这将增强读者的体验感。

我们从“世界经济论坛”（World Economic Forum）中挑选了一篇关于口罩和其他封锁政策对美国新冠肺炎流行病的有效性的文章。我们选择文章摘要作为上下文。请注意，如果没有可用的文章摘要，我们可以使用transformers库中的摘要pipeline快速生成。使用以下代码完成问答

pipeline 和上下文的初始化。请注意，我们在本例中使用的是增大版 BERT，它用斯坦福问答数据集（Stanford Question-Answering Dataset，SQuAD）[1]进行了微调。SQuAD 是迄今为止最大规模的问答数据集。还要注意，这是 transformers 处理此类任务的默认模型，无须显式指定。但是，为了透明，这里还是进行了指定。

默认情况下会加载这些模型，但为了更透明，这里进行显式指定。需要使用一个在 SQuAD 上微调过的模型，这很重要，否则，效果将会很差

```
from transformers import pipeline

qNa= pipeline('question-answering', model= 'bert-large-cased-whole-wordmasking-
finetuned-squad', tokenizer='bert-large-cased-whole-word-maskingfinetuned-
squad')

paragraph = 'A new study estimates that if the US had universally mandated
masks on 1 April, there could have been nearly 40% fewer deaths by the start
of June. Containment policies had a large impact on the number of COVID-19
cases and deaths, directly by reducing transmission rates and indirectly by
constraining people's behaviour. They account for roughly half the observed
change in the growth rates of cases and deaths.'
```

初始化 pipeline 之后，我们先查看能否通过“询问”文章的内容来自动抽取文章的精髓。我们使用以下代码来完成：

```
ans = qNa({'question': 'What is this article about?','context':
     f'{paragraph}'})
print(ans)
```

执行代码将产生以下输出，我们也基本认同这是一个合理的响应：

```
{'score': 0.47023460869354494, 'start': 148, 'end': 168, 'answer':
     'Containment policies'}
```

请注意，这里的 0.47 是一个相对较低的分数，表示答案中缺少某些上下文。类似“抑制政策对新冠疫情的影响”可能是一个更好的回答，但因为我们做的是抽取式问答，而这句话并不在上下文中，所以上述答案是模型所能得到的最佳回答。较低的分数有助于标记此响应，以供人工复核或改进。

再多问几个问题。我们来看看模型是否知道文章中描述的国家，使用以下代码：

```
ans = qNa({'question': 'Which country is this article about?',
          'context': f'{paragraph}'})
print(ans)
```

执行代码产生的以下输出也是完全正确的。0.8 左右的得分也体现了这一点。分数比前面高了不少。

```
{'score': 0.795254447990601, 'start': 34, 'end': 36, 'answer': 'US'}
```

正在讨论的是什么疾病呢？

```
ans = qNa({'question': 'Which disease is discussed in this article?',
```

[1] Rajpurkar P et al, “SQuAD: 100,000+ Questions for Machine Comprehension of Text,” arXiv (2016).

```
            'context': f'{paragraph}'})
print(ans)
```

输出十分精确，置信度甚至还要更高，为 0.98，如下所示：

```
{'score': 0.9761025334558902, 'start': 205, 'end': 213, 'answer': 'COVID-19'}
```

那么时间段呢？

```
ans = qNa({'question': 'What time period is discussed in the article?',
            'context': f'{paragraph}'})
print(ans)
```

0.22 的低分表示结果质量较差，这是因为文章中讨论的时间范围为 4 月至 6 月，但没有可提取高质量答案的连续文本块，输出如下所示：

```
{'score': 0.21781831588181433, 'start': 71, 'end': 79, 'answer': '1 April,'}
```

然而，能够指出范围的一个端点已经可以说明这是一个有价值的结果。这里的低分可以提醒用户仔细检查这个结果。自动化系统的目标是减少这类低质量的答案，总体上不依赖人工干预。

在介绍完问答之后，8.1.3 节将介绍空白填充和后续句预测两个 BERT 训练任务。

8.1.3 在空白填写和后续句预测任务中的应用

我们继续使用 8.1.2 节的文章来完成本节的练习。立即使用以下代码定义一个用于空白填写的 pipeline：

```
from transformers import pipeline

fill_mask = pipeline("fill-mask",model="bert-base-cased",tokenizer="bert-base-cased")
```

请注意，这里我们使用的是基础版的 BERT 模型。因为这两个任务是所有 BERT 模型训练的基础，所以是合理的选择，不需要对模型进行任何特殊的微调。选择合适的 pipeline 并初始化之后，现在可以应用它处理 8.1.2 节中文章的第一句话。我们删除单词“cases”，并将其替换为遮盖标记[MASK]，然后使用以下代码让模型预测删除的单词：

```
fill_mask("A new study estimates that if the US had universally mandated masks on
1 April, there could have been nearly 40% fewer [MASK] by the start of June")
```

结果显示，最大概率的选项是“deaths”，这似乎也是一个合理的答案。甚至其他建议的答案也可以在不同的语境中使用！

```
[{'sequence': '[CLS] A new study estimates that if the US had universally mandated
     masks on 1 April, there could have been nearly 40% fewer deaths
     by the start of June [SEP]',
  'score': 0.19625532627105713,
  'token': 6209},
 {'sequence': '[CLS] A new study estimates that if the US had universally
```

```
    mandated masks on 1 April, there could have been nearly 40% fewer
    executions by the start of June [SEP]',
  'score': 0.11479416489601135,
  'token': 26107},
 {'sequence': '[CLS] A new study estimates that if the US had universally
    mandated masks on 1 April, there could have been nearly 40% fewer
    victims by the start of June [SEP]',
  'score': 0.0846652239561081,
  'token': 5256},
 {'sequence': '[CLS] A new study estimates that if the US had universally
    mandated masks on 1 April, there could have been nearly 40% fewer masks
    by the start of June [SEP]',
  'score': 0.0419488325715065,
  'token': 17944},
 {'sequence': '[CLS] A new study estimates that if the US had universally
    mandated masks on 1 April, there could have been nearly 40% fewer
    arrests by the start of June [SEP]',
  'score': 0.02742016687989235,
  'token': 19189}]
```

我们鼓励读者从不同的句子中删除不同的单词，亲自体会它的有效性。

接下来，我们继续执行后续句预测任务。在编写本书时，该任务还没有包含在 pipeline API 中。因此，我们将直接使用 transformers API，这也能为读者增加更丰富的经验。首先，我们需要确保安装了 3.0.0 以上版本的 transformers 库，因为只有 3.0.0 以上版本的 transformers 库才含有后续句预测任务。我们使用以下代码来安装——在撰写本书时，默认情况下 Kaggle 安装的是较早的版本：

```
!pip install transformers==3.0.1 # upgrade transformers for NSP
```

升级版本后，我们就可以使用以下代码加载为后续句预测任务定制的 BERT 模型：

```
from transformers import BertTokenizer, BertForNextSentencePrediction
import torch
from torch.nn.functional import softmax

tokenizer = BertTokenizer.from_pretrained('bert-base-cased')
model = BertForNextSentencePrediction.from_pretrained('bert-base-cased')
model.eval()
```

后续句预测任务定制版 BERT

根据原始输出计算最终概率

默认情况下，PyTorch 模型是可以训练的。为了降低推理成本和执行的可重复性，需要设置为 eval 模式。通过调用 model.train()设置回 train 模式。不适用于 TensorFlow 模型

进行正确性校验，用模型确认第二句是否是第一句的一个合理的后续句。我们使用以下代码来完成：

```
prompt = "A new study estimates that if the US had universally mandated masks
     on 1 April, there could have been nearly 40% fewer deaths by the start
     of June."
next_sentence = "Containment policies had a large impact on the number of
     COVID-19 cases and deaths, directly by reducing transmission rates and
     indirectly by constraining people's behavior."
encoding = tokenizer.encode(prompt, next_sentence, return_tensors='pt')
```

```
logits = model(encoding)[0]
probs = softmax(logits)
print("Probabilities: [not plausible, plausible]")
print(probs)
```

输出是一个元组，其中第一项描述了我们所关注的两个句子之间的关系

根据原始数字换算成概率

请注意代码中的术语 logits。它指的是 softmax 的原始输入。把 logits 传递通过 softmax 激活函数计算会产生概率。代码的输出确认找到了正确的关系，如下所示：

```
Probabilities: [not plausible, plausible]
tensor([[0.1725, 0.8275]], grad_fn=<SoftmaxBackward>)
```

现在，我们随便用一个句子来代替第二句，比如“Cats are independent.”。产生输出如下：

```
Probabilities: [not plausible, plausible]
tensor([0.7666, 0.2334], grad_fn=<SoftmaxBackward>)
```

看起来符合预期！

读者现在应该对 BERT 在训练期间处理的任务有了比较透彻的了解。请注意，就本章而言，到目前为止，我们还没有用任何新领域或任务的特定数据对模型进行微调。这样做是为了让读者理解模型结构，而不受其他任何干扰。在 8.2 节中，我们会通过跨语言迁移学习的实验来演示如何微调模型。目前我们已经介绍过其他任务的迁移学习模型也都可以通过类似方法进行微调，通过完成 8.2 节中的练习，读者将能够自行完成微调模型的操作。

8.2 mBERT 的跨语言学习

在本节中，我们将会完成本书中第二个全面的，也是第一个主要的跨语言实验。具体来说，我们将进行一项迁移学习实验，该实验涉及将知识从一种多语言的 BERT 模型迁移到一种最初没有训练过的语言。一如既往，我们在实验中使用的语言是 Twi，这是一种低资源语言，因为它在各种任务中都相对缺乏高质量的训练语料。

mBERT 本质上是 BERT，如 8.1 节所述，它使用了包含大约 100 种语言的 Wikipedia 语料库。该语料库最初包含使用人数排名前 100 种的语言的 Wikipedia 语料，现在已扩展到前 104 种语言。该语料库不包括 Twi，但包括少数非洲语言，如斯瓦希里语和约鲁巴语。由于各种语言语料库的规模差异很大，因此 mBERT 对欠采样的高资源语言（如英语）和过采样的低资源语言（如约鲁巴语）使用“指数平滑”操作。与前面一样，也使用单词级分词操作。我们想要提醒读者这个分词过程是下钻到子单词粒度，如同前面章节中介绍的。例外是中文、日文和韩文，对它们通过在每个字符周围加空格来转换为有效的字符切分。此外，消除重音可以减少词表大小——这是在准确性和 mBERT 作者提出的模型有效性之间权衡后的选择。

我们可以直观地相信，一个在 100 多种语言上训练过的 BERT 模型包含的知识可以迁移到一

种最初不在训练语料集中的语言。简单来说，这样的模型很可能学习到所有语言的共性。这种共性简单来说包括单词的概念、动词名词关系等。如果像第 4 章中讨论的那样，将提出的实验作为一个多任务学习问题，那么我们期望提升对前所未见的新场景的泛化能力。在本节中，我们将证明本质上情况的确如此。我们首先使用预训练的分词器将 mBERT 迁移到 Twi 单语言数据。然后，我们从头训练相同的 mBERT/BERT，并训练一个合适的分词器，再重复该实验。通过比较这两个实验，我们可以定性地评估多语言迁移的有效性。出于这样的考虑，我们将使用 JW300 数据集的 Twi 子集。

本节中的练习使读者学习到的技能不仅限于多语言迁移。该练习将教会读者如何从头训练自己的分词器和基于 Transformer 的模型。它还将演示如何将这类模型从一个检查点迁移到新的领域/语言。前面章节的内容和一些尝试/想象将为读者提供基于 Transformer 迁移学习的“超能力”，无论是对于领域适配、跨语言迁移还是多任务学习。

在 8.2.1 节中，我们将简要介绍 JW300 数据集，而在 8.2.2 节中则将执行跨语言迁移并从头训练。

8.2.1 JW300 数据集概述

JW300 数据集是一个广泛覆盖低资源语言的平行语料库。对于很多低资源语言研究而言，它可以作为一个起点，而且通常是唯一可用的开源平行语料库。但是，记住它是有偏的，这一点很重要，并将该语料库上的任何训练与第二阶段结合起来，这样第一阶段的模型可以迁移到一个偏差较小且更具代表性的语言或任务样本中。

虽然它本质上是一个平行语料库，但我们的实验中只需要 Twi 单语言语料库。一个名为 opustools-pkg 的 Python 包可用于获取给定的两种语言的平行语料库。若是需要对其他一些低资源语言重复上述实验，读者需要对 opustools-pkg 进行一些修改，来获得一个等效的语料库。我们只使用平行语料库的 Twi 部分进行实验，而忽视英语部分。

我们会继续将 mBERT 迁移到低资源单语言语料库。

8.2.2 用预训练分词器将 mBERT 迁移到 Twi 单语言数据

首先使用一个 mBERT 模型的检查点文件初始化一个 BERT 分词器。我们这次使用经过封装的版本，如下代码所示：

```
from transformers import BertTokenizerFast
tokenizer = BertTokenizerFast.from_pretrained("bert-base-multilingual-cased")
```

这只是一个更快版本的 BertTokenizer，建议读者使用（注：指向第一行代码）

使用预训练的 mBERT 分词器（注：指向第二行代码）

准备好分词器后，我们将 mBERT 检查点加载到一个 BERT 遮盖式语言模型中，并显示如下参数数量：

```
from transformers import BertForMaskedLM   ← 使用遮盖式语言建模

model = BertForMaskedLM.from_pretrained("bert-base-multilingual-cased")   ← 用 mBERT 检查点进行初始化

print("Number of parameters in mBERT model:")
print(model.num_parameters())
```

输出结果表明，该模型有 1.786 亿个参数。

接下来，我们使用 transformers 库附带的 LineByLineTextDataset 工具方法，通过 Twi 单语言文本的分词器构造数据集，如下所示：

```
from transformers import LineByLineTextDataset

dataset = LineByLineTextDataset(
    tokenizer=tokenizer,
    file_path="../input/jw300entw/jw300.en-tw.tw",
    block_size=128)   ← 表示单次要读取数据的行数
```

如下面的代码所示，我们接下来定义 data_collator——一个辅助方法，它从一批样本数据行（长度为 block_size）中创建一个特殊对象。PyTorch 可使用此特殊对象进行神经网络训练：

```
from transformers import DataCollatorForLanguageModeling

data_collator = DataCollatorForLanguageModeling(
    tokenizer=tokenizer,
    mlm=True, mlm_probability=0.15)   ← 使用遮盖式语言建模，并以 0.15 的概率遮盖单词
```

这里我们使用的仍然是遮盖式语言模型，如 8.1 节所述。在输入数据中，有 15%的单词被随机遮盖，在训练中要求模型预测这些单词。

还要定义标准的训练参数，如输出目录和训练样本的批次大小，如下所示：

```
from transformers import TrainingArguments

training_args = TrainingArguments(
    output_dir="twimbert",
    overwrite_output_dir=True,
    num_train_epochs=1,
    per_gpu_train_batch_size=16,
    save_total_limit=1,
)
```

然后使用训练参数和前面定义的数据集、collator 对象为一个轮次的训练定义一个 trainer 对象，代码如下所示。请注意，训练数据超过 600 000 行，因此全部学习一遍所有样本数据的训练

量就已经很可观了。

```
trainer = Trainer(
    model=model,
    args=training_args,
    data_collator=data_collator,
    train_dataset=dataset,
    prediction_loss_only=True)
```

训练并记录训练耗时，如下所示：

```
import time
start = time.time()
trainer.train()
end = time.time()
print("Number of seconds for training:")
print((end-start))
```

该模型在给定的超参数下，完成整个轮次的训练大约需要 3h，损失大约下降到 0.77。

按如下方式保存模型：

```
trainer.save_model("twimbert")
```

最后，我们从语料库中选取句子“Eyi de ɔhaw kɛse baa sukuu hɔ”，翻译成英文是“This presented a big problem at school.”的意思。我们遮盖一个单词 sukuu（在 Twi 中为“school”的意思），然后应用 pipeline API 预测遮盖的单词，如下所示：

```
from transformers import pipeline

fill_mask = pipeline(          <-- 定义填写空白的 pipeline
    "fill-mask",
    model="twimbert",
    tokenizer=tokenizer)
                                                     预测被遮盖的词元
print(fill_mask("Eyi de ɔhaw kɛse baa [MASK] hɔ."))  <--
```

输出结果如下：

```
[{'sequence': '[CLS] Eyi de ɔhaw kɛse baa me hɔ. [SEP]', 'score':
0.13256989419460297, 'token': 10911}, {'sequence': '[CLS] Eyi de ɔhaw kɛse
baa Israel hɔ. [SEP]', 'score': 0.06816119700670242, 'token': 12991},
{'sequence': '[CLS] Eyi de ɔhaw kɛse baa ne hɔ. [SEP]', 'score':
0.06106790155172348, 'token': 10554}, {'sequence': '[CLS] Eyi de ɔhaw kɛse
baa Europa hɔ. [SEP]', 'score': 0.05116277188062668, 'token': 11313},
{'sequence': '[CLS] Eyi de ɔhaw kɛse baa Eden hɔ. [SEP]', 'score':
0.03392099961638450 6, 'token': 35409}]
```

我们很容易发现输出结果明显是有偏的。其中排名前 5 的推荐答案并非我们需要的。之所以推荐这些看起来有点儿似是而非的答案，其中一个原因是它们是名词。总的来说，效果差强人意。

即使读者没有接触过这类语言，也无须担心。在 8.2.3 节中，我们将从头训练 BERT，并将损失与这里获得的数值进行比较，以确认刚刚进行的迁移学习实验的有效性。我们也希望读者可以在感兴趣的其他低资源语言上尝试这里描述的实验步骤。

8.2.3 根据 Twi 单语言数据从头训练 mBERT 模型和分词器

要从头训练 BERT 模型，我们首先需要训练一个分词器。可以使用代码段 8.2 中的代码来初始化、训练自己的分词器并将其保存到磁盘。

代码段 8.2 从头初始化、训练和保存我们自定义的 Twi 分词器

```
from tokenizers import BertWordPieceTokenizer

paths = ['../input/jw300entw/jw300.en-tw.tw']

tokenizer = BertWordPieceTokenizer()        <-- 初始化分词器

tokenizer.train(                  <-- 设置训练参数并训练
    paths,
    vocab_size=10000,
    min_frequency=2,
    show_progress=True,
    special_tokens=["[PAD]", "[UNK]", "[CLS]", "[SEP]", "[MASK]"],   <-- 标准版 BERT 的特殊词元
    limit_alphabet=1000,
    wordpieces_prefix="##")

!mkdir twibert              <-- 将分词器保存到磁盘

tokenizer.save("twibert")
```

只须执行以下操作，即可从刚才保存的内容中加载分词器：

```
from transformers import BertTokenizerFast
tokenizer = BertTokenizerFast.from_pretrained("twibert", max_len=512)   <-- 使用我们前面通过 max_len=512 训练的特定语言的分词器，与 8.2.2 节保持一致
```

请注意，与 8.2.2 节一致，我们也把最大序列长度设定为 512，这也是预训练 mBERT 中使用的数值。还要注意，保存分词器时会在指定目录中创建名为 vocab.txt 的词表文件。

从这里开始，我们只需要初始化一个新的 BERT 模型，使用遮盖式语言模型，如下所示：

```
from transformers import BertForMaskedLM, BertConfig
model = BertForMaskedLM(BertConfig())    <-- 不使用预训练模型进行初始化；创建一个崭新的模型
```

否则，操作步骤与 8.2.2 节相同，这里就不再重复给出代码了。重复相同的步骤，经过 1.5h 完成 1 个轮次后损失下降到 2.8 左右，经过 3h 完成 2 个轮次后损失下降到 2.5 左右。这确实不如 8.2.2 节的效果（经过 1 个轮次后就达到 0.77），但仍然足以证明这种场景下迁移学习的有效性。

请注意，该实验中每个轮次消耗的时间更少，这是因为我们构建的分词器完全集中在 Twi 语言上，因此比用 104 种语言预训练的 mBERT 模型具有更小的词汇表。

小结

BERT 是一种基于 Transformer 结构的模型，对其他任务（如分类）来说是一个不错的选择。可以一次性对 BERT 进行多种语言的训练，生成 mBERT 模型。

第 9 章　ULMFiT 与知识蒸馏的适配策略

本章涵盖下列内容。

- 差别式微调策略与逐步解冻策略的实现。
- 在教师 BERT 和学生 BERT 之间进行知识蒸馏。

本章和第 10 章将会介绍目前已经涵盖的各类 NLP 深度迁移学习模型结构的一些适配策略。换句话说，面对一个给定的预训练模型结构，如 ELMo、BERT 或 GPT，我们如何才能更有效地实施迁移学习？这里先选择几种衡量效率的标准。我们的选择将重点着眼于参数效率，目标是生成一个参数尽可能少的模型，同时模型性能的下降也最低。这样做的目的是使模型体积更小、更易于存储，比如可以更容易地将模型部署在智能手机上。或者，可能还需要智能的适配策略，以便在某些迁移较为困难的情况下达到能够接受的性能水平。

在第 6 章中，我们描述了 ULMFiT 方法，它代表通用语言模型微调。该方法引入了差别式微调和逐步解冻的概念。简要提示一下，逐步解冻会逐渐增加网络中解冻或者微调的子层数。另外，差别式微调为网络中的每一层设定一个可变的学习率，也使得迁移效果更佳。之所以我们没有在第 6 章的代码中实现这些方法，是因为作为适配策略，这些方法最适合在本章中实现。在本章中，我们使用 ULMFiT 的作者编写的 fast.ai 库来演示基于 RNN 的预训练语言模型。

为了减小大型神经网络的体积，通常会采用几种模型压缩方法，主要的方法有权重剪枝和权重量化。这里，我们将重点关注被称为知识蒸馏的适配策略，因为近期它在 NLP 领域中的表现十分突出。其实质上是试图用参数量显著减小的学生模型去拟合参数量较大的教师模型的输出。实践中，我们使用 transformers 库中的 DistilBERT[①]方法的实现来证明：通过这种方法，一个 BERT 模型的体积可以减小一半以上。

---

① Sanh V et al, “DistilBERT, a Distilled Version of BERT: Smaller, Faster, Cheaper and Lighter,” EMC^2: 5th Edition Co-located with NeurIPS (2019).

9.1 节就从 ULMFiT 开始。

9.1 逐步解冻和差别式微调

在本节中，我们将用代码实现 ULMFiT 方法，使得语言模型适配新领域的数据和任务。我们先前在第 6 章末尾部分讨论了这种方法的概念，因为从历史上看，它首先是在 RNN 的背景下引入的。然而，我们将实际的编码工作推迟到本章，是为了强调 ULMFiT 的核心是一套与模型结构无关的适配技术。这意味着它们也可以应用于基于 Transformer 的模型。为了与前面示例的顺序保持一致，我们先在基于 RNN 的语言模型的上下文中进行练习。我们将编码练习的重点放在第 6 章中提及的假新闻检测任务上。

提示一下，差别式微调为网络中的每一层设定了一个可变的学习率。此外，在学习过程中，学习率并不是恒定的。相反，学习率的变化像倾斜的三角形，开始时线性增大到一个点，然后又线性减小。换句话说，其实是快速提高学习率，直到最大值，然后学习率会缓慢降低（见图 6.8）。

请注意，图 6.8 中标记为“最大学习率”的点与我们的实际情况有所不同（不是 0.01）。迭代的总次数也将不同于图中所示的 10 000。这样的调整能提高迁移效率和模型的泛化能力。

另外，逐步解冻会逐渐增加解冻网络的子层数，从而减少过拟合，也能提高迁移效率和模型的泛化能力。6.3 节详细讨论了这些技术，在学习本节的剩余内容之前，简要回顾这些讨论可能会有所助益。

我们也将使用 5.2 节中的案例——事实核查。回想一下，数据集包含 40 000 多篇文章，分为两类——“假”和“真”。真实的文章是从新闻网站上收集的。另外，虚假的文章是从各种来源收集的。PolitiFact 是一家事实调查机构，它将这些来源标记为不可信。在 6.2 节中，我们基于预训练的 ELMo 的特征向量训练了一个二分类器，该分类器可以预测给定文章是真（1）还是假（0）。该数据集由 2 000 篇文章组成，每个类别 1 000 篇，预测准确率达到 98%以上。这里，我们主要考察是否可以使用 ULMFiT 方法进一步提升预测准确率。

在本节中，我们将该方法拆分到 9.1.1 节和 9.1.2 节进行介绍。9.1.1 节将介绍 ULMFiT 方法的第一阶段——在目标任务数据上微调预训练语言模型。斜三角形学习率以及差别式微调的思想会在这里发挥作用。一些数据预处理和模型结构的讨论也会自然地融入 9.1.1 节。9.1.2 节涵盖第二阶段，涉及在目标任务数据上微调目标任务分类器，该分类器位于微调的语言模型之上。由此证明逐步解冻操作的效果。

请注意，本节提供的代码是用第 1 版 fast.ai 的语法编写的。这么选择的原因是第 2 版的代码改动了输入数据的处理，其中附带的方法将其拆分为训练集和验证集，而不允许读者自行指定。为了与我们在前面章节中的工作保持一致（自行分割数据），在这里坚持使用第 1 版的代码。我们在 Kaggle Notebook 中提供了等效第 2 版 fast.ai 语法的代码，读者应该运行该代码，并将其与第 1 版的代码进行比较。

9.1.1 预训练语言模型微调

5.2 节已经描述了需要在事实核查示例的数据集上执行初始数据预处理的步骤。具体来说，我们对文本数据进行混洗，并将其分别加载到 NumPy 数组 train_x 和 test_x 中。我们还构造了相应的标签 NumPy 数组 train_y 和 test_y，当相应的项目为 true 时标签值为 1，否则为 0。如 5.2 节所述，使用 1 000 个样本和 30%的测试/验证比例，得到长度为 1 400 的训练数组——train_x、train_y，以及长度为 600 的测试数组——test_x、test_y。首先按照 fast.ai 库需要的格式准备数据。一种数据格式是两列的 pandas 数据框，其中，第一列代表标签，第二列代表数据。我们可以使用如下代码相应地构建训练和测试/验证的数据框：

```
train_df = pd.DataFrame(data=[train_y,train_x]).T
test_df = pd.DataFrame(data=[test_y,test_x]).T
```

这两个数据框应该分别有 1 400 行和 600 行，对应于相应数据样本中的每一篇文章。在进行下一步之前，我们最好使用常用的.shape 命令加以检验，如下所示：

```
train_df.shape
test_df.shape
```

预期输出分别为(1400,2)和(600,2)。

使用 TextLMDataBunch 类将 fast.ai 库中的数据加载到语言模型中，可以使用我们先前准备的数据框来构造该类的实例，命令如下：

```
data_lm = TextLMDataBunch.from_df(train_df = train_df, valid_df = test_df, path = "")
```

另外，使用 TextClasDataBunch 类将 fast.ai 库中的数据用于特定任务的分类器。为了准备 9.1.2 节的内容，我们使用以下命令根据数据框构造此类的实例：

```
data_clas = TextClasDataBunch.from_df(path = "", train_df = train_df,
     valid_df = test_df, vocab=data_lm.train_ds.vocab)
```

我们现在已经做好了准备，可以根据目标数据微调语言模型了！为此，我们需要使用以下命令创建 fast.ai 类 language_model_learner 的实例：

```
learn = language_model_learner(data_lm, AWD_LSTM, drop_mult=0.3)
```

初始化丢弃 30%权重的预训练 LSTM 模型。它是从 WikiText-103 基准数据集上预训练得来的

其中，AWD_LSTM 代表 ASGD Weight-Dropped LSTM[1]。它其实只是常见的 LSTM 结构，

① Merity S et al, “Regularizing and Optimizing LSTM Language Models,” ICLR (2018).

其中一些权重被随机丢弃，如同常见的神经网络激活层中的 dropout 操作。它的结构与 fast.ai 库的 ULMFiT 论文原文的工作最为相似。此外，如果读者查看上一个命令的执行日志，应该能够确认它也正在从 WikiText-103 基线上训练的检查点加载预训练权重。该数据集被正式命名为“WikiText long-term dependency language modeling dataset”，是一组被人工认定为“好”的维基百科文章。它是一个优质的、干净的无监督数据源，被大量 NLP 论文用于基线测试。

此时此刻，我们已经加载了一个模型实例和预训练权重，然后尝试确定最佳或最优的学习率，以便对语言模型进行微调。fast.ai 库有一种叫作 lr_find 的精巧且实用的方法，可以自动地帮我们完成这项工作。它可遍历多个学习率，并检测损失函数在损失与学习率曲线中下降最快的点。等效地，这是梯度损失最小的位置[①]。我们可以使用语言模型 learn 快速实现，代码如下：

```
learn.lr_find()
learn.recorder.plot(suggestion=True)
```

图 9.1 给出了由此产生的损失与学习率曲线，突出显示了最佳学习率。我们可以通过编程检索并显示此学习率，命令如下：

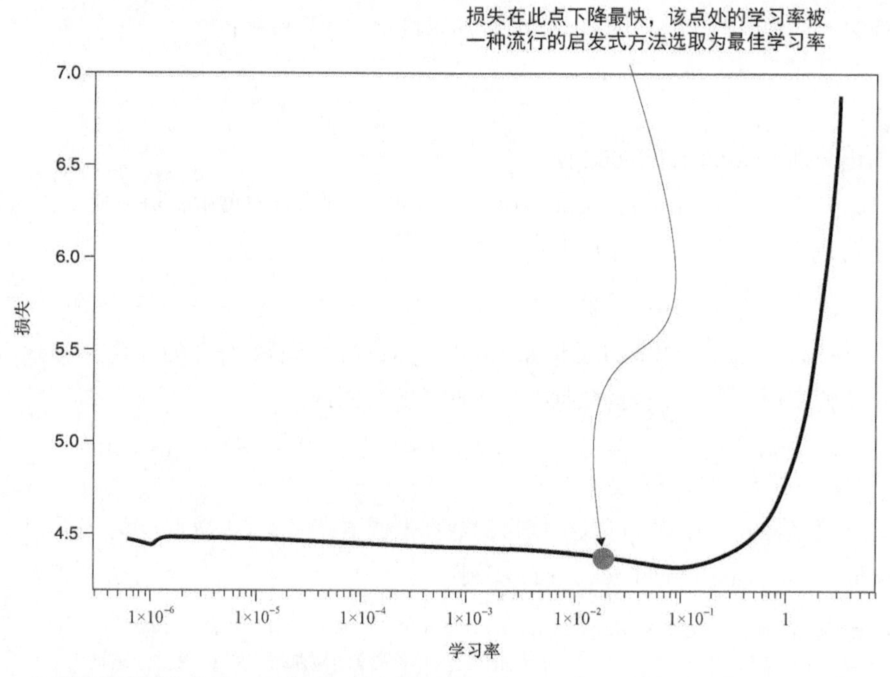

图 9.1 在假新闻检测任务中，语言模型微调的步骤之一，即使用 fast.ai 库查找最优学习率的结果

① Smith L et al, “A Disciplined Approach to Neural Network Hyper-Parameters: Part 1—Learning Rate, Batch Size, Momentum, and Weight Decay,” arXiv (2018).

```
rate = learn.recorder.min_grad_lr   ◁ 检索最佳或最优学习率
print(rate)   ◁ 输出
```

在执行我们的代码时，得到的最佳学习率约为 4×10^{-2}。

找到最佳学习率后，现在我们可以使用 fast.ai 库的 fit_one_cycle 命令使用斜三角形学习率微调预训练 weight-dropped LSTM 模型，代码如下所示：

```
learn.fit_one_cycle(1, rate)   ◁ 该命令在底层使用斜三角形学习率。它以迭代轮次数量和期望的最大学习率作为输入
```

在单个 Kaggle GPU 上执行该命令，大约进行微调 26s 之后可以获得 0.334 的准确率。

在获得该基线值后，我们希望了解差别式微调能否带来改进。为此，我们首先使用 unfreeze 命令解冻所有层，然后使用 slice 方法指定学习率范围的上限和下限。此命令将最接近输出的层的最大学习率设置为上限，并通过除以一个常数因子几何级地减小后续各个层的最大学习率，使其接近下限。执行此操作的确切代码如下所示：

```
learn.unfreeze()   ◁ 确保所有层处于非冻结状态以进行微调
learn.fit_one_cycle(1, slice(rate/100,rate))   ◁ 以几何级方式改变最后一层中的最大学习率，在最佳学习率和小两个数量级的值之间变化
```

从代码中可以看出，我们随意地选择将学习率从最大/最佳值降低到更小两个数量级。这样设定的逻辑是，后续层包含的信息更通用，任务特定性更低，因此，与最接近输出的层相比，它应该从该特定的目标领域数据集中学到的信息也更少。

执行差别式微调代码得到的准确度分数为 0.353，明显优于固定学习率的情况下取得的 0.334。使用以下命令保存经过微调的语言模型，以供以后使用：

```
learn.save_encoder('fine-tuned_language_model')
```

至此通过斜三角形学习率和差别式方法微调了预训练语言模型。接下来看看目标任务分类器（即假新闻检测器）的效果。在 9.1.2 节中，我们将在经过微调的语言模型上微调分类器。

9.1.2 以分类为目标任务的微调

回想 9.1.1 节，我们创建了一个目标任务分类器使用数据的对象。我们称之为变量 data_clas。在微调目标任务分类器的下一个步骤中，我们需要实例化一个分类器 learner 对象，该方法在 fast.ai 库中有一个恰如其分的名称，叫作 text_classifier_learner。通过以下代码完成：

```
learn = text_classifier_learner(data_clas, AWD_LSTM, drop_mult=0.3)   ◁ 实例化目标任务分类器。由于使用了与我们的微调语言模型相同的设置，因此可以轻易加载，毫无阻碍
learn.load_encoder('fine-tuned_language_model')   ◁ 加载微调后的语言模型
```

下一步，我们再次使用 fast.ai 库中的工具方法 lr_find 来查找最佳学习率，代码如下：

```
learn.lr_find()                          ← 检索最佳学习率
learn.recorder.plot(suggestion=True)     ← 输出
```

执行代码会产生损失与学习率的曲线，如图 9.2 所示。

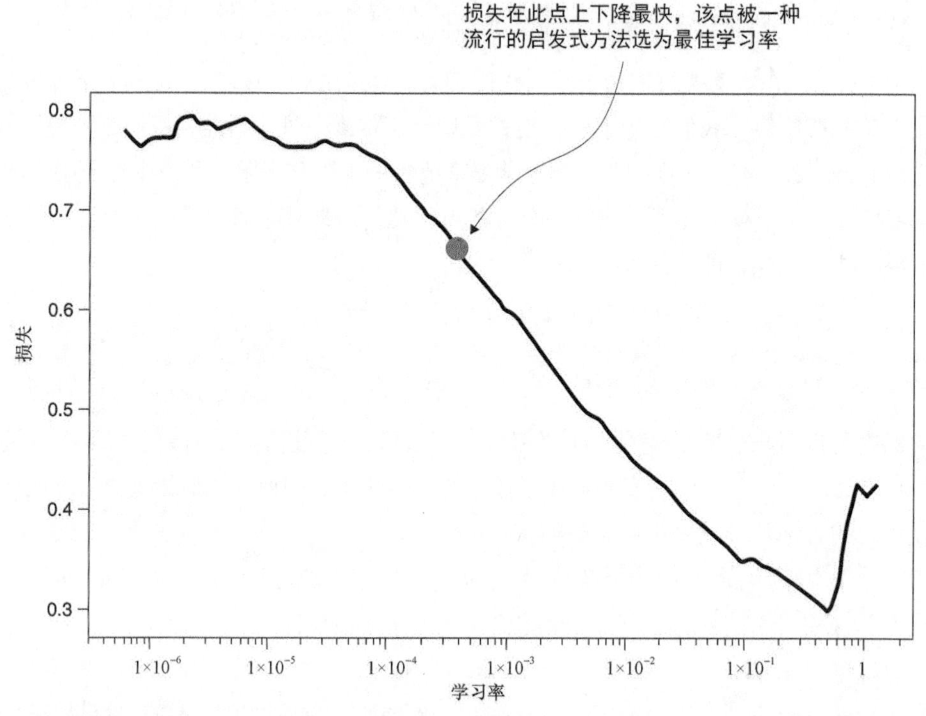

图 9.2 在假新闻检测任务中，目标任务分类器微调的步骤之一，即使用 fast.ai 库查找最佳学习率的结果

我们观察到最佳学习率约为 7×10^{-4}。我们使用斜三角形学习率对分类器执行一个轮次的训练，代码如下：

```
rate = learn.recorder.min_grad_lr        ← 提取最佳/最大学习率
learn.fit_one_cycle(1, rate)             ← 使用斜三角形学习率调配确定的最大学习率来微调目标任务分类器
```

执行该代码可以取得大约 99.5%的准确率。这已经超过了我们在 6.2 节的 ELMo 嵌入基础上训练分类器得到的 98%以上的效果。还有什么办法可以进一步提升吗？

幸运的是，我们还有一个窍门——逐步解冻。另外需要提醒的是，我们只解冻一层，对它进

行微调，再解冻另一个更低的层，再进行微调，将这个过程重复执行固定的次数。ULMFiT 的作者发现，在目标任务分类器的微调阶段应用此方法可以显著提升效果。一个简单的示例是在最大深度为 2 层的网络上执行此方法，代码如下：

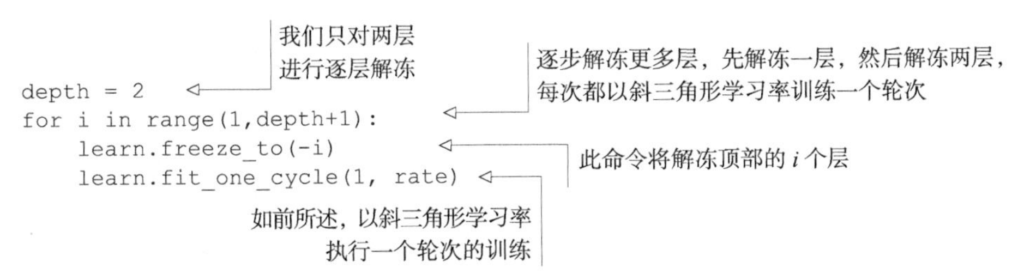
我们只对两层
进行逐层解冻
逐步解冻更多层，先解冻一层，然后解冻两层，
每次都以斜三角形学习率训练一个轮次
此命令将解冻顶部的 i 个层
如前所述，以斜三角形学习率
执行一个轮次的训练

```
depth = 2
for i in range(1,depth+1):
    learn.freeze_to(-i)
    learn.fit_one_cycle(1, rate)
```

请注意，命令 learn.freeze_to(-i)将解冻顶部的 *i* 个层，这一点至关重要。当我们在假新闻检测任务中执行该代码时，发现第一步的准确率达到 99.8%，在第二步解冻了顶部 2 层时准确率则达到了惊人的 100%。结果是显而易见的，这表明 ULMFiT 方法非常有用，完全可以作为大家常用的工具。请注意，如果我们认为有必要，可以继续解冻更深的层，比如 3 层、4 层等。

真是令人神往！看起来，对模型适配新场景的过程进行精雕细琢可以带来显著的收益！在 9.2 节中，我们将讨论另一种方法——知识蒸馏。

9.2 知识蒸馏

知识蒸馏是一种压缩神经网络参数量的方法，旨在把知识从体积较大的教师模型迁移到体积较小的学生模型中。这种方法近期已经在 NLP 社区中流行开，其实质是试图模仿学生从教师处获取产出。这种方法也是与模型无关的——教师和学生可以是基于 Transformer、RNN 或其他结构的，并且二者可以是相互完全不同的结构。

之所以该方法在 NLP 领域最初得到应用，是因为需要对比 bi-LSTM 模型与基于 Transformer 结构的模型的表示能力①。作者想知道单层 bi-LSTM 模型可以捕获 BERT 中的多少信息。研究人员惊讶地发现，在某些情况下，预训练的基于 Transformer 的语言模型的参数量可以减少 99%，推理时间可以节省 93.3%，同时标准的性能指标还不会降低。该模型可以减小模型体积和节省时间，表明其在实际工作中将带来显著收益。图 9.3 简要总结了知识蒸馏的流程。

从图中可以看到，习惯上，教师模型输出的标签用于计算“软”标签，通过与学生模型的输出进行比较来计算蒸馏损失。这种损失计算方法鼓励学生模型跟随教师模型的输出。此外，可通过学生模型损失，同时训练学生模型拟合“硬”事实标签。我们将向读者展示如何使用 Hugging

① Tang R et al, “Distilling Task-Specific Knowledge from BERT into Simple Neural Networks,” arXiv (2018).

Face 提供的 transformers 库快速实践这个方法。

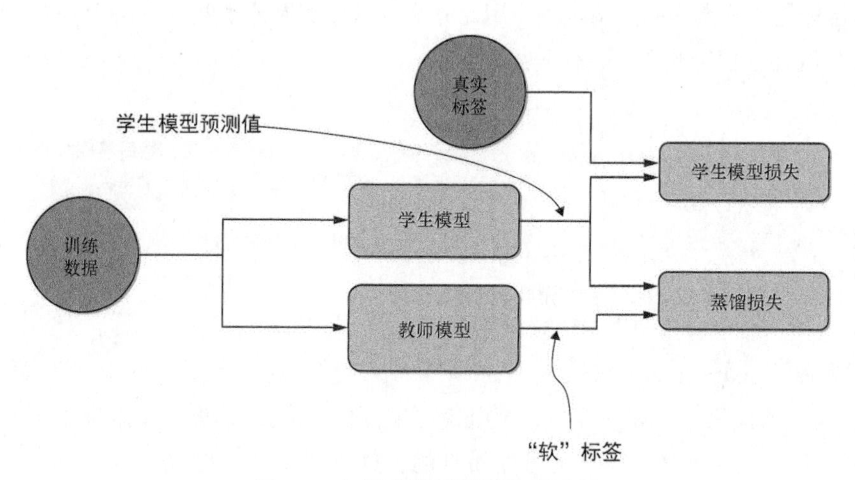

图 9.3 知识蒸馏的通用流程说明

业界已经提出了几种减小预训练 NLP 模型体积的结构，包括 TinyBERT[①]和 DistilBERT[②]。我们选择把重点放在 DistilBERT 上，因为在 transformers 库中随时能够用到它。DistilBERT 是由 Hugging Face 开发的——该团队还编写了 transformers 库。受限于篇幅，我们并不会详细介绍该主题，而是更加侧重于说明、阐释。在这样一个快速发展的领域中，跟进新的发展和文献仍然很重要。我们希望本书能帮助读者实践这项工作。

DistilBERT 研究的目标是生成一个更小版本的 BERT 模型。采用的学生模型结构与 BERT 模型一致，也是第 7 章和第 8 章描述的堆叠 Transformer 编码器结构。学生模型的层数减少了一半，是一个只有 6 层的模型。这也是模型体积能减小的最大原因。作者发现，这个框架内部隐藏维度的变化对效率几乎没有影响，因此，教师模型和学生模型采用了相似的维度。该过程的一个重要部分是使用恰当的权重对学生模型进行初始化，从而大大加快收敛速度。由于教师模型和学生模型各个层的维度都接近，因此作者认为可以简单地使用相应层中预训练的教师模型的权重来初始化学生模型并取得了很好的效果。

作者在基准测试如 GLUE（第 10 章会介绍）和 SQuAD 上做了大量的实验。他们发现，得到的 DistilBERT 模型在 GLUE 基准上的效果可以达到 BERT 教师模型 97%的水平，而参数数量仅为其 40%；在 CPU 上的推理时间也减少了 60%，在移动设备上减少了 71%，可见改进是显著的。

① Jiao X et al, "TinyBERT: Distilling BERT for Natural Language Understanding," arXiv (2020).
② Sanh V et al, "DistilBERT, a Distilled Version of BERT: Smaller, Faster, Cheaper and Lighter," EMC^2: 5th Edition Co-located with NeurIPS (2019).

用于执行实际蒸馏的脚本，可以从 transformers 库官方的代码仓库中获取。如果读者要训练自己的 DistilBERT 模型，需要创建一个每行一个文本样本的文件，并执行该页面上提供的一组命令，这些命令可以准备好数据并对模型进行蒸馏。由于作者已经在页面上提供了多种可供直接加载的检查点文件，并且我们这里的重点是迁移学习，因此在这里不再从头重复训练过程了。相反，我们使用了一个类似于第 8 章介绍的跨语言迁移学习实验中用过的 mBERT 模型的检查点。这使我们能够直接评估经过蒸馏的模型结构对比原始 mBERT 的性能和收益，同时还可以让读者学会如何在自身的项目中使用此模型结构。读者还可以根据自定义语料库对基于 Transformer 的预训练模型进行微调，通过直接修改代码来使用不同结构的模型、预训练检查点和自定义数据集，并在自己的场景中生效。

更具体地，我们将重复在 8.2.2 节中进行的实验，该实验通过对 JW300 数据集进行微调，将 mBERT 中包含的 100 多种语言的知识同时迁移到 Twi 单语言的场景中。简单起见，我们进行的实验略有变化——使用检查点提供的预训练分词器，而不是从头训练一个新的分词器。

9.2.1 用预训练分词器将 DistilmBERT 迁移到 Twi 单语言数据

本节的目标是从同时由 100 多种语言（不包括 Twi）训练的模型生成 Twi 的 DistilBERT 模型。多语言 BERT 又称为 mBERT，由此可以类推，可以将多语言 DistilBERT 称为 DistilmBERT。DistilmBERT 模型直观上类似于第 8 章实验中介绍的 mBERT 模型。我们发现从这个检查点开始是有益的，即使 Twi 没有包含在最初的训练语料中。这里我们将基本上复用相同的操作步骤，只是用 DistilmBERT 替换 mBERT 的各个实例。这使得我们能够直接对二者进行比较，从而直观地了解知识蒸馏的收益，同时还可以学习如何在自己的项目中使用 DistilBERT。与前面一致，我们还是在 JW300 数据集的 Twi 单语言子集上微调模型。

首先，从 DistilmBERT 模型的预训练检查点初始化 DistilBERT 模型的分词器。这次使用的是区分字母大小写的版本，代码如下所示：

```
from transformers import DistilBertTokenizerFast        ◁ 它是 DistilBertTokenizer 的更快速版本，推荐读者使用
tokenizer = DistilBertTokenizerFast.from_pretrained("distilbert-basemultilingual-
     cased")       ◁ 使用预训练的 DistilmBERT 分词器
```

准备好分词器后，将 DistilmBERT 检查点加载到 DistilBERT 掩盖式语言模型中，并显示参数的数量，代码如下所示：

```
from transformers import DistilBertForMaskedLM     ◁ 使用遮盖式语言建模

model = DistilBertForMaskedLM.from_pretrained("distilbert-base-
     multilingualcased")       ◁ 使用 mBERT 检查点初始化
```

```
print("Number of parameters in DistilmBERT model:")
print(model.num_parameters())
```

输出结果表明，该模型有 1.355 亿个参数，而在第 8 章中该模型有 1.786 亿个参数。因此，我们的 DistilBERT 模型的体积仅为等效 BERT 模型的 76%。

其次，使用 transformers 库附带的 LineByLineTextDataset 方法，从 Twi 单语言文本构建数据集。该方法使用起来十分方便，代码如下所示：

```
from transformers import LineByLineTextDataset

dataset = LineByLineTextDataset(
    tokenizer=tokenizer,
    file_path="../input/jw300entw/jw300.en-tw.tw",    <-- 8.2.1 节介绍过的英语到 Twi 的 JW300 数据集
    block_size=128)    <-- 设置单次读取的行数
```

然后定义“data_collator”。它是一个可以从一批样本数据行（长度为 block_size）中创建特殊对象的辅助方法，如下面的代码所示。PyTorch 可使用这个特殊对象进行神经网络训练：

```
from transformers import DataCollatorForLanguageModeling

data_collator = DataCollatorForLanguageModeling(
    tokenizer=tokenizer,
    mlm=True, mlm_probability=0.15)    <-- 使用遮盖式语言建模，以 0.15 的概率遮盖部分单词
```

这里，我们使用了遮盖式语言模型——15%的单词在我们的输入数据中被随机遮盖，并要求模型在训练期间进行预测。

接下来，定义标准的训练参数，例如输出目录（我们使用 twidistilmbert）和训练批量的大小，如下所示：

```
from transformers import TrainingArguments

training_args = TrainingArguments(
    output_dir="twidistilmbert",
    overwrite_output_dir=True,
    num_train_epochs=1,
    per_gpu_train_batch_size=16,
    save_total_limit=1,
)
```

然后，使用前面定义的训练参数、指定数据集和 collator 对象，为一个轮次的数据定义一个“trainer”对象，如下所示。请注意，Twi 数据集包含超过 600 000 行数据，因此遍历一次这些数据的训练量非常大。

```
trainer = Trainer(
    model=model,
    args=training_args,
    data_collator=data_collator,
```

```
    train_dataset=dataset,
    prediction_loss_only=True)
```

接下来后，训练并记录时间开销的代码如下：

```
import time
start = time.time()
trainer.train()
end = time.time()
print("Number of seconds for training:")
print((end-start))
```

请确保保存模型：

```
trainer.save_model("twidistilmbert")
```

可以发现，该模型大约需要 2h 15min 来完成这个轮次，而在第 8 章中，同等的教师模型则需要 3h。因此，训练学生模型的时间仅占训练教师模型的 75%。模型的训练效果得到显著提升！

此外，这里的损失达到约 0.81，而在第 8 章中，等效的 mBERT 模型的损失达到约 0.76。从绝对值来看，效果的差异可以粗略地量化为大约 5%——可以看成 DistilBERT 达到了 BERT 效果的 95%。这非常接近 DistilBERT 的作者在论文中报告的 97%的基线数字。

最后，从语料库中选取句子“Eyi de ɔhaw kɛse baa sukuu hɔ.”，遮盖其中一个单词 sukuu（在 Twi 中为“school”的意思），然后使用 pipeline API 预测被遮盖的单词，如下所示：

```
from transformers import pipeline

fill_mask = pipeline(                    <-- 定义填写空白的
    "fill-mask",                             pipeline
    model="twidistilmbert",
    tokenizer=tokenizer)
                                                         预测被遮盖的词元
print(fill_mask("Eyi de ɔhaw kɛse baa [MASK] hɔ."))  <--
```

输出结果不再列出，读者可自行实现。输出结果确实是合理的补充。有趣的是，8.2.2 节的结果中的偏见似乎在该模型中得到缓解。8.2.2 节中 mBERT 等效模型输出的个别推荐答案完全不复存在。可以通过两种方法在参数规模上的显著差异来解释这个现象。由于参数较少，因此 DistilBERT 过拟合的可能性较低，而 BERT 更可能过拟合。

现在读者已经知道如何在自己的项目中使用 DistilBERT 了！我们再次强调，经过前面的练习，读者可以学会如何在定制语料库上微调基于 Transformer 的预训练模型，只须修改代码来使用不同的模型结构、预训练检查点和定制数据集，就可将其应用于读者自身的用例。

在 10.1 节中，我们将尝试在自定义语料库上微调基于 Transformer 的模型，而这次是用英语。我们将讨论 ALBERT 模型的适配思路，并就多领域情感数据集的一些书评数据对其进行微调。

回忆一下，我们在第 4 章中使用过这个数据集。这是一个包含 Amazon 网站上 25 类产品的评论数据集，我们将关注其中的书评。

小结

斜三角形学习率、差别式微调和逐步解冻等 ULMFiT 方法可以显著提高迁移效率。

对一个较大的教师 BERT 模型进行知识蒸馏，可以得到一个显著小的学生 BERT 模型，且性能损失微乎其微。

第 10 章　ALBERT、适配器和多任务适配策略

10

本章涵盖下列内容。

- 应用嵌入因子分解和跨层参数共享。
- 在多个任务上微调 BERT 系列模型。
- 迁移学习实验步骤的拆分。
- 在 BERT 系列模型上应用适配器。

在第 9 章中，我们介绍了截至目前已经涵盖的 NLP 深度迁移学习模型结构的相关的适配策略。换句话说，如果给定一个预训练模型结构，如 ELMo、BERT 或 GPT，如何才能更有效地进行迁移学习？我们讨论了 ULMFiT 方法的两个关键思想——差别式微调和逐步解冻。

本章将讨论的第一个适配策略围绕两个思路展开，旨在创建基于 Transformer 的语言模型，该模型具有更大的词汇量和更长的输入，可扩展性也更好。第一个思路本质上涉及精巧的因子分解或者将一个较大的权重矩阵拆分为两个较小的矩阵，这样可以在不影响一个矩阵的维度的情况下增加另一个矩阵的维度。第二个思路则是在所有层之间共享参数。这两个思路正是被称为 ALBERT（A Lite BERT）①的方法的基础。我们将通过 transformers 库中的实现来获得该方法的实践经验。

在第 4 章中，我们介绍了多任务学习的概念，即训练一个模型同时执行各种任务。这样得到的模型通常在新场景中拥有更好的泛化能力，并能带来更好的迁移效果。意料之中的是，这一思路将被再次应用到预训练 NLP 模型的适配策略上。在面临迁移场景时，如果给定任务没有足够的训练数据来进行微调，可以尝试微调多个任务。讨论这个思路时，恰好可以顺带介绍 GLUE 数据集②，它是人类语言推理的若干任务的数据集。这些任务包括检测句子相似性、检测问题相

---

① Lan Z et al, “ALBERT: A Lite BERT for Self-Supervised Learning of Language Representations,” ICLR(2020).
② Wang A et al, “Glue: A Multi-Task Benchmark and Analysis Platform for Natural Language Understanding,” ICLR (2019).

似性、释义、情感分析和问答。我们将演示如何基于此数据集快速利用 transformers 库进行多任务微调。这个练习还会演示如何在这类重要问题上使用自定义数据集对 BERT 系列模型进行类似的微调。

在第 4 章中，我们还讨论了领域适配，发现源领域和目标领域之间的相似性对有效进行迁移学习有着至关重要的影响。一般来说，领域越相似，迁移学习越容易。当源领域和目标领域相差甚远时，你可能会发现光靠单个步骤根本无法完成迁移。在这种情况下，可以使用序列适配的思想，将期望的整体迁移拆解为更简单、更易管理的多个步骤。例如，一种基于语言的工具如果不能在西非语言和东非语言之间迁移，可以先在西非语言和中非语言之间完成迁移，然后在中非语言和东非语言之间完成迁移。在本章中，我们首先将以“填空”为目标预训练的 BERT 模型适配到一个数据丰富且问题相似的场景，再将其适配到低资源的句子相似性检测场景。

我们将探讨的终极适配策略是使用所谓的适配模块或适配器。这些适配器是新引入的模块，包含预训练神经网络的各层之间的少量参数。为了新的任务而微调模型，只需要训练这些附加参数，而保持原始网络的权重不变。与微调整个模型相比，这样操作每个任务只会添加 3%～4%的额外参数，几乎没有性能损失。[①]这些适配器也是模块化的，研究人员之间很容易共享。

10.1 嵌入因子分解与跨层参数共享

本节将会围绕两个思路对适配策略展开讨论，旨在创建基于 Transformer 的语言模型，并扩展支持更大的词汇量和更长的最大输入。第一个思路本质上是将一个较大的权重矩阵拆分为两个较小的矩阵，这样可以在不影响一个矩阵的维度的情况下增加另一个矩阵的维度。第二个思路涉及在所有层之间实现参数共享。这两个思路是 ALBERT[②]方法的基础。我们再次使用 transformers 库中的实现，以此获得一些该方法的实践经验。这有助于读者了解所获得的改进，并且能够在自身的项目中使用它。我们将把第 4 章提到的多领域情感数据集中的 Amazon 网站书评数据作为本次实验的定制语料库。读者将获得使用自定义语料微调基于 Transformer 的预训练语言模型的经验，这次将是英语语料库！

第一个思路是嵌入因子分解，其动因是观察到在 BERT 中输入嵌入表示的大小与其模型隐藏层的维度有内在联系。分词器为每个词元创建一个独热编码向量，该向量在对应于该词元的维度中取值为 1，其他取值为 0。这个独热编码向量的维数等于词汇表的大小 V。输入嵌入可以认为是一个维数为 V 乘 E 的矩阵乘以一个独热编码向量并将其投影到 E 维空间。在早期的模型中，

① Houlsby N et al, “Parameter-Efficient Transfer Learning for NLP,” ICML (2019).
② Lan Z et al, “ALBERT: A Lite BERT for Self-Supervised Learning of Language Representations,” ICLR(2020).

比如 BERT，这等于隐藏层维度 H，因此投影直接发生在隐藏层中。

这意味着，当增加隐藏层的大小时，输入嵌入的维数也必须增加，这可能导致效率低下。另外，ALBERT 的作者观察到，输入嵌入的作用是学习上下文无关的表示，而隐藏层的作用是学习上下文相关的表示——这是一个更难的问题。因此，他们建议将单个输入嵌入矩阵拆分为两个矩阵：一个的维度是 V 乘 E，而另一个的维度是 E 乘 H，从而使 H 和 E 完全独立。换句话说，一个独热编码向量可以先投影到较小尺寸的中间嵌入中，然后馈送到隐藏层中。这使得输入嵌入可以大大减小，即使在隐藏层维度较大或需要增大时也是如此。仅这一项设计就可将一个独热嵌入向量投影到隐藏层的矩阵大小减少 80%。

第二个思路是跨层参数共享，它与我们在第 4 章中讨论的软参数共享多任务学习场景相关。可通过在学习过程中对各层施加适当的约束，以使得各层相应的权重值彼此相似。这是一种正则化效果，可通过降低自由度的方法来降低过拟合的风险。这两种技术结合在一起，使作者能够构建出性能突破 GLUE 和 SQuAD 记录的预训练语言模型（2020 年 2 月）。该模型与 BERT 相比，参数减少了约 90%，而性能仅略有降低（在 SQuAD 中仅降低不到 1%）。

同样，由于可以直接加载提供的各种检查点，并且这里的重点是迁移学习，因此我们不再从头重复训练步骤。不同的是，我们使用的检查点类似于第 8 章和第 9 章的跨语言迁移学习实验中使用的“基础版”的 BERT 检查点。这使得我们能够直接比较此模型与原始 BERT 的性能和收益，同时读者还可以学到如何在自己的项目中使用此模型。

10.1.1 基于 MDSD 书评数据微调预训练 ALBERT

我们将直接使用 4.4 节介绍的数据准备步骤，此处不再赘述。我们先使用代码段 4.6 生成的变量数据。假设采用与 4.4 节相同的超参数设置——一个包含 2 000 个书评文本的 NumPy 数组。

使用以下代码，用 pandas 将这个 NumPy 数组写入文件中：

```
import pandas as pd

train_df = pd.DataFrame(data=data)
train_df.to_csv("albert_dataset.csv")
```

我们首先从基础版 ALBERT 模型开始初始化 ALBERT 分词器和预训练检查点，代码如下所示。我们使用的是第 2 版。读者随时可以在 Hugging Face 网站上找到所有可用的 ALBERT 模型的列表。

```
from transformers import AlbertTokenizer     <-- 加载 ALBERT 分词器
tokenizer = AlbertTokenizer.from_pretrained("albert-base-v2")     <-- 加载预训练的 ALBERT 分词器
```

准备好分词器后，将 ALBERT 检查点加载到 ALBERT 遮盖式语言模型中，并显示参数的数量，如下所示：

```
from transformers import AlbertForMaskedLM  ◁— 使用遮盖式语言建模

model = AlbertForMaskedLM.from_pretrained("albert-base-v2")  ◁— 用ALBERT检查点初始化模型

print("Number of parameters in ALBERT model:")
print(model.num_parameters())
```

输出结果表明，该模型有 1 180 万个参数，与第 8 章 BERT 的 1.786 亿个参数和第 9 章 DistilBERT 的 1.355 亿个参数相比，参数量得到了大幅缩减。事实上，这比 BERT 模型减少了约 93.4%。

接下来，一如既往，使用 transformers 库附带的工具方法 LineByLineTextDataset，通过 Twi 单语言文本中的分词器构建一个数据集，如下所示：

```
from transformers import LineByLineTextDataset

dataset = LineByLineTextDataset(
    tokenizer=tokenizer,
    file_path="albert_dataset.csv",
    block_size=128)  ◁— 设置单次读取的数据行数
```

接下来定义“data_collator”。它是一种辅助方法，可以基于一批样本数据行（长度为 block_size）创建一个特殊对象，代码如下所示。PyTorch 可使用这个特殊对象进行神经网络训练。

```
from transformers import DataCollatorForLanguageModeling

data_collator = DataCollatorForLanguageModeling(
    tokenizer=tokenizer,
    mlm=True, mlm_probability=0.15)  ◁— 使用遮盖式语言建模，并以 0.15 的概率遮盖单词
```

这里使用了遮盖式语言模型，在输入数据中随机遮盖 15%的单词，并要求模型在训练期间预测它们。

定义标准训练参数，如输出目录和训练的批量大小，如下列代码所示。请注意，我们这次训练了 10 个轮次，因为数据集比第 9 章用过的超过 600 000 个单词的 Twi 样本小得多：

```
from transformers import Trainer, TrainingArguments

training_args = TrainingArguments(
    output_dir="albert",
    overwrite_output_dir=True,
    num_train_epochs=10,
    per_gpu_train_batch_size=16,
    save_total_limit=1,
)
```

然后，结合先前定义的数据集和“data_collator”定义训练参数，为一个训练轮次的数据定

义一个“trainer”，如下所示：

```
trainer = Trainer(
    model=model,
    args=training_args,
    data_collator=data_collator,
    train_dataset=dataset,
    prediction_loss_only=True,
)
```

执行训练并记录时间开销，如下所示：

```
import time
start = time.time()
trainer.train()
end = time.time()
print("Number of seconds for training:")
print((end-start))
```

在这个小数据集上，训练 10 轮次只需要大约 5min。损失函数降低到 1 左右。

保存模型，如下所示：

```
trainer.save_model("albert_fine-tuned")
```

最后，我们用 pipeline API 来预测虚构书评中被遮盖的单词，如下所示：

```
from transformers import pipeline

fill_mask = pipeline(    <-- 定义填写空白的 pipeline
    "fill-mask",
    model="albert_fine-tuned",
    tokenizer=tokenizer
)
                                                            预测被遮盖的词元
print(fill_mask("The author fails to [MASK] the plot."))   <--
```

这将产生以下输出，看起来非常合理：

```
[{'sequence': '[CLS] the author fails to describe the plot.[SEP]', 'score': 0.0763
2581889629364, 'token': 4996}, {'sequence': '[CLS] the author fails to appreciate the
plot.[SEP]', 'score': 0.03849967569112778, 'token': 8831}, {'sequence': '[CLS] the
author fails to anticipate the plot.[SEP]', 'score': 0.03471902385354042, 'token': 27967},
{'sequence': '[CLS] the author fails to demonstrate the plot.[SEP]', 'score': 0.033389
27403092384, 'token': 10847}, {'sequence': '[CLS] the author fails to identify the plot.
[SEP]', 'score': 0.032832834869623184, 'token': 5808}]
```

到目前为止，读者可能已经注意到，在定制的书评语料库上微调 ALBERT 的步骤顺序与第 9 章中微调 DistilBERT 的步骤顺序非常相似。这些步骤顺序与在第 8 章中微调 mBERT 的步骤顺序也非常相似。我们再次强调，此方法几乎可以作为 transformers 库中其他所有结构的蓝图。虽然我们不可能为每种可能的应用提供一个微调示例，但对许多应用来说，这种方法应该是通用的，或者至少是一个不错的起点。例如，考虑一下你想要训练 GPT-2 以某种风格进行写作的场景。只须复制这里使用的代码，将数据集路径指向所选写作风格的语料库，并将分词器和模型引用从 AlbertTokenizer/AlbertForMaskedLM 更改为 GPT2Tokenizer/GPT2LMHeadModel。

需要注意的是，默认情况下，所有 PyTorch Transformer 模型的各个层都在解冻状态下进行训练。要冻结所有层，可以执行以下代码：

```
for param in model.albert.parameters():
    param.requires_grad = False
```

读者也可以使用类似的代码冻结部分参数。

在 10.1.2 节中，我们将讨论多任务微调，这是另一个研究这些类型模型微调的机会，这次针对的是不同类型的任务。

10.2 多任务微调

4.3 节介绍了多任务学习的概念：一个模型被训练出来执行多项任务，而不是仅一项任务。这样产出的模型在新场景中往往有更好的泛化能力，同时可以带来迁移效果和性能提升。这个思路再次出现在预训练 NLP 模型的适配策略中丝毫不意外，我们观察到对多个任务进行微调的模型更加健壮，同时性能也更好[①]。

我们关于上述思路的讨论正好为介绍 GLUE 数据集[②]提供了一个好时机。在本节中，我们将演示如何快速利用 transformers 库在 GLUE 中的各类任务上微调各种基于 Transformer 的预训练模型。本练习还会演示如何在类似 GLUE 数据集的某一类重要问题的自定义数据集上，用类似的方法微调 BERT 系列模型。

我们还会演示序列适配的过程——将期望的整个迁移实验分拆为更简单、更易于管理的步骤。多任务微调通常被认为是同时在多个任务上微调模型，而序列适配不同，它首先对一个任务进行微调，然后对另一个任务进行微调。

在本节中，我们会对 GLUE 中的几个任务微调一些基于 Transformer 的预训练语言模型，用以演示多任务微调和序列适配。具体地说，我们会专注于两个任务：一个是称为 Quora 问题对（Quora Question Pair，QQP）的问题相似性任务，另一个是称为语义文本相似性基准（Semantic Textual Similarity Benchmark，STS-B）的句对相似性测评任务。

---

① Liu X et al, “Multi-Task Deep Neural Networks for Natural Language Understanding,” ACL Proceedings (2019).

② Wang A et al, “GLUE: A Multi-Task Benchmark and Analysis Platform for Natural Language Understanding,” ICLR (2019).

10.2.1 GLUE 数据集

引入 GLUE 数据集是为了向各类自然语言理解任务提供一组具有挑战性的基准数据集。之所以选择这些任务，是因为它们隐式地代表了多年以来 NLP 学者们的兴趣点、挑战点以及相关问题点。表 10.1 总结了该数据集中可用的任务以及各个任务的数据量。

表 10.1 GLUE 数据集中各个任务的名称、数据量和相关描述

任务名称	数据量	描述
语言可接受度语料度（Corpus of Linguistic Acceptability，CoLA）	8 500 个训练样本，1 000 个测试样本	确定英语句子的语法是否正确
斯坦福情感语料库（Stanford Sentiment Treebank，SST2）	67 000 个训练样本 1 800 个测试样本	检测给定句子的情感是正向的还是负向的
微软研究院释义语料库（Microsoft Research Paraphrase Corpus，MRPC）	3 700 个训练样本，1 700 个测试样本	确定一个句子是否是另一个句子的意译
语义文本相似性基准（Semantic Textual Similarity Benchmark，STS-B）	7 000 个训练样本，1 400 个测试样本	预测两个句子之间的相似性，其得分取值在 1 到 5 之间
Quora 问题对（Quora Question Pairs，QQP）	3 640 000 个训练样本，391 000 个测试样本	确定两个 Quora 问题在语义上是否等价
多体裁自然语言推理（Multi-Genre Natural Language Inference，MultiNLI）	393 000 个训练样本，20 000 个测试样本	确定一个给定的句子是否暗示/包含另一个句子，或者与之矛盾
问答自然语言推理（Question-Answering Natural Language Inference，QNLI）	105 000 个训练样本，5 400 个测试样本	检测上下文句子是否包含问题的答案
篇章级蕴涵识别（Recognizing Textual Entailment，RTE）	2 500 个训练样本，3 000 个测试样本	量化检测前提和假设之间的文本蕴涵关系，类似于多重 MultiNLI
威诺格拉德模式挑战（Winograd Schema Challenge，WNLI）	634 个训练样本，146 个测试样本	在一组可能选项中确定歧义代词指代的是哪个名词

从表 10.1 中可以看出，原始的 GLUE 数据集涵盖多类任务，其可用的数据量各不相同。这是为了鼓励不同任务之间共享知识，这也是本节探讨的多任务微调思想的精髓所在。现在我们来简要描述表中的各类任务。

前两项任务——语言可接受度语料库（CoLA）和斯坦福情感语料库（SST2）都是单句任务。前者是判断给定的英语句子在语法上是否正确，而后者是检测句子表达的情感是正向的还是负向的。

接下来的 3 项任务——微软研究院释义语料库（MRPC）、语义文本相似性基准（STS-B）和 Quora 问题对（QQP）被归类为相似性任务。这就涉及以各种方式对两个句子进行对比。MRPC 试图判断一个句子是否是另一个句子的意译，或者说，它们是否表达了相同的概念。STS-B 以 1 到 5 的连续值来度量两个句子之间的相似性。QQP 则是要检测一个 Quora 问题是否等价于另一个 Quora 问题。

其余 4 项任务被归类为推理任务。多体裁自然语言推理（MultiNLI）任务试图确定一个给定的句子能否推导出另一个句子或者反驳另一个句子，度量的是两者的蕴涵性。问答自然语言推理（QNLI）任务类似于第 8 章中讨论的用于说明问答的 SQuAD[①]数据集。提醒一下，该数据集由一个上下文段落、一个关于该段落的问题以及段落中问题答案的开始和结束位置（如果存在）组成。QNLI 本质上是将这个任务转化为一个句对任务，将上下文中的每个句子与问题配对，并预测答案是否就在该句子中。篇章级蕴涵识别（RTE）任务类似于 MultiNLI，它也测量两个句子之间的蕴涵关系。最后是威诺格拉德模式挑战（WNLI）任务，它的目标是从一组选项中检测出句子里歧义代词指代的名词。

自 GLUE 数据集诞生以来，业界还引入了另一个名为 SuperGLUE[②]的数据集。随着现代方法近期在 GLUE 数据集的多个部分取得近乎完美的表现，这类新数据集的出现就成为一种必然。由于 SuperGLUE 数据集设计得更具挑战性，因此为比较各类方法提供了更大的“发挥空间”。在这里我们主要关注 GLUE 数据集，但我们确实认为，随着读者越来越趋向于成为 NLP 专家，了解 SuperGLUE 数据集是很重要的。

在本节的后续部分中，我们将使用 QQP 和 STS-B 两个 GLUE 任务进行一些实验，用来作为示例。在 10.2.2 节中，我们将首先演示如何在介绍的任何一项任务上微调预训练 BERT 模型。需要强调的是，在本例中，虽然我们使用 STS-B 作为示例微调任务，但相同的步骤也可以直接适用于任何其他 GLUE 任务。还需要提醒的是，这项练习让读者能够根据所包含的各个类别的任务，在自定义的数据集上对 BERT 模型进行微调。

10.2.2 GLUE 单任务微调

在本节中，我们将介绍如何快速在 GLUE 基准数据集的任务上对 transformers 库系列的预训练模型进行微调。回顾一下，BERT 的预训练就是以“填写空白”和“预测后续句”为目标的。在这里，我们在 GLUE 中的 STS-B 相似性任务上进一步微调预训练 BERT 模型。该练习更多的是起到示范效应，演示如何在 GLUE 中的其他所有任务以及同类别任务的其他自定义数据集上执行此操作。

---

① Rajpurkar P et al, “SQuAD: 100,000+ Questions for Machine Comprehension of Text,” arXiv (2016).
② Wang A et al, “Glue: A Multi-Task Benchmark and Analysis Platform for Natural Language Understanding,” ICLR (2019).

首先，我们要复制 transformers 代码仓库，并使用以下代码安装必需的依赖：

```
!git clone --branch v3.0.1 https://github.com/huggingface/transformers
!cd transformers
!pip install -r transformers/examples/requirements.txt
!pip install transformers==3.0.1
```

复制 transformers（指定版本）代码仓库

安装必需的依赖

固定 transformers 库的版本，以确保能复现

请忽略我们的 Kaggle Notebook 中的依赖冲突消息，它们与此处使用的库无关，读者只要使用该 Notebook，而无须另起炉灶。

接下来，按如下方式下载 GLUE 任务的数据：

```
!mkdir GLUE
!python transformers/utils/download_glue_data.py --data_dir GLUE --tasks all
```

下载所有 GLUE 任务的数据

这会创建一个 GLUE 目录，其中各个 GLUE 任务包含一个任务对应名称的子目录，其中含有该任务的数据。我们可以按如下方式查看 GLUE/STS-B 中包含的内容：

```
!ls GLUE/STS-B
```

输出如下：

```
LICENSE.txt dev.tsv original readme.txt test.tsv train.tsv
```

此外，我们可以大致浏览一下 STS-B 训练数据，如下所示：

```
!head GLUE/STS-B/train.tsv
```

输出如下：

```
index genre  filename year old_index source1 source2 sentence1 sentence2 score

0    main-captions    MSRvid    2012test    0001    none    none    A plane is taking off.
     An air plane -is taking off. 5.000

1    main-captions    MSRvid    2012test    0004    none    none    A man is playing a large
     flute. A man is playing a flute. 3.800

2    main-captions    MSRvid    2012test    0005    none    none    A man is spreading shredded
     cheese on a pizza.    A man is spreading shredded cheese on an uncooked pizza.    3.800

3    main-captions    MSRvid    2012test    0006    none    none    Three men are playing
     chess.    Two men are playing chess.    2.600

4    main-captions    MSRvid    2012test    0009    none    none    A man is playing the cello.
     A man seated is playing the cello.    4.250

5    main-captions    MSRvid    2012test    0011    none    none    Some men are fighting.
     Two men are fighting.    4.250

6    main-captions    MSRvid    2012test    0012    none    none    A man is smoking. A man
```

```
    is skating.    0.500

7   main-captions    MSRvid    2012test    0013    none    none    The man is playing the
    piano.    The man is playing the guitar.    1.600

8   main-captions    MSRvid    2012test    0014    none    none    A man is playing on a
    guitar and singing.    A woman is playing an acoustic guitar and singing.    2.200
```

在进行下一步之前，我们注意到，为了使用这里讨论的脚本在读者自定义的数据上微调模型，读者只需要将数据格式转换为显示的格式，并将脚本指向其路径！

我们执行以下命令，在 GLUE 的 STS-B 任务上对“普通”基础版 BERT 模型执行 3 个轮次的微调（批次大小为 32，最大输入序列长度为 256，学习率为 2×10^{-5}）：

```
%%time    <-- 这是 Jupyter Notebook 用于计时的“魔法”命令
!python transformers/examples/text-classification/run_glue.py
--model_name_or_path bert-base-cased --task_name STS-B --do_train --do_eval
--data_dir GLUE/STS-B/ --max_seq_length 256 --per_gpu_train_batch_size 32
--learning_rate 2e-5 --num_train_epochs 3.0 --output_dir /tmp/STS-B/
```

这将会花费不到 10min 的时间。注意，在代码中，我们将/tmp/STS-B/指定为输出目录。此目录包含微调后的模型和评估结果。然后，我们只须执行以下代码查看模型效果，并将结果输出到屏幕上：

```
!cat /tmp/STS-B/eval_results_sts-b.txt
```

输出如下：

```
eval_loss = 0.493795601730334
eval_pearson = 0.8897041761974835
eval_spearmanr = 0.8877572577691144
eval_corr = 0.888730716983299
```

这些输出表示该问题适用指标的最终数字——皮尔逊和斯皮尔曼相关系数。在不过多深究细节的情况下，这些系数体现了数据集提供的真实相似性与微调后模型在测试集上获得的相似性之间的相关性。这些系数的值越大，说明模型的质量越好，因为与真实情况的相关性越大。我们发现两个性能系数都接近 89%。在撰写本书时（2020 年 10 月初），我们简单浏览了一下当时的 GLUE 排行榜，可以发现全球排名前 20 名的模型的性能水平在 87%到 93%之间。这些性能顶尖的模型在 GLUE 中的其他任务中也表现出色，尽管截至目前我们只对单个任务进行了微调。然而更令人印象深刻的是，我们能够如此迅速地获得接近最先进水平的模型。从表 10.1 中可以看出，该任务的训练样本仅仅有 7 000 个。

在 10.2.3 节中，我们将在额外的任务——QQP 上进一步微调模型，从而进一步说明多任务学习和序列化适配的概念。

10.2.3　序列化适配

本节将探究在不对 STS-B 任务进行微调的情况下，对 QQP 任务进行微调能否获得更好的性能。回顾表 10.1，QQP 有 3 640 000 个训练样本，而 STS-B 只有 7 000 个训练样本。显然，QQP 任务的数据更多。首先对 QQP 进行训练，可以解释为应用序列化适配多任务学习策略来应对低资源场景，该场景中训练数据的数量不理想：只有 7 000 个。

如 10.2.2 节所示，动手开始练习之前，我们假设 transformers 代码仓库已经复制好，必需的依赖已经安装好，并且 GLUE 任务的数据已经下载完成。下一步，需要在 GLUE 的 QQP 任务上对“普通”基础版 BERT 模型执行 1 个轮次的微调（批次大小为 32，最大输入序列长度为 256，学习率为 2×10^{-5}）。请注意，这次我们只训练 1 个轮次，而不是 10.2.2 节中的 3 个轮次，因为这次的训练数据要多得多。使用以下代码：

```
!python transformers/examples/text-classification/run_glue.py
--model_name_or_path bert-base-cased --task_name QQP --do_train --do_eval
--data_dir GLUE/QQP/ --max_seq_length 256 --per_gpu_train_batch_size 32
--learning_rate 2e-5 --num_train_epochs 1 --output_dir /tmp/QQP/
```

这一轮次的训练时间约为 2h 40min。一如既往，我们可以通过以下方式检查 QQP 任务的性能：

```
!cat /tmp/QQP/eval_results_qqp.txt
```

取得了以下性能：

```
eval_loss = 0.24864352908579548
eval_acc = 0.8936433341578036
eval_f1 = 0.8581700639883898
eval_acc_and_f1 = 0.8759066990730967
epoch = 1.0
```

然后，我们可以加载 QQP 微调后的模型，如下所示：

```
from transformers import BertForSequenceClassification, BertConfig

qqp_model = BertForSequenceClassification.from_pretrained("/tmp/QQP")
```

用我们微调的模型检查点进行初始化

基于问题的形式，这次使用序列分类

加载微调的模型后，我们提取其编码器，以便在后续其他模型中使用，然后在 STS-B 任务中进一步微调。注意，这类似于我们在第 4 章中分析过的硬参数共享场景。图 10.1 说明了这种情况。

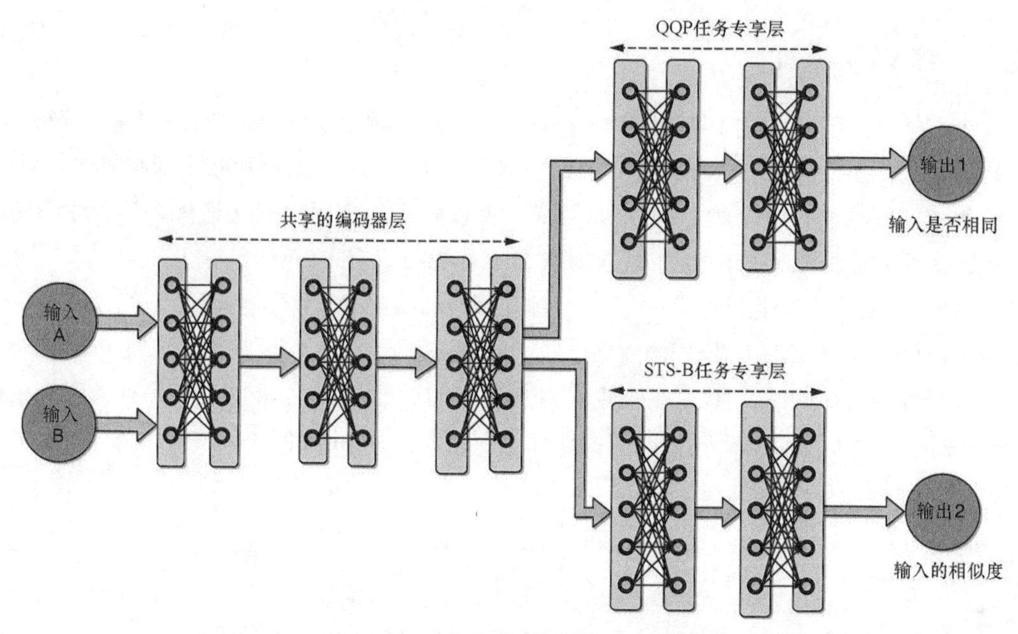

图 10.1 硬参数共享多任务学习场景

图 10.1 清楚地显示了任务之间共享了编码器。提取编码器并使用以下代码初始化模型，以便在 STS-B 任务上进行微调：

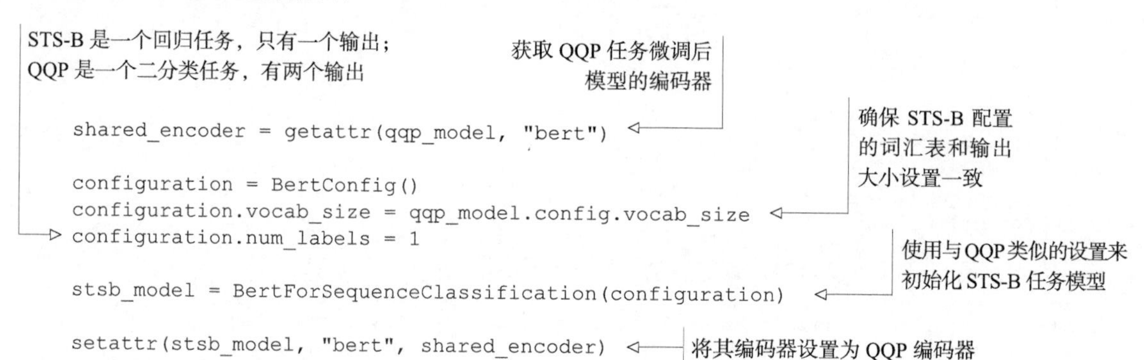


```
shared_encoder = getattr(qqp_model, "bert")

configuration = BertConfig()
configuration.vocab_size = qqp_model.config.vocab_size
configuration.num_labels = 1

stsb_model = BertForSequenceClassification(configuration)

setattr(stsb_model, "bert", shared_encoder)
```

保存已经初始化好的 STS-B 模型，以便进一步微调，如下所示：

```
stsb_model.save_pretrained("/tmp/STSB_pre")
```

确保 QQP 模型中的词汇表可用，如下所示：

```
!cp /tmp/QQP/vocab.txt /tmp/STSB_pre
```

现在，使用 10.2.2 节中相同的设置，在 STS-B 任务上微调此前已经在 QQP 任务上微调过的模型，如下所示：

```
!python transformers/examples/text-classification/run_glue.py
--model_name_or_path /tmp/STSB_pre --task_name STS-B --do_train --do_eval
--data_dir GLUE/STS-B/ --max_seq_length 256 --per_gpu_train_batch_size 32
--learning_rate 2e-5 --num_train_epochs 3 --output_dir /tmp/STS-B/
```

考虑到训练集的大小只有 7 000，执行 3 个轮次的训练只需要 7.5min。我们通常使用以下方法查看所取得的性能：

```
!cat /tmp/STS-B/eval_results_sts-b.txt
```

性能如下：

```
eval_loss = 0.49737201514158474
eval_pearson = 0.8931606380447263
eval_spearmanr = 0.8934618150816026
eval_corr = 0.8933112265631644
epoch = 3.0
```

10.2.3 节仅仅对 STS-B 任务的模型进行微调，与之相比我们取得了一些提升。10.2.3 节的 eval_corr 约为 88.9%，而这里达到 89.3%。因此连续适配多任务学习实验带来是有益的，并且带来了可测量的性能改进。

在 10.3 节中，我们将尝试更为有效地对类似的新场景的模型进行微调。我们将研究在预训练的语言模型层之间引入所谓的适配模块或适配器，以适应新的场景。这种方法很有前景，因为它只引入了非常少量的参数，而且这些参数可以被 NLP 社区有效地预训练和共享。

10.3 适配器

接下来，我们要探讨的适配策略是使用所谓的自适应模块或者适配器。适配器的关键思想如图 10.2 所示，我们曾在图 7.6 中将其作为原始 Transformer 编码器的附加层进行介绍。

从图 10.2 中可以看出，这些适配器是新引入的模块，存在于预训练模型的各层之间，而且只包含少量参数。为了适配新的任务，针对修改后的模型进行微调，只需要训练这些附加参数，而原始网络的权重则保持不变。与微调整个模型比起来，每个任务[①]仅需要添加 3%~4%的额外参数，几乎不会出现性能损失。实际上，这些额外的参数体积仅仅相当于 1MB 的磁盘空间，就现代标准而言是非常小的。

这些适配器是模块化的，具备良好的可扩展性，便于研究人员共享。事实上，一个名为 AdapterHub 的项目旨在成为共享这类模块的中央存储库，该项目正是基于我们一直在使用的

① Houlsby N et al, “Parameter-Efficient Transfer Learning for NLP,” ICML (2019).

transformers 库构建的。在本节中，我们将使用此项目构建一个在 SST2 任务上微调的 BERT 模型。这相当于我们在 10.2 节中对 GLUE 的 STS-B 任务进行微调时所做的工作，并将允许读者快速了解适配器框架相对于之前的工作所具备的优势。

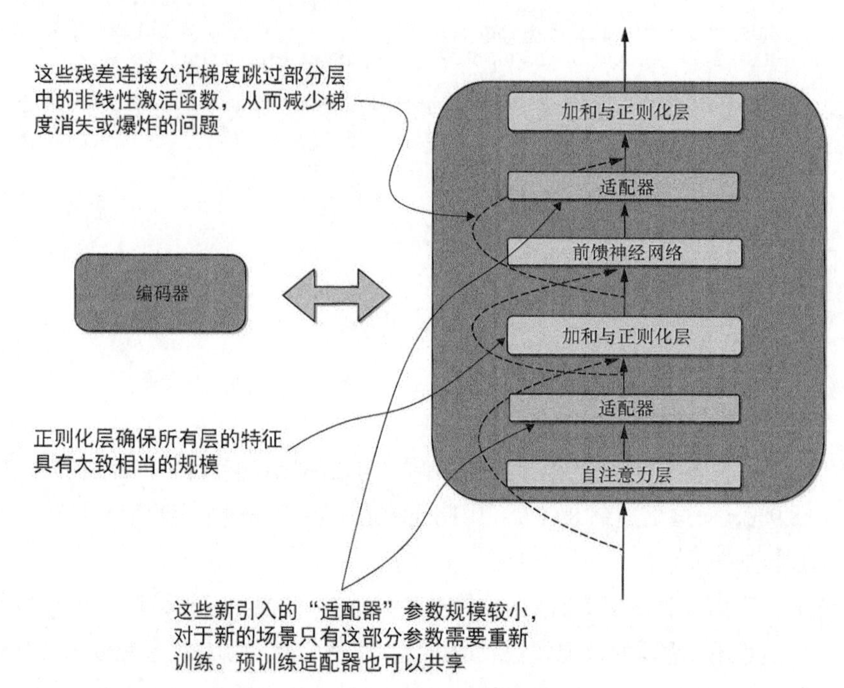

图 10.2 在“基础版”Transformer 编码器中新引入的适配器层

我们参照如下方式安装 AdapterHub 库：

```
pip install adapter-transformers
```

导入所需的类并用 3 行代码加载所需的适配器，如下所示：

```
from transformers import BertForSequenceClassification, BertTokenizer
model = BertForSequenceClassification.from_pretrained("bert-base-uncased")  <- 需要微调的检查点
model.load_adapter("sentiment/sst-2@ukp")  <- 选择具体任务的适配器
```

AdapterHub 官网上列出了可用的适配器和使用说明。我们所要做的工作是使用 BERT 检查点适配 SST2 任务。将这类方法与 10.2 节中的微调步骤进行比较，可以明显看出适配器方法更具实用性——撇开微调，只须加载额外模块并继续运行！

请注意，在这里的代码中，我们使用了基础版 BERT 检查点，并且基于 AdapterHub 库中当前可用内容的限制，我们加载的适配器在 UKP 句子参数挖掘语料库上进行微调。AdapterHub 目前还是一个早期项目，我们预计随着时间的推移，未来将可提供更多的适配器。

作为最后一步，我们相信这里建立的模型实际上就是一个情感分类引擎。我们使用下面的代码来验证。它比较了两个句子的情感倾向“That was an amazing contribution, good!”和“That is very bad for the environment.”。

```
import torch

tokenizer = BertTokenizer.from_pretrained("bert-base-uncased")
tokensA = tokenizer.tokenize("That was an amazing contribution, good!")
input_tensorA = torch.tensor([tokenizer.convert_tokens_to_ids(tokensA)])
tokensB = tokenizer.tokenize("That is very bad for the environment.")
input_tensorB = torch.tensor([tokenizer.convert_tokens_to_ids(tokensB)])
outputsA = model(input_tensorA,adapter_names=['sst-2'])
outputsB = model(input_tensorB,adapter_names=['sst-2'])
print("The prediction for sentence A - That was an amazing contribution,
    good! - is:")
print(torch.nn.functional.softmax(outputsA[0][0]))
print("The prediction for sentence B - That is very bad for the environment.
    - is:")
print(torch.nn.functional.softmax(outputsB[0][0]))
```

使用常规预训练的分词器

句子 A

预测 A

句子 B

预测 B

输出句子 A 的预测概率

输出句子 B 的预测概率

输出如下：

```
    The prediction for sentence A - That was an amazing contribution, good! - is:tenso
r([0.0010, 0.9990], grad_fn=<SoftmaxBackward>)
    The prediction for sentence B - That is very bad for the environment. - is:tensor
([0.8156, 0.1844], grad_fn=<SoftmaxBackward>)
```

这里所示的预测概率可以解释为一对概率，第一项表示输入为“负向”的概率，第二项表示输入为“正向”的概率。我们看到“That was an amazing contribution, good!”这句话是非常正向的，概率为 99.9%。另外，“That is very bad for the environment.”这句话是负向的，概率为 81.6%。这当然是合乎情理的，同时也验证了我们的实验。

小结

应用嵌入因子分解和跨层参数共享可以得到一个参数效率更高的模型。

同时在多个任务上对 BERT 系列模型进行微调，即多任务微调，可以产生更具泛化能力的模型。

在 BERT 系列模型上使用适配器可以简化微调过程。

第11章 总结

本章涵盖下列内容。

- 对本书涉及的重要概念的总结。
- 对相关的重要新兴概念的总结。
- 考虑 NLP 迁移学习方法的局限性以及环境和伦理问题。
- 展望 NLP 迁移学习的未来。
- 关注该领域的最新发展。

我们在前面的章节中已经学习了很多内容，希望它们包含了足够的信息且引人入胜。在本章中，我们将尝试对之前的所有工作进行总结，并展望 NLP 迁移学习领域的未来和新兴的研究趋势。由于该领域成果丰富且进展飞速，本书有限的内容无法包含每一个有影响力的模型结构或有前途的方向。为了弥补这个遗憾，我们将在本书中简要讨论一些没有机会详述的研究趋势，并且尽可能地基于前述章节背景来构建整体框架。

在本章中，我们还试图提供一个更广阔的背景，涉及传统上没有怎么被关注的新兴问题，如伦理考虑和各种模型的环境影响。这些问题与对模型局限性的认识密切相关，我们在本章中将尽量强调这些局限性。

至关重要的是，我们要讨论在快速发展的领域（如 NLP 迁移学习领域）中与时俱进的各种技巧。请注意，掌握了本书的内容仅意味着在本领域“旅程”的开始。所需工具和技能会随着时间的推移而变化，它们的每一个应用可能都需要读者的创造力或有待开发的新技术。在这样一个快速发展的领域保持竞争优势更像是一趟旅程，而不仅仅是一个终点。我们鼓励读者对正在进行的研究保持好奇的态度，并为其发展做出一定贡献。

我们从关键概念概述开启这最后一章。

11.1 关键概念概述

迁移学习旨在利用来自不同环境（不同的任务、语言或领域）的先验知识来帮助用户解决手头的问题。它受到人类学习方式的启发，因为我们通常不会从零开始学习任何给定问题的知识，而是建立在尽可能相关的先验知识之上。允许缺乏大量计算资源的从业者复用最先进的成果，这被认为是迈出了技术普及的重要一步。更具体地说，是对 BERT 模型不同规模的训练成本的考虑，如图 11.1 所示[①]。图中包含单次训练和包括超参数调优在内的整个训练过程的成本。最大规模的包含 15 亿个参数的模型单次运行成本为 8 万美元（1 美元约合 6.95 元人民币），考虑到所有优化步骤，成本为 160 万美元。

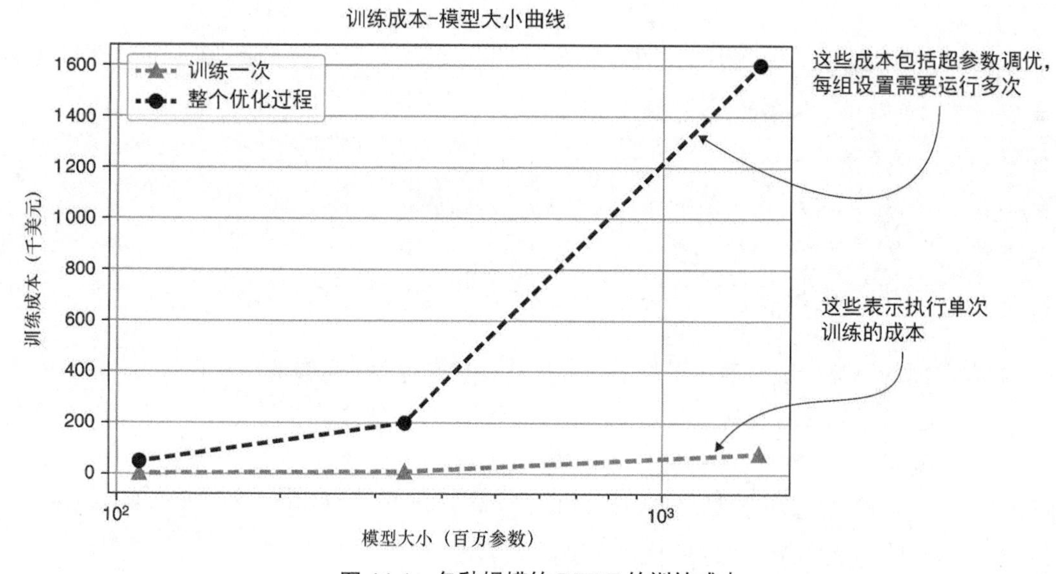

图 11.1 各种规模的 BERT 的训练成本

利用迁移学习，读者在几个小时内就可以在个人的计算项目上复用这些宝贵的知识，最多只须花费几美元做调优。

迁移学习在 NLP 社区流行起来之前就已经在计算机视觉领域得到普及。计算机视觉教计算机理解和处理图像与视频，而 NLP 则聚焦于处理人类语言，如文本和音频。在本书中，我们主要关注文本，特别是诸如文档分类、机器翻译和问答等 NLP 任务。

虽然历史上这些任务最初通过符号主义人工智能的方法来解决——该方法尝试为每个场景指定固定的规则，但是现在机器学习已成为主流趋势。计算机不是针对每种可能的情况显式

① Sharir O et al, “The Cost of Training NLP Models: A Concise Overview,” arXiv (2020).

地编程，而是通过大量输入输出对来训练计算机将输入输出信号关联起来。传统的学习这些输入输出关联的方法包括决策树、随机森林、核方法（如支持向量机）和神经网络等。最近，神经网络已成为解决感知类问题（即计算机视觉和 NLP）的首选方法。因此，它是我们在本书中探索的最重要的一类方法。

在深入研究 NLP 的现代迁移学习方法之前，我们先对一些传统的机器学习方法进行回顾性实验。具体来说，我们采用下述方法来研究两个重要问题——垃圾电子邮件分类和 IMDb 电影评论情感分类。

- 逻辑斯谛回归。
- 支持向量机。
- 随机森林。
- 梯度提升机。

我们使用词袋模型将文本转换成数字，该模型只计算每封电子邮件中包含的单词的频率，从而将整封电子邮件表示为此类频率计数的向量。

现代 NLP 方法论的重点是通过诸如 Word2Vec 和 Sent2Vec 等技术对文本（单词、子单词、句子等部分）进行向量化，然后将得到的数值向量作为传统机器学习方法的特征进行进一步处理，例如用于随机森林分类。

正如本书第 1 章中提到的，向量化这一重要领域有着丰富的积累，起源于 20 世纪 60 年代信息检索的 term-vector 模型。而预训练浅层神经网络技术将该领域推向高潮，例如：

- fastText；
- GloVe；
- Word2Vec，在 21 世纪 10 年代中期出现了几种变体，包括 CBOW 和 Skip-Gram。

CBOW 和 Skip-Gram 都是脱胎于针对不同目标训练的浅层神经网络。Skip-Gram 尝试预测在滑动窗口中的目标词的邻居词，而 CBOW 尝试预测给定邻居词的目标词。GloVe 作为全局向量的代表，尝试通过将全局信息合并到嵌入中来扩展 Word2Vec。在 GloVe 中，单词嵌入向量的余弦积表示单词共现次数，从而使生成的向量更易于解释。fastText 技术试图通过使用字符 n-grams 而非单词 n-grams 的方法来扩展 Word2Vec，使其能够处理未知单词。这些预训练嵌入模型的变体有各自的优缺点。作为这类方法的数值演示，我们使用 fastText 单词嵌入来重复 IMDb 电影评论情感分类任务。在该任务中，文本转数字的流程将从 BOW 方法改为 fastText。

受 Word2Vec 的启发人们开发了几种新方法——试图将更大的文本嵌入向量空间，从而使具有相似含义的文本在诱导向量空间中彼此更接近。这使得可以对这些文本执行算术运算，从而对类比、组合意义等进行推理。这些方法包括以下内容。

- 段落向量或 Doc2Vec，利用预训练单词嵌入中单词的串联（而非平均值）对段落进行总结。
- Sent2Vec，扩展了 Word2Vec 中经典的 CBOW，通过训练一个浅层神经网络，使其在滑动窗口中基于句子上下文预测句子的方式优化单词和单词 n-gram 的向量表示，从而获得准确的平均表示。

作为这类方法的数值演示，我们使用基于 fastText 的 Sent2Vec 来代替 BOW 以完成 IMDb 电影评论情感分类任务。

一些作者提出了各种迁移学习方法分类系统①②③。粗略地说，分类基于知识迁移是否跨语言、任务或数据领域。这些分类方法如下所示。

- 跨语言学习。
- 多任务学习。
- 领域适配。

为了说明多任务学习的概念，我们使用了熟悉的 IMDb 电影评论情感分类和垃圾电子邮件分类任务作为示例。为了说明领域适配概念，我们基于自动编码器把 IMDb 电影评论情感分类模型适配到 Amazon 网站书评领域。同时该练习也可作为零次迁移学习的例子，在这个例子中，Amazon 网站书评领域模型不需要微调就可以提供有价值的结果。

seq2seq 模型的进步为机器翻译等任务带来了一场革命。起初，该模型中的编码器和解码器是循环神经网络。为了解决输入序列过长的问题，人们开发了一种称为注意力机制的技术，从而允许输出只关注输入序列相关的部分。虽然最初该机制是与循环神经网络一起使用的，但后来逐渐演变成一种用于构建编码器和解码器的自注意力机制。自注意力与原始注意力的不同之处在于自注意力在序列的一部分和同一序列的其他部分之间寻找关联，而不是在两个不同输入和输出序列的部分之间寻找关联。使用自注意力机制代替原始注意力机制的模型称为 Transformer，它比早期基于循环神经网络的 seq2seq 模型在并行计算架构上具有更好的可扩展性，因此得到广泛使用。我们使用了基于 Transformer 的预训练翻译模型来实现英语到加纳语（Twi）的翻译，并以此探索这一重要架构的功效和其他特征。

由于迁移学习在计算机视觉领域中早已成功应用，早期关于 NLP 迁移学习领域的探索侧重于与计算机视觉进行类比。其中，SIMOn 采用了字符级卷积神经网络结合 bi-LSTM 进行结构语

① Pan SJ, Yang Q, “A Survey on Transfer Learning,” IEEE Transactions on Knowledge and Data Engineering (2009).
② Ruder S, “Neural Transfer Learning for Natural Language Processing,” National University of Ireland, Galway, Ireland (2019).
③ Wang D, Zheng T F, “Transfer Learning for Speech and Language Processing,” Proceedings of 2015 AsiaPacific Signal and Information Processing Association Annual Summit and Conference (APSIPA).

义文本分类。SIMOn 的含义是本体建模的语义推理，它是在 DARPA 的数据驱动模型发现（D3M）[①]计划期间开发的，该计划试图把数据科学家面临的一些典型任务进行自动化改造。SIMOn 演示了与计算机视觉迁移学习相似的一类 NLP 迁移学习方法。该模型学习到的特征对于无监督学习任务相当有用，并且在社交媒体语言数据上也能很好地发挥作用。社交媒体语言数据可能有些特殊，且与 Wikipedia 和其他基于图书的大型数据集上的语言数据有较大差异。我们使用了列类型分类任务作为该建模框架的展示。

作为提醒，微调计算机视觉模型的启发式方法大致如下。

- 随着目标领域的可用数据越来越多，可训练层的起点将从输出层逐渐移到输入层。起点和输出层之间的参数被解冻并参与训练，其余参数保持不变。这是受到了其他训练任务中更多数据可以有效地训练更多参数这一事实的启发。
- 起点的移动方向必须是远离输出层的，往输入层移动，因为这允许我们保留接近输入层的用于编码通用特征的参数，同时重新训练更接近输出层的用于编码源领域特征的参数。
- 当源领域和目标领域高度不同时，可以完全丢弃某些参数/层。

早期的词嵌入方法（如 Word2Vec）的一个主要缺点是无法消歧，即根据上下文区分可能具有不同含义的单词的各种用法。这些单词在技术上称为同形词，例如，duck（姿势）对 duck（鸟）和 fair（聚会）对 fair（公正）。语言模型嵌入（ELMo）是最早尝试使用 bi-LSTM 开发引入上下文信息的词嵌入表示的模型之一。ELMo 可以说是与当下 NLP 迁移学习革命相关的最流行的早期预训练语言模型之一。它与 SIMOn 在架构上有很多相似之处，也由字符级卷积神经网络和 bi-LSTM 组成。该模型中单词的嵌入取决于其上下文，ELMo 通过训练预测单词序列中的下一个单词来实现这一点。该模型基于巨大的数据集如 Wikipedia 和各种图书数据集进行训练。我们通过将 ELMo 应用于一个示例问题（假新闻检测）进行实际演示。

通用语言模型微调（ULMFiT）方法推动预训练语言模型进一步发展，它通过形式化方法对任何特定任务的基于神经网络的语言模型进行微调，介绍并演示了一些关键技术和概念，使预训练语言模型能够更有效地适应新环境，包括差别式微调和逐步解冻。差别式微调规定，由于语言模型的不同层包含不同类型的信息，因此应以不同的速率进行微调。逐步解冻描述了一种以渐进方式逐步微调更多参数的过程，旨在降低过拟合的风险。ULMFiT 方法还包括在适配过程中以独特方式改变学习率的创新。我们使用 fast.ai 库对这些概念进行了数值展示。

OpenAI 公司提出的 GPT 修改了 Transformer 的编码器、解码器结构，以实现可微调的 NLP 模型。它丢弃了编码器，保留了解码器及其自注意力子层。它通过因果建模目标进行训练，以预

① Richard L et al, "An Overview of the DARPA Data-Driven Discovery of Models (D3M) Program," Proceedings of the 29th Conference on Neural Information Processing Systems (NeurIPS) (2016).

测序列中的下一个单词。它特别适用于文本生成。我们在本书前面的章节中介绍了如何基于Hugging Face的transformers库来快速使用预训练GPT-2模型来生成文本。

BERT可以说恰好与GPT相反，它通过保留编码器和丢弃解码器来修改Transformer结构，同时它还依赖于单词遮盖，然后需要准确地预测被遮盖的单词作为训练目标。更具体地说，使用遮盖式语言模型并以“填空”作为目标。此外，它还通过后续句预测任务进行训练，以确定给定句能否作为目标句之后的一个看似合理的后续句。该模型虽然不适合文本生成，但在其他通用语言任务（如分类和问答）上的表现非常好。我们将其应用于问答和文档分类这两个重要的应用中，其中文档分类用例是垃圾电子邮件分类。我们还展示了它在填写空白和检测一个句子是否是另一个句子的可信后续句上的应用。

mBERT模型代表“多语言BERT”，通过同时在100多种语言上对BERT进行预训练而得。自然地，这种模型特别适合跨语言迁移学习。我们展示了多语言预训练权重检查点如何帮助最初未包含在多语言训练语料库中的语言创建BERT嵌入表示。BERT和mBERT都是Google公司发明的。

这些基于语言模型的方法（如ELMo、ULMFiT、GPT和BERT等）表明，生成的嵌入可以针对标注数据相对较少的特定下游NLP任务进行微调。这就解释了NLP社区对语言模型的关注：它验证了由语言模型引发的假设集通常是有用的推测。

我们还介绍了NLP深度迁移学习模型结构的一些适配策略。换句话说，给定一个诸如ELMo、BERT或GPT的预训练模型，如何更有效地进行迁移学习？为此，我们将重点放在参数效率上，目标是生成一个参数尽可能少的模型，同时性能损失更小。这样做的目的是使模型更小、更易于存储，例如，使其更易于部署在智能手机等设备上。另外，为了在某些困难的转移情况下达到可接受的性能水平，我们可能需要智能适配策略。我们介绍的适配策略如下。

- 我们探索的第一个适配策略是前面提到的ULMFiT方法，即使用fast.ai库进行逐步解冻和差别式微调。
- 然后，我们探讨了称为知识蒸馏的模型压缩方法——该方法最近在NLP领域作出了突出贡献。这一过程实质上是试图通过明显更小的学生模型来拟合较大教师模型的输出。我们使用transformers库中DistilBERT方法的一个实现来证明这种方法可以使BERT模型的体积减小一半以上。
- 我们提到的下一个适配策略是围绕两个思路展开的，这两个思路旨在创建基于Transformer的语言模型，该模型在更大的词汇量和更长的输入上具有更好的可扩展性。第一个思路涉及巧妙的因式分解，或者将较大的权重矩阵拆分为两个较小的矩阵，允许读者增加其中一个矩阵的维度，而不会影响另一个矩阵的维度。第二个思路涉及在所有层之间共享参数。这两个思路是ALBERT模型的基础。我们使用transformers库中的实现来积累该模型的一些实践经验。

我们建立了多任务学习的思想。在多任务学习中，模型被训练为同时执行多个任务，以产生一个泛化能力更强的模型。当需要将模型迁移到缺少足够的训练数据来执行微调的场景时，为什么不同时微调多个任务？关于这一想法的讨论为介绍 GLUE 数据集提供了一个很好的机会，GLUE 数据集是人类语言推理的代表性任务的数据集，如句子之间的相似性检测、问题之间的相似性检测、释义、情感分析和问答。我们展示了如何使用此数据集基于 transformers 库快速进行多任务微调。该示例同时还演示了如何在这几类重要任务中的一个自定义数据集上对 BERT 系列模型进行类似的微调。

我们还考虑到领域适配的思想，特别是源领域和目标领域的相似性对迁移学习的有效性起着至关重要的作用。更大的相似性通常意味着更简单的迁移学习过程。当源领域和目标领域太不相似时，可能无法在单个步骤中完成迁移学习。在这些情况下，可以基于序列化适配的思想，将期望的迁移任务分解为更简单、更易于管理的步骤。我们通过首先适配语料丰富的问题相似性场景，将以“填空”为目标的预训练 BERT 顺序地适配到语料较少的句子相似性检测场景。实验中用到的两种场景的数据都来自 GLUE 数据集。

我们探索的最后一个适配策略是使用所谓的适配模块或适配器。它们是模型中新引入的模块，在预训练神经网络的各层之间只包含几个参数。在新的任务上微调加入适配器后的模型时，只需要训练这些附加参数，保持原始网络的权重不变。通常来说，与微调整个模型相比，每个任务仅添加 3%～4%的额外参数即可，这样基本不会影响性能。这些适配器也是模块化的，很容易在研究人员之间共享。我们使用 AdapterHub 框架加载了其中一些适配器，并展示了如何使用这些适配器将通用 BERT 模型调整为期望在情感分类任务中表现良好的模型。

11.2 其他新兴研究趋势

贯穿全书，我们都在强调针对 NLP 迁移学习这样一个快速发展的领域，本书不可能涵盖所有的模型结构或创新。我们采取的方法是专注于我们认为最基础的结构和技术。从某种意义上说，由于未来的创新可能基于这些结构和技术，因此读者可以通过自学来了解它们。为了提供更多的便利，我们将本节的重点放在对各种研究趋势的简要讨论上，这些研究趋势在本书中没有机会涉及，但已经有了一定的影响力。我们将尽可能多地把这些内容与书中所涵盖的内容联系起来，以便读者在需要时选读。

我们首先概述 RoBERTa（Robustly Optimized BERT Approach，稳健优化的 BERT 方法）①。该方法采用一些优化技巧来提高 BERT 模型的效率。

① Liu YH et al, “RoBERTa: A Robustly Optimized BERT Pretraining Approach,” arXiv (2019).

11.2.1 RoBERTa

RoBERTa 试图复刻 BERT 模型，同时特别关注各种超参数训练和设置及其对结果的影响。一般而言，精心设计的选择可以显著提高原始 BERT 的性能。其中一个选择是去除 NSP 任务，只保留 MLM 任务。换句话说，RoBERTa 的作者认为 NSP 降低了下游任务的性能，并表明移除该任务是有好处的。其他的设计选择包括更大的学习率和训练的 mini-batch。该模型的实现可以在本书前面提到的由 Hugging Face 开发的 transformers 库中找到。

接下来，我们来看看迄今为止最大的预训练语言模型之一——GPT-3[①]，它最近引起了广泛关注，并且以论文形式在 NeurIPS 2020 虚拟研究会议（2020 年 12 月）上获得了最佳论文奖。

11.2.2 GPT-3

读者可能还记得，GPT 模型已经经历了 GPT、GPT-2 以及最近的 GPT-3 等多次迭代。GPT-3 有 1750 亿个参数。它的前身 GPT-2 拥有 15 亿个参数，在 2019 年前发布的时候是最大的模型之一。在 2020 年 6 月发布 GPT-3 之前，最大的模型是微软公司在 2020 年 2 月发布的 Turing NLG，其参数量为 170 亿。其中一些效果指标的进展速度之快令人震惊，而且这些纪录往往很快就会被打破。图 11.2 显示了模型参数量的爆炸式增长。

从图 11.2 中可以看出，GPT-3 比之前最大的模型 Turing NLG 的参数量增加了 10 倍以上，这是一个超越之前进步的飞跃。事实上，一个名为 Switch Transformer[②]的架构声称在 2021 年 1 月达到了万亿参数规模，该架构通过为不同的输入分配单独的 Transformer 单元来利用稀疏性。我们没有在图 11.2 中包含此架构，因为在撰写本书时，相关论文仍在审稿阶段。然而毫无疑问的是，模型参数量不断增大的趋势似乎正在加速。

在 GPT-3 的论文中，作者展示了这个巨大的模型只需要用很少的微调数据便可适配到多个下游任务上。例如，它可以通过只看几个翻译示例来将一种语言翻译成另一种语言，或者通过只查看几个垃圾电子邮件样本就可以实现垃圾电子邮件分类。事实上，GPT-3 还有很多意想不到的应用，例如根据需求描述生成代码。GPT-3 的一个早期“用户”是一款名为 Short 的应用程序，该应用程序可以访问 GPT-3，用于创意写作，任何人都可以以很低的价格试用。

---

① Brown TB et al, “Language Models Are Few-Shot Learners,” NeurIPS (2020).
② Fedus W et al, “Switch Transformers: Scaling to Trillion Parameter Models with Simple and Efficient Sparsity,”arXiv (2021).

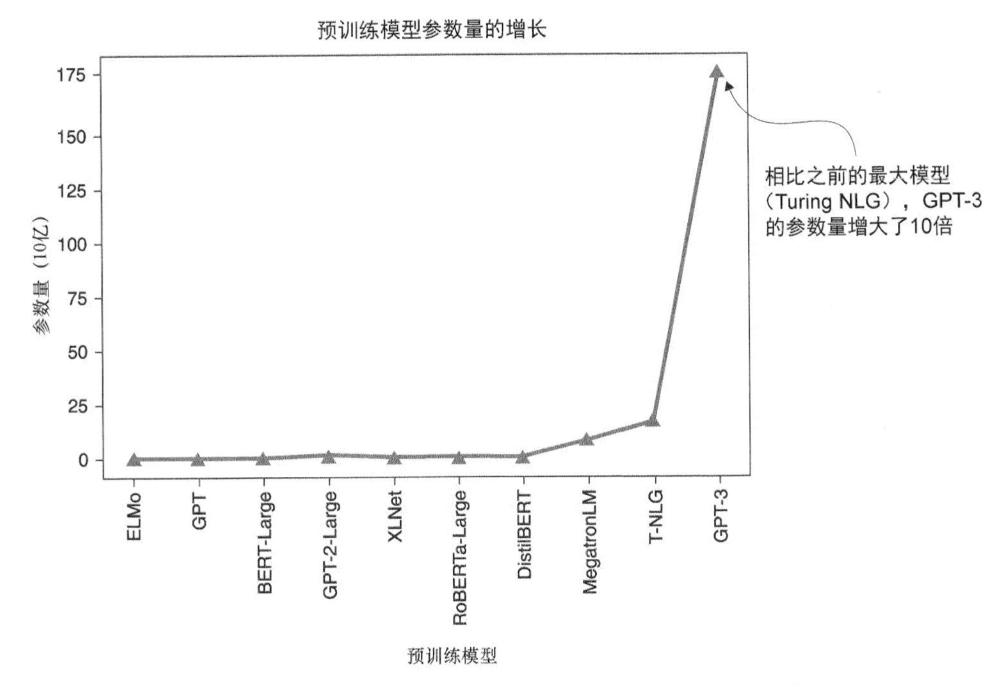

图 11.2 随着时间的推移，模型参数量最大值的增长趋势

此外，transformers 库已经有了一个规模较小但功能强大的 GPT-3 开源替代品——EleutherAI 的 GPT-Neo。EleutherAI 的目标是构建一个与完整版 GPT-3 体积相当的模型，并通过开源许可证向大众开放。EleutherAI 在代码仓库中提供了不同尺寸的模型，用户也可以在浏览器中使用 Hugging Face 托管的推理 API 试用模型。我们还提供了对应的 Kaggle Notebook，用第 7 章的示例展示了其实际效果。读者应该会发现它的性能更好，但成本自然要高得多。（最大模型的规模超过 10GB！）

需要注意的是，GPT-3 的作者在论文中提到，将语言模型变大的收益已经接近极限。即使在这个极限下，模型在某些类型的任务上的表现仍然很差，比如考虑到常识物理学的文本生成任务。因此，尽管它确实代表了一项重要的技术突破，但建模方法的创新（而不是简单地放大模型）必须是前进的道路。

接下来，我们来看一组旨在提高基于 Transformer 的模型在长输入序列上的性能（这一点很重要，因为原始 Transformer 模型在运行时长和内存用量方面与输入长度呈平方增长）的方法。

11.2.3 XLNet

XLNet[①]用于更好地处理更长的输入序列，其思想是基于一个早期的类似模型 Transformer-XL[②]。XLNet 的一个关键设计是在 GPT 相关内容中讨论过的因果语言建模（Cansal Language Modeling，CLM），它涉及预测序列中下一个单词的经典语言建模任务。回想一下，在这种方法中，后续词元是被遮盖的。XLNet 论文的作者将此等效为自回归语言建模。XLNet 的另一个关键设计是对输入序列中所有可能的单词排列执行 CLM。这种思路有时称为置换语言建模（Permutation Language Modeling，PLM）。结合 PLM 和 CLM 可以实现双向建模，因为所有的词元都会在某些置换中被当作前序词元。XLNet 和 Transformer-XL 都没有序列长度限制，读者可以在 Hugging Face 的 transformers 库中获取其具体实现。

以 XLNet 的视角为前提，我们继续了解 BigBird[③]——一个引入了稀疏注意力机制以提高计算效率的创新。

11.2.4 BigBird

BigBird 通过引入稀疏注意力机制，将传统的 Transformer 模型对序列长度的平方增长降低为线性增长。实践证明该机制可以近似于原始完整注意力机制并保留其各类性质。稀疏注意力机制不是一次性将全部注意力应用于整个输入序列，而是逐词处理，从而使其更加智能并断开一些连接。在相似的硬件配置上，稀疏注意力机制可以处理的序列长度是传统 Transformer 模型的 8 倍，读者可以在 Hugging Face 的 transformers 库中获取其具体实现。

接下来，我们将讨论 Longformer[④]，它是针对传统 Transformer 模型的全量自注意力机制的另一项创新，在输入长度上有更好的可扩展性。

11.2.5 Longformer

Longformer 是另一个试图降低传统 Transformer 注意力机制的平方增长的尝试，其创新之处在于将局部窗口式注意力与全局任务型注意力相结合。局部注意力用于上下文表示，而全局注意力用于构建用于预测的全序列表示。类似 BigBird，Longformer 关于输入序列长度的依赖也是线性的。读者可以在 Hugging Face 的 transformers 库中获取其具体实现。

---

① Yang Z et al, “XLNet: Generalized Autoregressive Pretraining for Language Understanding,” NeurIPS(2019).
② Dai Z et al, “Transformer-XL: Attentive Language Models beyond a Fixed-Length Context,” ACL (2019).
③ Zaheer M et al, “BigBird: Transformers for Longer Sequences,” arXiv (2020).
④ Beltagy I et al, “Longformer: The Long-Document Transformer,” arXiv (2020).

接下来我们将介绍 Reformer[①]，这是另一种减轻原始自注意力机制的平方依赖的方法。

11.2.6 Reformer

Reformer 通过引入两种技术来降低原始 Transformer 的计算时间和内存关于输入长度的平方增长。Reformer 通过将原来的全量自注意力机制替换为采用局部敏感哈希的自注意力机制，可以减少冗余计算并将时间复杂度降低到 $O(L\log L)$（其中，L 是输入序列长度）。一种称为可逆层的技术允许只存储一次激活函数。这意味着对于一个 N 层模型，无须存储 N 次激活函数，所以只使用了一小部分内存。取决于 N 的值，Reformer 可以节省大量内存。读者可以在 Hugging Face 的 transformers 库中获取其具体实现。

很明显，让 Transformer 类模型可以处理更长的输入序列已成为一种元研究趋势。我们可能没有在这里包括关于该主题的所有研究，如果你自己做一些挖掘工作，应该会发现更多。

接下来，我们将讨论最近再度出现的 seq2seq 建模方法。这种方法试图将我们在本书中遇到的各种问题转换为文本到文本的建模框架。

11.2.7 T5

在本书的讨论中，读者可能还记得 seq2seq 模型在 NLP 领域中发挥了重要作用。seq2seq 模型首先出现在 RNN 模型背景下，然后在基于 Transformer 模型结构的机器翻译应用中得到深入探索。T5，即“文本到文本的 Transformer”[②]，试图将一系列广泛的 NLP 问题转换为统一的 seq2seq 框架。它允许对每个任务应用相同的模型、目标、训练过程和解码过程。它可以处理的问题类别包括文本摘要、情感分析和问答等。训练过程包含英语与罗马尼亚语、德语和法语之间的语言对互相翻译。图 11.3 给出了一些代表性的数据转换，这些转换使得在不同的任务上训练单个模型用于翻译和摘要成为可能（图 11.3 受到 T5 论文中图 1 的启发）。

从图 11.3 中可以看出，任务数据是通过在原始文本数据前添加标准任务描述符来得到的。训练数据集包括 GLUE 数据集和 SuperGLUE 数据集，以及用于抽象摘要的新闻数据集等。它的目标是在不修改模型的情况下处理各种自然语言理解任务。从这个意义上说，它可以被认为是贯穿全书的多任务学习的有趣变体或迭代。同步学习过程包含的各种任务可以实现参数共享，并使结果模型具有更好的通用性。至关重要的是，在对各种任务进行微调之前，该模型在一个被作者称为 C4（Colossal Clean Crawled Corpus，大规模高质量爬虫语料库）的语料库上使用遮盖式语

---

① Kitaev N et al, “Reformer: The Efficient Transformer,” arXiv (2020).
② Raffel C et al, “Exploring the Limits of Transfer Learning with a Unified Text-to-Text Transformer,” arXiv(2020).

言模型或自编码目标进行预训练。大体来说，丢弃了原始输入数据中 15%的词元，然后将得到的结果馈送到输入端，而将原始输入数据本身馈送到输出端进行预测。注意，C4 本质上是目标语言（英语）的互联网数据，其中过滤了代码和其他“垃圾数据”。用于训练的模型结构类似于第 7 章用于机器翻译的 Transformer 结构。生成的模型在许多指定的任务上获得了非常先进的结果。

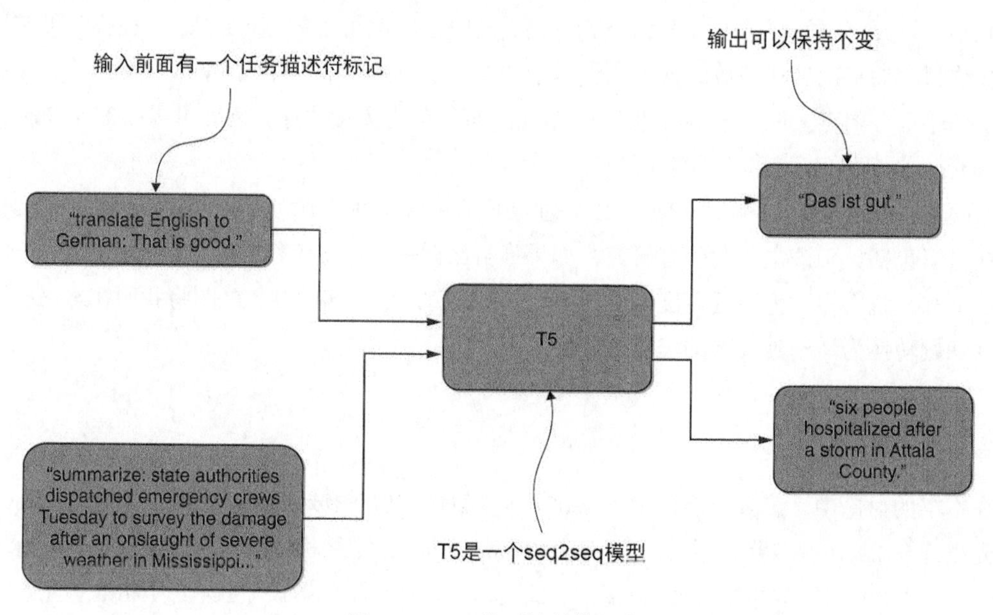

图 11.3 T5 模型的转换示意

除了最初的版本之外，T5 还有一个多语言版本，它是在 101 种语言上同时训练得到的，因此很自然地被命名为 mT5[①]。读者可以在 Hugging Face 的 transformers 库中获取 T5 和 mT5 的具体实现。

11.2.8 BART

BART[②]，意为双向和自回归 Transformer，可以认为是 T5 去掉一个统一的转换，使得未修改的模型可以应用于各种任务。首先对标准 Transformer 编码器架构进行预训练，通过各种噪声处理方法再现损坏的输入，如遮盖式语言建模（如 BERT 和 T5）、置换语言建模（如 XLNet）等。

① Xue L et al, “mT5: A Massively Multilingual Pre-Trained Text-to-Text Transformer,” arXiv (2019).
② Lewis M et al, “BART: Denoising Sequence-to-Sequence Pre-training for Natural Language Generation, Translation, and Comprehension,” arXiv (2020).

然后针对各种具体任务（如 SQuAD、摘要等）修改模型，并对每类任务分别进行微调，类似于传统的 BERT。

该模型在语言生成任务（如摘要、翻译和对话）中表现尤其出色。BART 也有一个多语言版本——mBART[1]，是通过同时对 25 种语言进行训练得到的。读者可以在 Hugging Face 的 transformers 库中获取 BART 和 mBART 的具体实现。

在 11.2.9 节中，我们将介绍一个最新的跨语言模型，该模型不仅同时对多种语言进行训练，而且在并行数据可用时，通过修改的语言建模目标显式地对跨语言迁移进行建模。

11.2.9 XLM

XLM[2]是一个结合了单语言和平行语料跨语言学习方法的建模框架，作者用它来表示“跨语言模型”。XLM 在不同语言上学习的单语言嵌入可以使用一小部分已知数字表示的词汇表进行对齐。针对平行语料，作者提出了一种为翻译语言建模（Translation Language Modeling，TLM）的方法，并利用它同时进行跨语言学习。本质上，该方法将遮盖式语言建模应用于两种语言的平行语料的串联序列，在串联序列中删除部分单词并预测它们。

XLM 在跨语言学习任务上有显著的效果提升。它还催生了许多类似的模型，特别是 XLM-R[3]——它将 XLM 与 RoBERTa 的理念相结合，以提高性能。读者可以在 Hugging Face 的 transformers 库中获取 XLM 和 XLM-R 的具体实现。

我们最后再简要地讨论一个模型，它专门用于处理本书中的一类重要数据——表格数据。

11.2.10 TAPAS

第 5 章和第 6 章讨论了 SIMOn 以及表格数据分类问题。表格数据是数据科学家常遇到的一类重要数据。TAPAS[4]试图通过对表格数据问答任务进行建模与特化，将基于 Transformer 的模型的建模优势扩展到这类重要问题。TAPAS 意为表解析器。在第 8 章中，我们讨论了如何将 BERT 应用到问答任务中，得到的模型的输出是输入上下文段落中潜在答案的开始和结束位置。除此之外，TAPAS 还学习检测表中的哪个单元格可能包含上下文段落，从中可以使用类似的开始和结束索引提取答案。与本节讨论的大多数其他模型一样，读者可以在 Hugging Face 的 transformers 库中获取此模型的实现。

这就把我们带到了最近工作的概述之旅的结尾，我们在本书中没有机会详细分析这些工作。

---

① Liu Y et al, “Multilingual Denoising Pre-Training for Neural Machine Translation,” arXiv (2020).
② Lample G, Conneau A, “Cross-Lingual Language Model Pretraining,” arXiv (2019).
③ Conneau A et al, “Unsupervised Cross-Lingual Representation Learning at Scale,” arXiv (2019).
④ Herzig J et al, “TaPas: Weakly Supervised Table Parsing via Pre-Training,” arXiv (2020).

这些模型架构中的大多数都可以通过代码应用，这些代码与我们在 transformers 库中使用 BERT 和 DistilBERT 的代码非常相似。

在 11.3 节中，我们试图根据当前和新兴的研究趋势，对 NLP 迁移学习领域下一步的发展方向做出有根据的猜测：哪些主题可能会继续存在或变得流行。

11.3 NLP 迁移学习的发展方向

在本节中，我们试图通过预测 NLP 迁移学习领域的近期前景来推断前两节中描述的趋势。

对过去两个部分的批判性分析揭示了两个可以说是正交的元趋势——一个是推动模型尽可能大，另一个是推动更大模型的更高效版本的开发。

GPT-3 作为我们观察到的模型在参数量上最大的飞跃之一（10 倍），最初在研究人员中引起了一些担忧，即顶级研究公司将开始关注“大力出奇迹”（更大的模型）而不是巧妙的模型。然而，正如我们在 11.2 节所讨论的，随着 GPT-3 论文的作者承认可能已经达到的极限，放大模型的局限性很快变得显著。鉴于 GPT-3 目前只能通过有限的付费 API 获得，我们可以期望该领域的其他参与者在有资金激励的情况下尽快尝试构建更大的模型（我们已经提到了正在接受同行审查的万亿参数 Switch Transformer）。这场竞赛可能会在 Google 或 Facebook 等公司发布的类似模型中达到高潮，这可能会推动 GPT-3 完全开源（历史上 GPT-2 也出现了类似的情况）。除此之外，我们预计将有更多的资源用于实现具有类似性能的更有效方法。

大多数 NLP 迁移学习领域的初学者将来仍然会面临一些有趣问题，比如被一些人称为 TinyML 的运动。该运动有一个通用的目标，即缩小模型体积，以使其可运行在更小的硬件上。一种实现这一点的方法是第 9 章介绍的诸如 DistilBERT 等方法，通过这些方法 BERT 的体积可以大约减半，而性能基本无损。另一种实现这一点的方法是第 10 章介绍的 ALBERT，它可以使模型体积减小 90%。现在，世界上很大一部分人可以在自己的智能手机上运行这些小型的尖端模型。这为物联网（Internet of Things，IoT）等领域带来的机遇是再怎么强调也不为过的。在物联网领域，设备形成智能网络，每个节点独立执行复杂功能。尽管如今许多以翻译和其他工具为特色的手机应用程序可能都有一个服务器后端，在那里可以进行实际的翻译和其他计算，但在没有互联网连接的智能手机等设备上本地运行此类算法正在成为一种更可行和流行的范例。我们预计，在未来几年内，BERT 及其衍生模型的小型化和参数效率的提高将是持续升温的趋势。

读者可能从 11.2 节中了解到的另一个趋势是跨语言模型受到越来越多的关注。事实上，在过去一年中，全球对所谓“低资源”语言方法的投资有所增加。我们在第 7 章中通过一个例子提到了这一点，当时我们使用 Transformer 架构将一种低资源西非语言 Twi 翻译成英语。许多流行的经济模型预测，非洲市场正在出现越来越重要的消费者群体，这可能是低资源语言该领域突然产生兴趣和投资的驱动因素之一。对于许多低资源语言，我们讨论的所有方法的第一个障碍往往是数据可用性。因此，我们可以预期，多语言数据开发将在未来一年左右受到广泛关注，随后将在接下来的几年中对特定语言方法论的增强进行深入研究。这些发展值得关注，特别是与非洲语言有关的发展，包括 NLP Ghana、Masakhane、EthioNLP、Zindi Africa、AfricaNLP 和 Black in AI。

语音是 NLP 的另一个即将迎来“分水岭”时刻的研究前沿。直到最近，将语音转录成文本的自动语音识别模型需要经过大量时间并行训练语音文本数据才能获得良好的效果。Facebook 最近的一个架构 Wav2Vec2 表明，同时对多种语言的语音进行预训练可以显著减少所需的并行数据量。这类似于我们在本书中探讨的 mBERT 对于文本处理的效果。Wav2Vec2 模型可以在 transformers 库中获取，只需几个小时的带标注的语音数据，就可以在新语言上进行微调。我们预计，未来将出现多种语言语音识别工具。此外，我们预计，在相反的方向上也会出现类似的情况——text-to-speech，即从文本生成语音。

在第 1 章中，我们描述了 NLP 迁移学习是如何受到计算机视觉发展所启发的。有趣的是，NLP 迁移学习的最新进展似乎也激励着计算机视觉的进一步发展。一个具体的例子是 DALL-E——一个基于文本图像对的 GPT-3 版本，它已经学会了根据文本提示生成图像。一个更广泛的趋势是构建基于上下文场景的对象嵌入[①]，它试图根据场景中的其他可观察对象预测丢失的对象，类似于 BERT 和其他类似的遮盖式语言模型所使用的单词填空目标。

另一个最近似乎越来越受关注的研究问题是：这些模型对环境和伦理有什么影响？在最近的研究高峰开始时，研究人员似乎只满足于发布改进技术指标的模型，但随着时间的推移，该领域开始重视对任何潜在道德有影响的细致探索。与此相关的越来越多的兴趣是围绕可解释性的问题：我们能否真正解释一个模型是如何做决策的，这样我们就可以确定它没有歧视性了？我们将在 11.4 节深入探讨伦理和环境问题。

11.4 伦理和环境因素

你可能还记得，我们在第 5 章和第 6 章研究假新闻检测问题时提出了一个观点，即所谓的假新闻是有争议的。如果不注意数据标签的质量，那么为训练数据准备标签的人所固有的偏见很可能会转移到分类系统中。这是我们第一次遇到这样一个重要问题，即在将这些模型部署到可能对人类生活产生重大影响的环境中之前，必须充分了解这些模型的任何潜在局限性。

在第 8 章中，当我们在 JW300 数据集上微调 mBERT 时，我们发现它以一种有偏见的方式进行填空。当我们试图预测一个基本名词“school”时，它会将一些似是而非的词作为补全。这表

① Dosovitskiy A et al, “An Image Is Worth 16x16 Words: Transformers for Image Recognition at Scale,” arXiv(2020).

明了强烈的偏见，这是我们第二次意识到，盲目地将这些模型应用于某些数据可能会产生偏见和不可预见的结果。

在本节中，我们将在更广泛的层面上讨论这一点，考虑那些任何致力于部署这些模型的从业者都应该牢记的潜在伦理和环境因素。这是一个最近受到越来越多关注的话题，但在一般的机器学习领域，它并不是个新问题。

早期备受瞩目的关于机器学习偏见的研究可预见地发生在计算机视觉领域。“性别阴影”[①]这个里程碑式的工作研究了商业性别分类系统在种族和性别分类方面的准确率。研究发现，与肤色较浅的男性相比，这些系统在深色皮肤女性的分类效果上要差 35 个绝对百分点。这对少数民族社区有着巨大的实际影响，在某些地区，这些少数民族社区可能由一些自动计算机视觉系统来管理。这项工作和相关研究的影响是巨大的，作为直接的影响，美国国会最近采取了相关的缓解监管措施。IBM 和 Amazon 等公司也被迫审查与执法机构共享这些技术的方式，而 IBM 公司则完全停止了这项服务。

最近对 NLP 预训练语言模型的偏见的关注度也很高。事实上，GPT-3 的论文[②]包含一个专门的章节，用于研究种族、性别等方面。最近，这种做法在学术论文中已经变得越来越普遍，这是非常令人鼓舞的。GPT-3 的研究特别探讨了从训练数据中学习到的模型与各种兴趣维度之间的关联。例如，研究发现通常与较高教育水平相关的职业在填空时与男性代词的关系更为密切。同样，暗示专业能力的提示更可能由男性代词和说明符完成。这很可能是该模型从互联网上直接学到的性别偏见，我们可能无法期望这是一个无偏见的来源。另外，积极描述符被分配给以“亚洲人”和“白人”为开头的名词的比例明显高于“黑人”。种族偏见显然也是模型从互联网上学习到的，盲目应用该模型只会传播这种偏见。

另外，NLP 预训练语言模型可能无意中影响贫困社区的方式是气候变化。事实上，这些模型最近被证明具有相当的碳足迹（某个时间段内排放的二氧化碳量）[③④]。虽然单次 BERT 模型训练的碳排放与纽约和旧金山之间的单次平均往返飞行相当，但是在微调和超参优化过程中，该模型实际上训练了多次。研究人员发现，如果该模型基于网络架构搜索部署，通过遍历各种超参数来选择性能最好的模型，那么单个模型部署的成本高达 5 辆汽车在其整个生命周期内的碳排放。这是尤其严重且令人震惊的，因为与这些碳足迹直接相关的气候变化在那些没有体验到这些模型收益的贫穷社区里影响最为严重。显然，在评估这些模型时需要考虑这些成本。这种认识可以说是推动该领域向更具参数效率的模型发展的力量之一。

① Builamwini J, Gebru T, “Gender Shades: Intersectional Accuracy Disparities in Commercial Gender Classification,” Journal of Machine Learning Research 81 (2018).
② Brown TB et al, “Language Models Are Few-Shot Learners,” NeurIPS (2020).
③ Strubell E et al, “Energy and Policy Considerations for Deep Learning in NLP,” ACL (2019).
④ Bender E et al, “On the Dangers of Stochastic Parrots: Can Language Models Be Too Big?” FAccT (2021).

对预训练语言模型和一般的深度学习的一个挥之不去的批评是，这些模型往往不太容易解释——很难解释模型是如何对任何特定场景做出预测的。这与我们在本节中早期的偏见讨论有关，例如，解释模型如何得出与教育相关的关联，可以帮助检测这样的决定是否基于种族或性别变量。最近最值得注意的解决方案试图基于我们在第7章中探讨的注意力可视化技术，如bertviz①。但这仍无法解决训练数据缺乏透明度的问题：语言模型的训练是在如此大的数据规模下进行的，以致研究人员几乎不可能确保它是无偏见的。因此，我们希望在开发方法上投入时间和精力，这些方法可以在更小、管理良好的数据集上进行比较。

在完成对一些应该牢记在心的伦理和环境问题的简短讨论后，我们将在 11.5 节提供一些关于如何在这个快速发展的领域中紧跟前沿的提示。

11.5　最新进展

正如我们在本章中所强调的，NLP 迁移学习方法的更新迭代非常快。本书只能被视为一个平台，从中你可以不断了解 NLP 迁移学习最新的发展。在本节中，我们将介绍一些实现这一目标的基本技巧。总而言之，在 Kaggle 或 Zindi 平台上参加各种相关比赛是处理与现实且足够干净的趋势相关数据和问题的好方法。跟踪 arXiv 上的最新论文是必需的，同时，尽管新闻和社交媒体的报道可能是耸人听闻或不可靠的，但仍然有助于及早发现有影响力的论文。

11.5.1　Kaggle 和 Zindi 比赛

在本书中，我们一直鼓励读者使用 Kaggle 来运行所提供的各种代码。虽然该平台提供的免费 GPU 算力和易于安装配置的环境是显而易见的好处，但最大的好处可能直到现在才声明，Kaggle 平台最强大的方面是该平台上大量不断进行并提供存档的竞赛。

面临各种技术挑战的顶级公司会利用该平台以现金奖励的形式来激励问题解决方案的研究与开发，有时优等奖奖金可达数千美元。这意味着，通过追踪这些竞赛，你可以随时了解行业中最紧迫的问题，同时可以访问有代表性的数据以便即时测试和实验。你可以按主题浏览当前和过去的竞赛，找到数据来测试你的任何想法。你所需要做的就是将数据集连接到本书中使用的 Notebook 上，更改一些路径，然后你可能就已经准备好提出一些初步的见解了。如果你能赢得竞赛，当然是很好的，但是相比奖金，从实验、失败和再次尝试中获得的学习价值才是真正无价的。事实上，根据我个人的经验，一个排行榜排名并不突出的竞赛问题的解法很可能会给现实世界带来更大的影响，例如，它更容易在实践中部署和扩展。我们将在附录 A 中提供一些使用 Kaggle

① Vig J, "A Multiscale Visualization of Attention in the Transformer Model," ACL (2019).

的具体提示，以帮助初学者开始使用它。

我们还强调了最近 NLP 中对低资源语言的关注有所增加。因此，必须提及 Zindi Africa 平台，该平台提供了许多与 Kaggle 相同的功能，但侧重于非洲语言和问题。如果你是一名研究人员，希望了解自己的方法在某些类型的语言上的性能，那么这个平台将是一个查找相关竞赛和实验数据的好地方。

11.5.2 arXiv

机器学习和 NLP 可以说是当今非常开放的研究领域。除了少数情况以外，可用结果通常会立即在开放平台 arXiv 上发布。这使得研究团队可以对自己的任何发现声明优先权，同时不断对工作进行细化以及处理论文出版手续。这意味着，如果你能找到最前沿的研究，对你就是可用的。arXiv 由 Google Scholar 存档，因此你可以为觉得重要的关键词设置提醒，有助于及早发现相关论文。

上传到 arXiv 平台的论文数量巨大，可能很难找到与你的研究相关的最重要的论文。为了解决这个问题，我建议关注你最喜欢的社交媒体文章的作者。此外，如果你对所有的声明都持保留态度，那么关注媒体报道也会有所帮助。接下来我们再谈几句。

11.5.3 新闻与社交媒体

总的来说，将科学主题类新闻和社交媒体报道视为哗众取宠的或者在技术不可信的可能是件好事。如果考虑到媒体报道这项技术的动机，以及记者通常可能没有这方面的技术背景，这是有道理的。然而，经过审查的新闻可以很好地表明社区对某一特定论文或主题的兴奋程度，这总是一件值得注意的好事。

如果你使用谷歌新闻等平台，你可以为摘要中的“语言模型”等主题设置提醒。你可能会得到很多匹配命中的内容，但并非所有内容都值得你关注。对我来说，只有一篇论文出自我在一段时间内一直认为“可靠”的来源时，我才会进行深入研究，这让我有信心相信论文中的声明至少能经受短期的公开评审。例如最近的 GPT-3，它是一个在谷歌新闻上使用该启发式方法的实例，其影响是显而易见的。

关于社交媒体，Twitter 似乎是机器学习科学家的首选平台。事实上，许多人对他们的工作非常开放，如果你只是问他们一个问题，他们会很乐意直接在平台上与你交流。这是我在本领域工作中最喜欢的事情之一。你最喜欢的作者或科学家可能会在他们的订阅源上分享他们最近喜欢的论文，只要关注他们，就可以获得这些论文。

比竞赛、阅读 arXiv 上的论文、关注新闻和社交媒体更重要的是使用这些工具解决现实世界的实际挑战。对许多人来说，这可能只是意味着在机器学习或 NLP 领域工作，并每天进行实际应用。实践经验是该领域大多数潜在雇主最看重的。如果你还没有在这个领域获得这样的实践经验，并且希望能够有所突破，那么开源项目是一种很好的方式，请查看 TensorFlow、PyTorch、Hugging Face、NLPGhana、Masakhane 等。开源项目是无穷无尽的，而且从不缺少有趣的问题等你来解决和贡献力量，同时也有可能使每个人受益。

我希望这些技巧能帮助你进入机器学习和 NLP 的未来，在那里你将有能力对你所在的社会产生重大的积极影响。我很荣幸能与你分享该“旅程”的一部分。

11.6 写在最后

到此为止，你已经做到了——阅读这本书的全部内容。我在写这本书时度过了一段难以置信的时光，在整个过程中，我与许多研究人员进行交流，讨论各种想法，并克服许多挑战。我真诚地希望你和我一样喜欢这段“旅程”。当你使用工具去改变世界时，请记住，善待你周围的人，不要破坏生态系统，并对技术的潜在误用保持警惕。在我与一些本领域中才华横溢的人的短暂交流中，我真诚地相信，大多数人对将技术突破作为一个好的源泉感到兴奋。因此，我日复一日地兴奋地阅读研究新闻，迫不及待地想看看我们人类的集体思维下一步会产生什么。我只希望你能分享一些这种兴奋。

总结如下。

- 本书介绍的内容只是你在这个快速发展的领域中“旅程”的开始。保持竞争优势是“旅程”而不是终点。
- 通过阅读本书，你学到的技能使你处于一个良好的位置，使你能够通过不断的努力跟上时代。
- 我们介绍了一些基于预训练迁移学习的语言建模架构，包括 Transformer、BERT、mBERT、ELMo 和 GPT。
- 为了使较大的模型体积更小、效率更高，人们开发了多种架构/技术，如我们介绍过的 ALBERT、DistilBERT 和 ULMFiT。
- 本书未详细介绍，但读者应该了解的衍生自上述模型的新兴架构，包括 BART、T5、Longformer、Reformer、XLNet 等。
- 在实践中应用这些模型时，必须了解其潜在的伦理和环境影响。
- 最近对伦理和环境影响的担忧，以及在智能手机和物联网上部署模型的需求，可能会在不久的将来继续推动 Transformer 架构的发展。

附录 A　Kaggle 入门

Kaggle 平台面向数据科学和机器学习的初学者，是学习基本技能的绝佳途径。通过适当使用该平台，读者可以在各种数据集上对各类问题开展实践，还能和其他机器学习工程师讨论自身的工作。这也有助于读者发展专业的人脉。重要的是，该平台允许读者直接在云环境中运行 Python Notebook，这可以大大减少初学者设置系统的障碍。该平台每周还会提供有限数量的免费 GPU 计算资源。这进一步降低了使用本书讨论的工具和方法的门槛。在本书中，我们也鼓励读者使用 Kaggle 来运行我们提供的代码。

另一个工具是 Google Colab，它同样也会提供免费的 GPU 计算资源，并且与 Google Drive 集成。但是，如果一定要选择其一，我们更推荐 Kaggle，因为它具有社交性质，还可以访问数据集、讨论区和竞赛等，这些都是非常宝贵的学习资源。当然，实际上，大多数工程师可能会在某些时候利用这两个工具来增加他们每周免费的 GPU 资源配额。

在本附录中，我们尝试给出一个简短的入门教程，以帮助初学者轻松了解 Kaggle 的各种功能。本附录具体分为两个部分。我们首先讨论运行 Notebook 的 Kaggle Kernel 概念，然后介绍竞赛、相关讨论和 Kaggle 博客功能。

A.1　通过 Kaggle Kernel 免费使用 GPU

如前所述，读者可以通过 Kaggle 在云环境中直接免费运行 Python 代码。这些 Notebook 有时称为 Kaggle Kernel。在 2021 年 1 月撰写本书时，Kaggle 每周提供大约 36 个 GPU 计算时，读者可以在任何需要的 Notebook 中启用。我们将通过一个简单的场景演示如何开启 Kaggle，Python 初学者大概率会认为这个场景很有帮助。假设读者就是这样的初学者，并且对使用这些 Kernel 来学习基本的 Python 语法感兴趣。一个好的方法是访问 Kaggle 网站，并搜索“python tutorial”。搜索结果可能如图 A.1 所示。

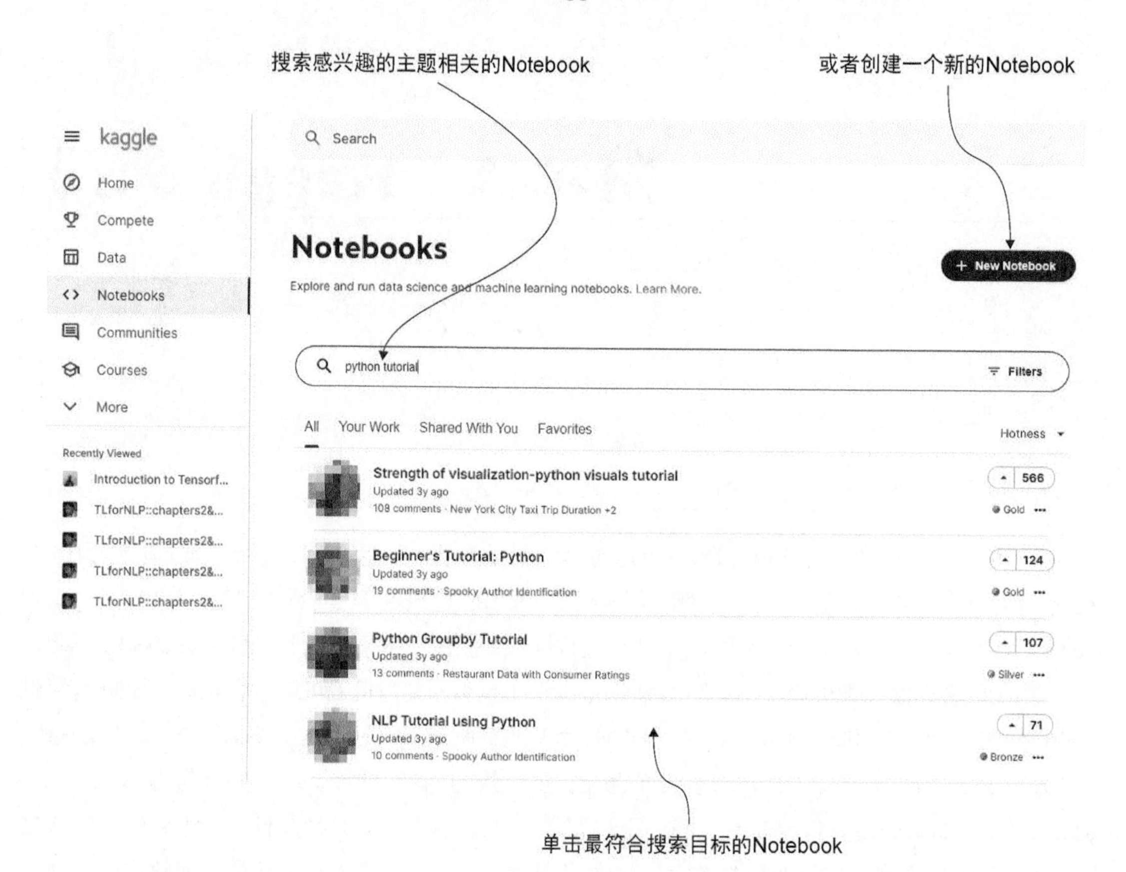

图 A.1 开始学习 Kaggle Kernel 并启动相关 Notebook 来学习新内容的最佳场所

如图 A.1 所示，搜索将得到一个结果列表，读者可以选择最符合需求的结果。初学者可能希望根据本书的内容直接专注于 NLP 领域，并因此选择高亮显示的教程 Notebook。单击它将显示相关的 Notebook，其代表视图如图 A.2 所示。

请注意，这里显示的视图表示，当读者单击与本书代码库配套的 Notebook 超链接时将看到的第一个视图。如图所示，呈现出 Notebook，这意味着读者可以滚动查看所有代码的输出内容，即便不运行这些代码。想要运行代码，请单击 Copy and Edit 按钮来创建自己版本的 Notebook。生成的 Notebook 将具有相同的依赖，与 Kaggle 环境中预先安装的 Python 库版本相同，也包括产生输出内容的库。请注意，如果是单击图 A.1 中的 New Notebook 按钮而不是选择复制现有 Notebook，则其中的依赖项将是 Kaggle 指定的最新的依赖项。这样一来，读者可能需要修改原始代码才能正常工作，这会导致难度增加。想要复制、编辑、克隆或者其他处理，都将要求提供登录信息。读者可以用电子邮箱注册，也可以用 Google ID 等社交账户直接登录。

图 A.2 Notebook 的视图

为了完全复制本书配套的 Notebook 使用的 Kaggle 环境，我们在本书配套的代码库中提供了需求文件。请注意，这些需求文件仅用于在 Kaggle 的 Notebook 上复制 Kaggle 环境。如果读者尝试在本地计算机使用它们（取决于本地计算机的架构），则可能会遇到其他问题，并且可能需要进行相应的修改。我们不支持该模式，如果读者需要，请仅将需求文件用作指引。还要记住，并非列出的所有依赖都必须在本地安装。

单击 Copy and Edit 按钮将进入主工作区，如图 A.3 所示。可以运行当前选定的单元格，也可以单击左上角的按钮运行 Notebook 中的所有代码。在右侧面板上，可以选择启用或禁用 Internet 连接。下载数据或安装软件包可能需要用到 Internet 连接。右侧的面板还包含是否在当前 Notebook

中启用 GPU 加速的选项，读者需要用它来训练神经网络，但是得控制在合理的时间内。还可以看到附加到当前 Notebook 的数据集，并能够单击其中任何一个数据集查看其描述。单击 Add data 按钮将打开一个搜索查询框，读者可以在其中通过关键词搜索感兴趣的、想要添加到当前 Notebook 的数据集。对于本书配套的所有 Notebook，都已经附加上了必需的数据集。在右上角，读者可以选择 Notebook 的共享设置，根据项目的需求，可以将 Notebook 设置为个人专用、与其他用户私密共享或者向所有人公开。我们所有的 Notebook 都是公开的，任何人都可以访问它们，但是读者可以把自己克隆的设置成私有。重要提示，在右上角单击 Save Version 按钮，将弹出对话框来保存当前的工作，如图 A.4 所示。

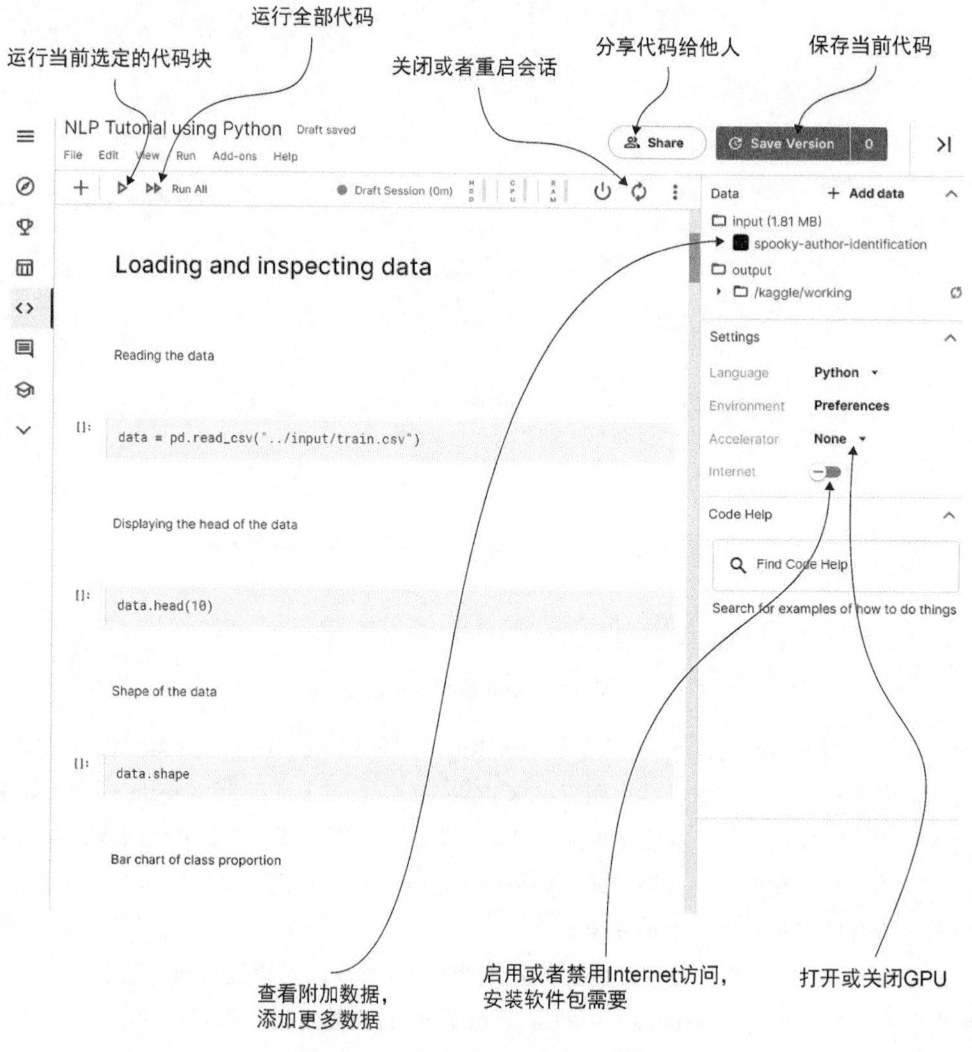

图 A.3　Kaggle Kernel 的主工作区

图 A.4　保存 Notebook

如图 A.4 所示，保存 Notebook 时有两种保存模式。快速保存模式将当前代码和输出保存到以版本为名称的文本日志文件中。在当前输出需要耗费几个小时的情况下，该模式将是正确的选择。选择 Save & Run All 选项将保存代码并在后台以非交互方式从头运行，运行长周期的训练任务（如 5 到 6h）时特别有用。读者可以关闭会话和所有窗口，并在需要检查结果时返回。检查最近运行/保存的内容通常可以在个人 URL 如 www.kaggle.com/<username>/notebooks 上执行，其中<username>是用户名。对于我的用户名 azunre，此页面的内容如图 A.5 所示。

至此，我们已经介绍了读者需要了解的 Kaggle 主要功能，可以开始本书中的练习了。还有许多其他功能我们尚未介绍，Kaggle 也经常发布新的功能。通常，去 Google 搜索引擎中快速搜索和反复进行一些尝试就足以学会使用任何这样的功能。

在 A.2 节中，我们将简要讨论 Kaggle 竞赛。

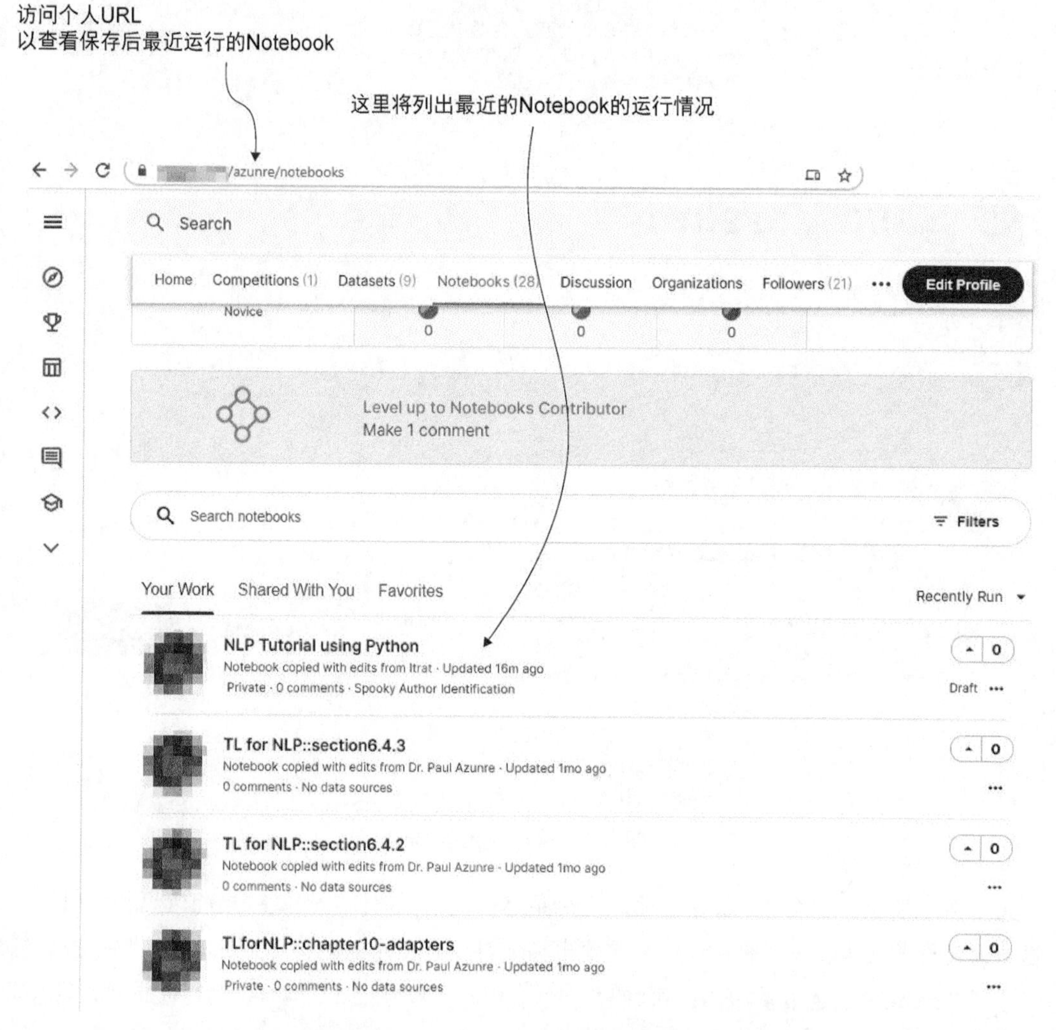

图 A.5 通常可以在个人 URL 查看最近运行/保存的内容

A.2 竞赛、讨论区和博客

一些领先的企业在面临技术挑战时，会通过 Kaggle 为顶级的创新方案提供丰厚的现金奖励，从而刺激开发者研发解决方案。我们可以通过单击任何 Kaggle 页面左侧面板上的奖杯图标来查看 Kaggle 竞赛的页面，如图 A.6 所示。

读者可以跟踪这些竞赛，以紧跟行业中最紧迫的问题，同时可以访问基础数据以便随时测试和实验。读者可以按主题浏览当前和过去的竞赛，也可以找来数据测试任何可能的想法。所需要做的就是将数据集附加到 A.2 节介绍的 Notebook 上，更改一些路径，读者也许应该做好准备工作。诚然，如果可以，赢得竞赛对获得金钱回报来说是非常好的，但是从实验、失败和再尝试中获得的学习能力才是真正无价的。

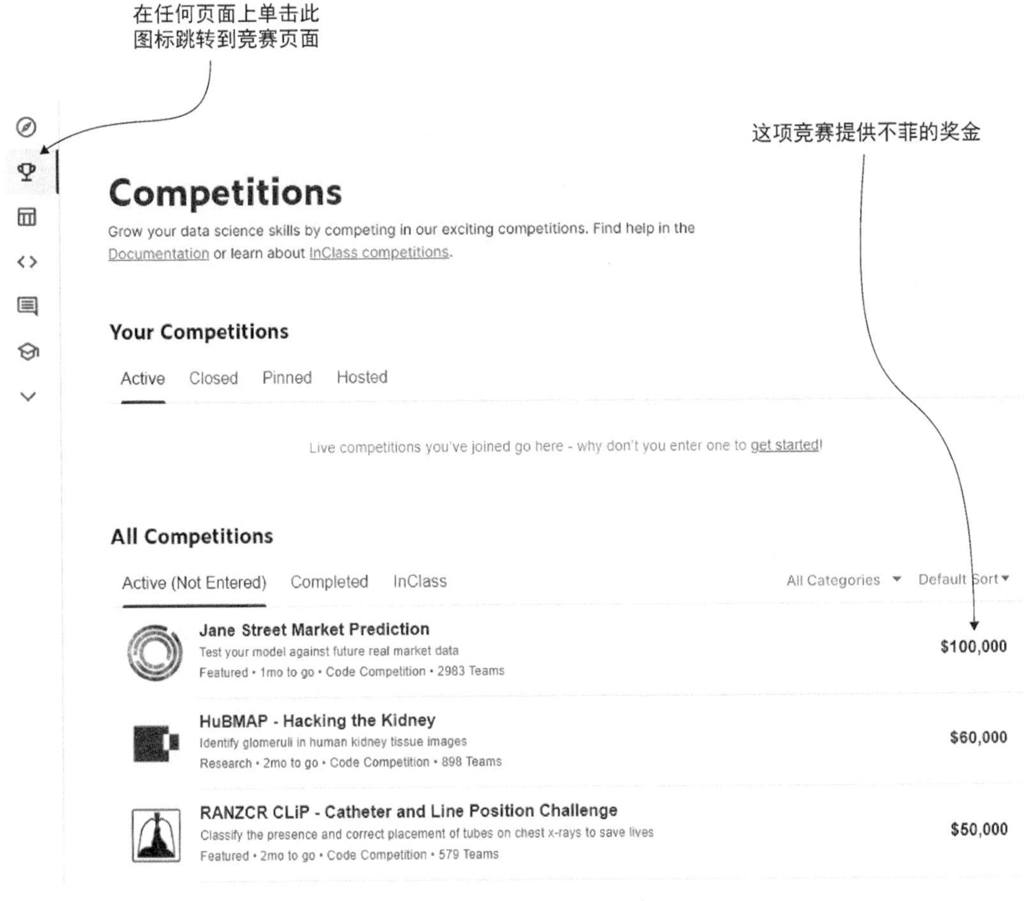

图 A.6　Kaggle 中的竞赛

单击任何竞赛都会弹出一个专用页面，可以在其中浏览竞赛的描述、数据、排行榜，以及重要的“讨论区”，如图 A.7 所示。

在图 A.7 中，这是一个与当前问题相关的讨论。人们发布提示和初始 Notebook，并提出一些重要问题，甚至竞赛组委会可能会回答其中一些问题。例如，如果遇到与特定竞赛的数据有关的任何问题，很可能在此处找到答案。许多竞赛都为最具价值的贡献的提供者提供奖品——通常是通过投票来衡量的，这会激励大家参与。竞赛的获胜者也经常发布他们的解决方案，有时甚至公开 Notebook，其他人可以直接稍加修改后复用。读者甚至可以在这里建立友谊，组建团队，迎接未来的挑战。与社区接触，并将从中获得的部分回馈给社区，可能学到的会比通过其他途径学到的多得多。归根结底，科研仍然是一种社会活动，Kaggle 的这项功能更是特别有价值。

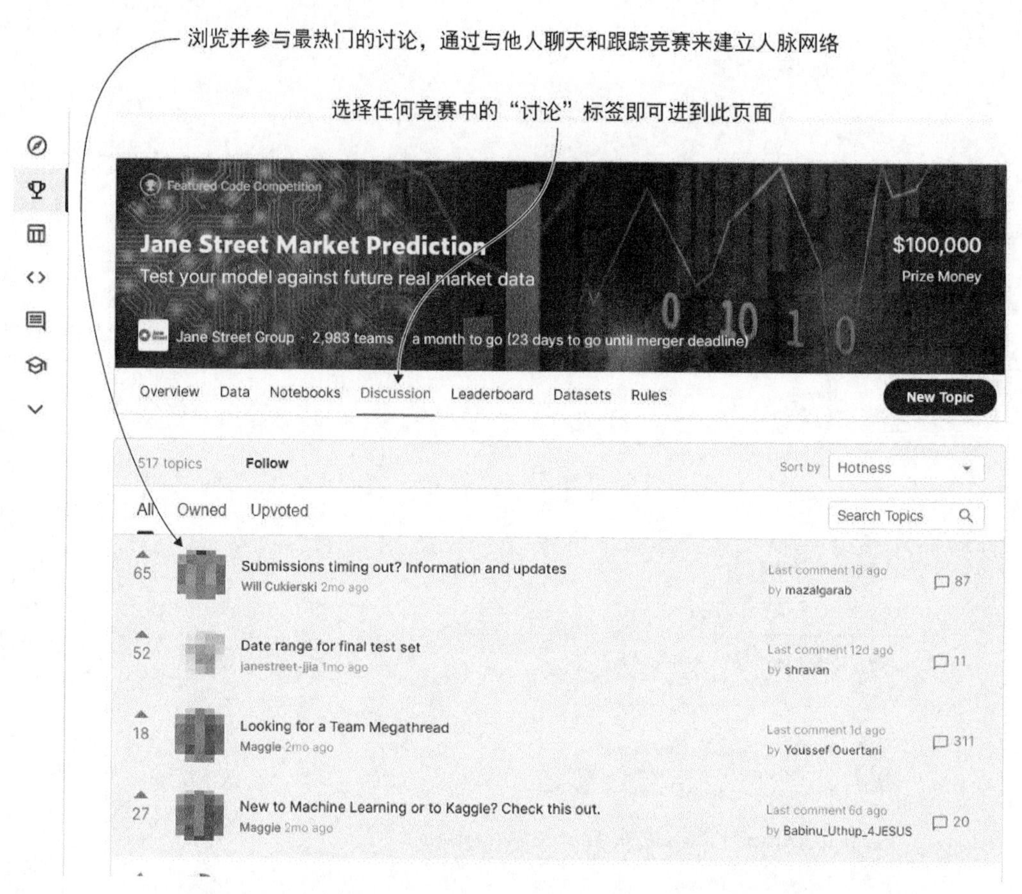

图 A.7 读者可以通过讨论功能与 Kaggle 社区的其他成员就感兴趣的特定主题进行交流

最后，Kaggle 在 medium 网站维护着一个博客。大型竞赛的获胜者通常会在这里接受采访，跟他人分享一些技巧。这里也经常针对各种重要主题发布一些教程。读者也可以通过该博客了解最新信息，以掌握数据科学的最新研究趋势。

我们希望这个附录有用，通过它，读者可以了解最新情况。Kaggle，走起！

附录 B　深度学习的基础工具简介

本附录涵盖下列内容。

- 介绍书中使用的 5 种基本算法和软件工具。
- 简述随机梯度下降算法——一种用于训练神经网络的算法。
- 使用 TensorFlow 进行神经网络建模。
- 使用 PyTorch 开始神经网络建模。
- 概述高级神经网络建模框架 Keras、fast.ai 库和 Hugging Face 的 transformers 库。

在本附录中，我们会简要介绍一些贯穿全书的基本工具和概念。简要介绍这些工具和概念对于阅读本书并充分汲取知识是十分必要的。无论如何，学习这些内容将有助于读者获得方向感，尤其对深度学习领域的新手而言，其价值无可替代。

具体来说，我们首先会向读者介绍目前发生的这场深度学习革命的基本算法。当然，它就是用于训练神经网络的随机梯度下降算法。接下来，我们将介绍两个基础的神经网络建模框架，即 PyTorch 和 TensorFlow。然后，我们会介绍 3 种构建在这些建模框架之上的工具，它们提供了更高层级的接口——Keras、fast.ai 库和 Hugging Face 的 transformers 库。这些工具都是相辅相成的，读者们很可能会在职业生涯的某个阶段用到。我们对这些工具和概念的阐述并不详尽，更多是提供了一个“鸟瞰视图”，介绍为什么需要各种工具，以及它们的相互比较和补充。我们会涉及概念的概要介绍，并引用一些参考文献，以促进更深入的研究。如果读者缺少使用这些工具的经验，那么可以在开始阅读本书之前先深入研究它们，这样一定会受益匪浅。

我们先从深度学习革命的算法引擎开始，即随机梯度下降算法。

B.1 随机梯度下降

神经网络包含一组称为权重的参数，这组参数决定了神经网络如何将输入数据转换为输出数据。确定怎样的权重使得网络最大限度地拟合训练数据集的过程称为神经网络训练。随机梯度下降就是实现这一目标的方法。

我们用 $\boldsymbol{w}$ 表示权重，用 x 表示输入数据，用 y 表示输出数据。同时，我们将神经网络对输入 x 预测的输出数据表示为 *y_pred*。用 f 表示损失函数（量化表示 y 与 *y_pred* 的接近程度）。请注意，损失函数是关于 x、y 和 $\boldsymbol{w}$ 的函数。随机梯度下降是一个寻找 f 的最小值的过程，也就是使得预测值尽可能接近训练数据。如果 f 的梯度（用 f' 表示）存在且是一个可微函数，那么我们知道 f 的最小值出现在 $f'=0$ 的点上。该算法使用下列步骤尝试找出这样的点。

（1）从训练集中随机取出一批 x-y 输入输出数据。这种随机性也是该算法被认定为随机性算法的原因。

（2）使输入数据通过当前值为 $\boldsymbol{w}$ 的网络，以获得 *y_pred*。

（3）计算相应的损失函数值 f。

（4）计算损失函数在 $\boldsymbol{w}$ 处的相应梯度 f'。

（5）向梯度的相反方向微小改变 $\boldsymbol{w}$，以减小 f。步长的大小取决于算法的学习率，它是一个对模型收敛非常重要的超参数。

上述步骤针对单权值模型的简单情况进行了阐述，图 B.1 中的算法可以在步骤（2）中找到最小值。该图的灵感来源于 François Chollet 的优秀著作《Python 深度学习》（Manning，2018）的图 2.11，读者也可以阅读这本书，了解其中关于该算法的直观解释。

该算法存在许多变种，包括 Adagrad、RMSprop 和 Adam。这些算法专注于避免收敛到局部极小值，并以各种自适应方式（如学习率）加快收敛速度。动量方法指的是在每次更新 $\boldsymbol{w}$ 的时候引入一个额外的系数，几个变种算法用它来避免陷入局部极小值。下面是一些最流行的变种，并附有简要说明。

Adagrad 根据参数变动的速率调整学习率。对变动较慢的参数会以更大的步长进行更新，以便达到平衡。该算法用于训练 GloVe 的静态单词嵌入，如本书第 4 章所述。在这种情况下，需要适当地处理语言中的罕见词。

开发 RMSprop 是为了解决 Adagrad 中学习率下降过快的问题。通过对平方梯度的均值进行指数级衰减来缩放更新步长，能够部分解决此问题。

自适应矩估计（Adaptive Moment Estimation，Adam）也会对不同的参数采用不同的学习率。它与 RMSprop 的相似之处是它也使用平方梯度的均值下降来进行更新。对两次平方梯度均值的下降进行估计、更新，然后在每一步更新参数。它是一种流行的算法，可以首先尝试用于解决问题。

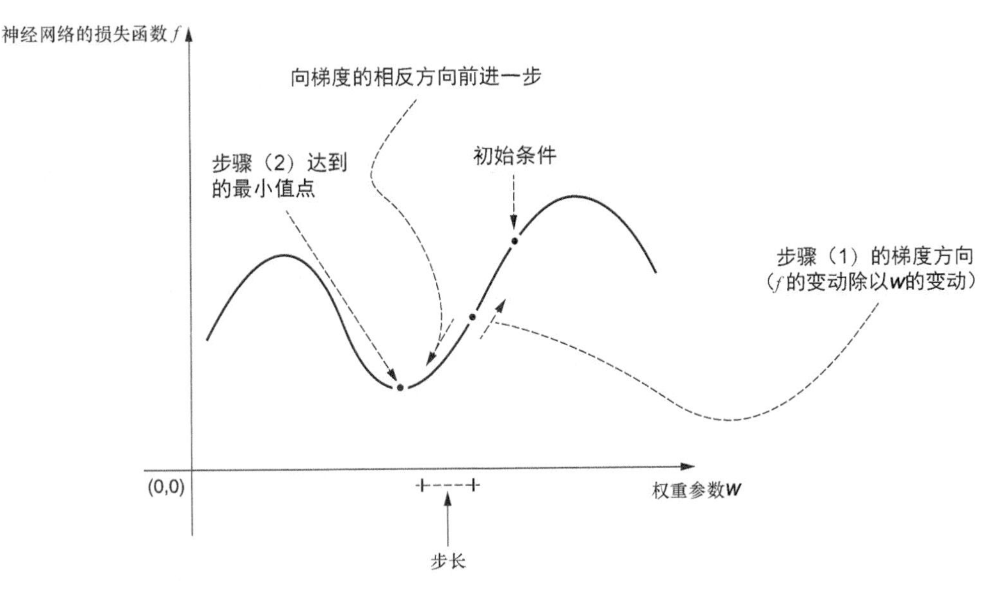

图 B.1 基于单权值模型的简单场景阐述随机梯度下降

Nadam 是 Nesterov-accelerated adam（内斯特洛夫加速自适应矩估计）的简称，它采用了一种称为 Nesterov 加速梯度的创新方法来进一步改进 Adam 的收敛性。

因为这里的内容只是简要的介绍，而非详细的论述，所以我们不再进一步探讨这些变种。很多优秀的参考文献①②都详细介绍了这一主题，我们鼓励读者深入研究来强化理解。即使在不深入了解这些变种的情况下也可以使用现代框架，但更好地理解它们肯定有助于调整超参数并最终部署更好的模型。

B.2 TensorFlow

如 B.1 节所述，了解损失函数在神经网络权重中的梯度对于训练神经网络至关重要。由于现代神经网络规模巨大，涉及数十亿个参数，因此手动计算梯度函数是不可能的。反之，使用基础的神经网络建模工具（如 TensorFlow），通过对构成神经网络模型的函数应用求导链式规则则能自动计算梯度。这个过程称为自动微分。

TensorFlow 中的基本数据结构是张量，通过构建基于张量的计算图来执行操作。在 1.x 版本

① Chollet F, Deep Learning with Python (Manning Publications, 2018).
② Ruder S, "An Overview of Gradient Descent Optimization Algorithms," arXiv (2016).

的框架中，由各种 tf.*的 API 调用来操作计算图，并使用 Session 对象编译和执行它来生成数值。代码段 B.1 显示了使用此 API 定义计算图并执行，以获取梯度的示例。具体来说，我们重点关注的是计算矩阵乘积 $z=x\times y$，其中，x 是简单的列向量，y 是简单的行向量。我们还关注自动计算 z 相对于 x 和 y 的梯度。

代码段 B.1 用 TensorFlow 1 计算矩阵积 $z=x\times y$ 及其梯度

```
import tensorflow as tf

tf.compat.v1.disable_eager_execution()

x = tf.compat.v1.placeholder(tf.float32, name = "x")
y = tf.compat.v1.placeholder(tf.float32, name = "y")

z = tf.multiply(x, y) # Define vector product graph
gradient = tf.gradients(z,[x, y],grad_ys=tf.eye(2))

with tf.compat.v1.Session() as session:
    z = session.run(z, feed_dict={x: [[1., 1.]], y: [[5.], [5.]]})
    zG = session.run(gradient,feed_dict={x: [[1.,1.]], y: [[5.],[5.]]})

print("Product:")
print(z)
print("\n\n")
print("Gradient of Product:")
print(zG)
print("\n\n")
```

始终首先引入 TensorFlow

在 2.0 版本之前，Eager 执行并非默认引入，因此这里我们需要确保它处于禁用状态

定义向量的占位符变量，以便后期为其赋值

定义乘积相对于 x 和 y 的向量导数图。参数 grad_ys 将与输出相乘，用于链式求导，因此我们将其设置为单位矩阵，以避免产生任何影响

使用 Session 对象执行计算图

运行函数，为占位符指定值

执行获取梯度，为占位符指定值

输出结果

执行此代码将产生以下输出。读者应该能够用自身基本的线性代数知识手动验证这些值的正确性，这是阅读本书的先决条件。我们还提供了一个 Kaggle Kernel Notebook 来执行这些命令：

```
Product:
[[5. 5.]
 [5. 5.]]

Gradient of Product:
[array([[5., 5.]], dtype=float32), array([[1.],
       [1.]], dtype=float32)]
```

2.0 版本以及更新的框架会更加“Pythonic”化，将 Eager 执行模式作为默认模式，这使得它更易于使用。它现在还囊括了 Keras，强化了各种高级别函数的易用性。代码段 B.2 展示了使用 API 定义和执行代码段 B.1 中相同计算图的示例。显而易见，新的版本具有更好的可用性，使用 Eager 模式可以立即执行，而无须通过 Session 对象操作计算图。

代码段 B.2 用 TensorFlow 2 计算矩阵积 $z = x \times y$ 及其梯度

```
import tensorflow as tf

x = tf.convert_to_tensor([[1., 1.]])      ◁ 列向量
y = tf.convert_to_tensor([[5.], [5.]])    ◁ 行向量

with tf.GradientTape() as g:
    g.watch(x)
    z = tf.multiply(x, y)
    dz_dx = g.gradient(z, x, output_gradients=tf.eye(2))

with tf.GradientTape() as g:
    g.watch(y)
    z = tf.multiply(x, y)
    dz_dy = g.gradient(z, y, output_gradients=tf.eye(2))
print("Dot Product:")    ◁ 输出结果
print(z)
print("\n\n")
print("Gradient of Product (dz_dx):")
print(dz_dx)
print("\n\n")
print("Gradient of Product (dz_dy):")
print(dz_dy)
```

这就是自动计算 x 导数的方法。这里的 Tape 一词意味着所有的状态都是“记录”的，可以回放来检索我们需要的信息

这就是自动计算 y 的导数的方法。参数 output_gradients 与输出相乘，可用于链式求导，因此我们将其设置为单位矩阵，以避免产生任何影响

执行此代码应产生与前面相同的输出。该框架的架构是分层次的，拥有高级和低级 API，如图 B.2 所示。

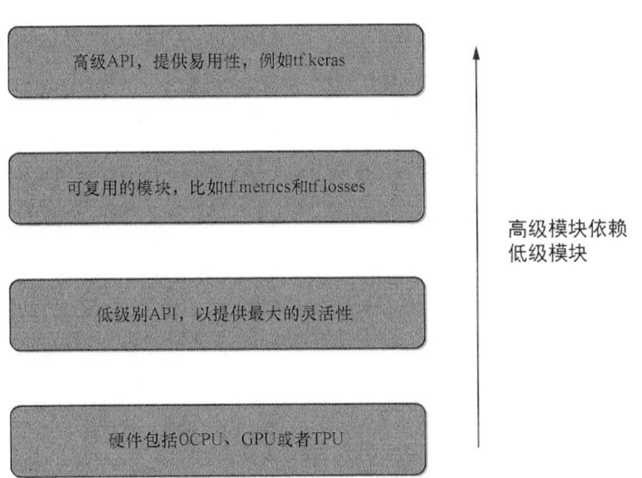

图 B.2 TensorFlow 框架的分层组织

图 B.2 深受 TensorFlow 官方文档中图 1 的影响。如果读者还是初学者，那么更加详尽地参考这份参考文档可能会有所帮助。图 B.2 中还显示了 Keras 的 TensorFlow 版本，B.4 节将进一步讨论。

想要了解 TensorFlow 各种功能的详细信息，更好的方法是动手实操 Kaggle Kernel/Notebook，如附录 A 所述。特别是，只要访问 Kaggle 网站并搜索“TensorFlow tutorial”，就会得到无数精彩的教程，然后可以选择与自身学习风格和技术水平最匹配的教程。

B.3　PyTorch

PyTorch 框架由 Facebook 公司于 2016 年发布，晚于 2015 年发布的 TensorFlow。但是，它很快成为许多科研人员的首选，这一点可以从 TensorFlow 与 PyTorch 在学术论文引用方面的受欢迎程度得到印证。PyTorch 之所以广受欢迎，主要得益于该框架可以在运行时编程修改各种 PyTorch 模型对象，使得在研究过程中更容易优化代码。实际上，人们也普遍认为，在 TensorFlow 2.0 中引入 Eager 模式是受到 PyTorch 成功的影响。尽管在 TensorFlow 2.0 发布后，两个框架之间的差异缩小了，但普遍的看法是，研究人员更偏爱 PyTorch，而生产场景更倾向于部署 TensorFlow。

为了对比说明，我们执行代码段 B.1 和代码段 B.2 中相同的操作——向量乘法及其导数运算，这是 PyTorch 中神经网络模型的核心，并在代码段 B.3 中展示相应的代码。

代码段 B.3　用 PyTorch 计算矩阵积 $z = x \times y$ 及其梯度

```
import torch
from torch.autograd import grad
import numpy as np # tensors will be built from numpy arrays

x = torch.from_numpy(np.array([[1., 1.]]))
y = torch.from_numpy(np.array([[5.], [5.]]))

x.requires_grad = True
y.requires_grad = True

z = torch.mul(x, y)

zGx = grad(outputs=z, inputs=x,grad_outputs=torch.eye(2),retain_graph=True)
zGy = grad(outputs=z, inputs=y,grad_outputs=torch.eye(2))

print("Dot Product")
print(z)
print("Gradient of Product(dz_dx)")
print(zGx)
print("\n\n")
print("Gradient of Product (dz_dy):")
print(zGy)
```

- 始终先导入 PyTorch（import torch）
- 导入用于自动微分的梯度函数（from torch.autograd import grad）
- 列向量（x）
- 行向量（y）
- 确保可以对 x 计算梯度
- 计算乘积（z = torch.mul(x, y)）
- 自动计算 x 的导数。保留计算图以保证可以继续求导；否则，Tape 将被丢弃，而无法播放
- 输出结果
- 自动计算 y 的导数。参数 grad_outputs 乘以输出，可用于链式求导，因此我们将其设置为单位矩阵，以避免产生任何影响

执行此代码会产生与 B.2 节相同的结果。如前所述，如果读者认为需要更多经验，我们建议使用一些 Kaggle Kernel 来了解 PyTorch 的细节。

B.4 Keras、fast.ai 库和 Hugging Face 的 transformers 库

正如本附录前面提到的，Keras 是一个更高级的神经网络建模框架，现在也集成在 TensorFlow 2.0 及更新的版本中。通过 Keras，用户可以用单个 API 指定 TensorFlow 和 PyTorch 中的神经网络结构，后期只须根据需要更改后端即可！它预先集成在 TensorFlow 中，如图 B.2 所示。与 TensorFlow 和 PyTorch 相比，它的 API 相对简单，这使得它非常流行。它有很多优秀的资源供开发者学习，也许其中最好的资源是该框架作者写的书[①]。这也是学习 TensorFlow 和其他神经网络框架的一个好思路，如果读者觉得有必要重温这些主题，我们强烈推荐。读者也可以使用一些 Kaggle Kernel 来学习基础知识。

NLP 迁移学习领域另一个流行的高级建模 API 是 fast.ai 库。这个库是为同名的大规模在线开放课程（Massive Open Online Course，MOOC）配套开发的，它以一种非常易于使用的途径实现了最先进的方案。其动机之一是为发展中国家降低使用相应工具的门槛。该库的一个广受欢迎的特性是它的学习率决策工具，我们在本书第 9 章中用到过。该框架用于 NLP 和计算机视觉，并基于 PyTorch 运行。当然，学习这个库的最佳路径是观看 fast.ai 库自身的 MOOC。其中的免费课程涵盖了神经网络和深度学习的基础知识，也是我们极力推荐的另一个好资源。该库通过一组自定义的数据结构来确保易用性，这组数据结构可为用户处理大量范例文件。反过来，这可能会增加为非标准用例进行定制的难度。根据作者的经验，这是一款很棒的工具。

最后，Hugging Face 的 transformers 库是一个更高级别的建模框架，专门面向基于 Transformer 的模型。transformers 库可以说是现代 NLP 最重要的模型结构。读者在整本书中应能确切地理解其中的缘由。这个库可能是当前最受欢迎的开发库之一，因为用它来部署模型非常容易。它出现之前，用 Keras、TensorFlow 或 PyTorch 部署 Transformer 模型是相当烦琐的。在某些时候，该库能将部署模型的过程简化为几行 Python 代码，这导致了其迅速流行，并且被认为是现代 NLP 从业者不可或缺的工具。由于其 API 的透明性和简单性，读者可能只须通读本书并运用相关示例，即使此前没有任何使用经验，也不会受到任何影响。

① Chollet F, Deep Learning with Python (Manning Publications, 2018).